※ 高职高专汽车类"十三五"规划教材 ※

U0642292

QICHE
DIANLU YU DIANQI
XITONG JIANXIU

汽车 电路与电气 系统检修

主　编：黄　鹏　周习祥

副主编：罗　双　易宏彬　邱爱兵

　　　　赵进福　郑子文　熊少华

主　审：马云贵

中南大学出版社

www.csupress.com.cn

前　言

为了适用汽车电气新技术的发展，更好地把现代汽车电路与汽车电气整合起来，结合本专业的教学，以任务为驱动，项目为载体，按照汽车维修实际工作任务编写该教材。本书从项目入手，针对汽车电路基础和识读、蓄电池的结构与维修、汽车电源系统的结构与维修、汽车启动系统的结构与维修、汽车照明与信号系统的结构与维修、汽车仪表与报警系统的结构与维修、汽车风窗清洁装置的结构与维、汽车电动车窗的结构与维修和汽车空调系统的结构与维修九个方面作了详细介绍。通过典型案例引入，使读者能尽快进入汽车电气技术学习领域，然后在此基础上，分析了现代汽车不同车型典型控制电路的检测与维修。

本书以汽车电路、汽车电器、车身电控与专业实际相结合为出发点，同时结合汽车运用与维修、汽车电子技术专业的特点，为汽车舒适与安全系统和汽车网络技术的学习打下一定的基础和对读者从事汽车电气装置的检测与维修工作能起到很好的帮助作用。

参与本书编写的人员有湖南交通职业技术学院黄鹏、罗双、赵进福、郑子文，益阳职业技术学院周习祥，湖南工业职业技术学院易宏彬，湖南信息职业技术学院邱爱兵，湖南生物机电职业技术学院熊少华。全书由黄鹏、周习祥担任主编，罗双、易宏彬、邱爱兵、赵进福、郑子文、熊少华担任副主编。本书由湖南交通职业技术学院黄鹏统稿，湖南交通职业技术学院马云贵主审。

由于编者水平有限，编写时间仓促，书中难免有不足和疏漏之处，恳请广大读者批评指正。

编　者
2017 年 7 月

目　录

项目一　汽车电路基础与识读

能力目标

通过对本项目的学习,你应能够:

1.熟悉汽车电气设备的组成与特点;

2.正确认识汽车上的常用电气设备;

3.正确识读各种车型的汽车电路图;

4.掌握汽车电路中常用图形符号、标志的具体含义;

5.会分析汽车电气线路常见故障原因并掌握排除方法。

案例引入

顾客陈述丰田卡罗拉汽车电气线路有老化现象,请帮助检修。

项目描述

丰田卡罗拉汽车电路图如图1-1所示,请掌握相关电气元件和电路的识读。

1.分析汽车电路图图形符号;

2.分析丰田车系电路图中各部分的含义;

3.丰田卡罗拉电气线路的检测与维修。

项目内容

第一节　概　述

一、汽车电气设备的组成

现代汽车的电气设备种类和数量都很多,但总的来说,可以大致分为三大部分,即电源、用电设备和全车电路及配电装置。

1.电源

汽车电源有2个,即蓄电池、发电机。发动机不工作时由蓄电池供电,发动机达到某一转速后,由发电机供电。发电机在向用电设备供电的同时,也给蓄电池充电。调节器的作用是在发电机工作时,保持其输出电压的稳定。

2.用电设备

用电设备主要由以下几个系统组成。

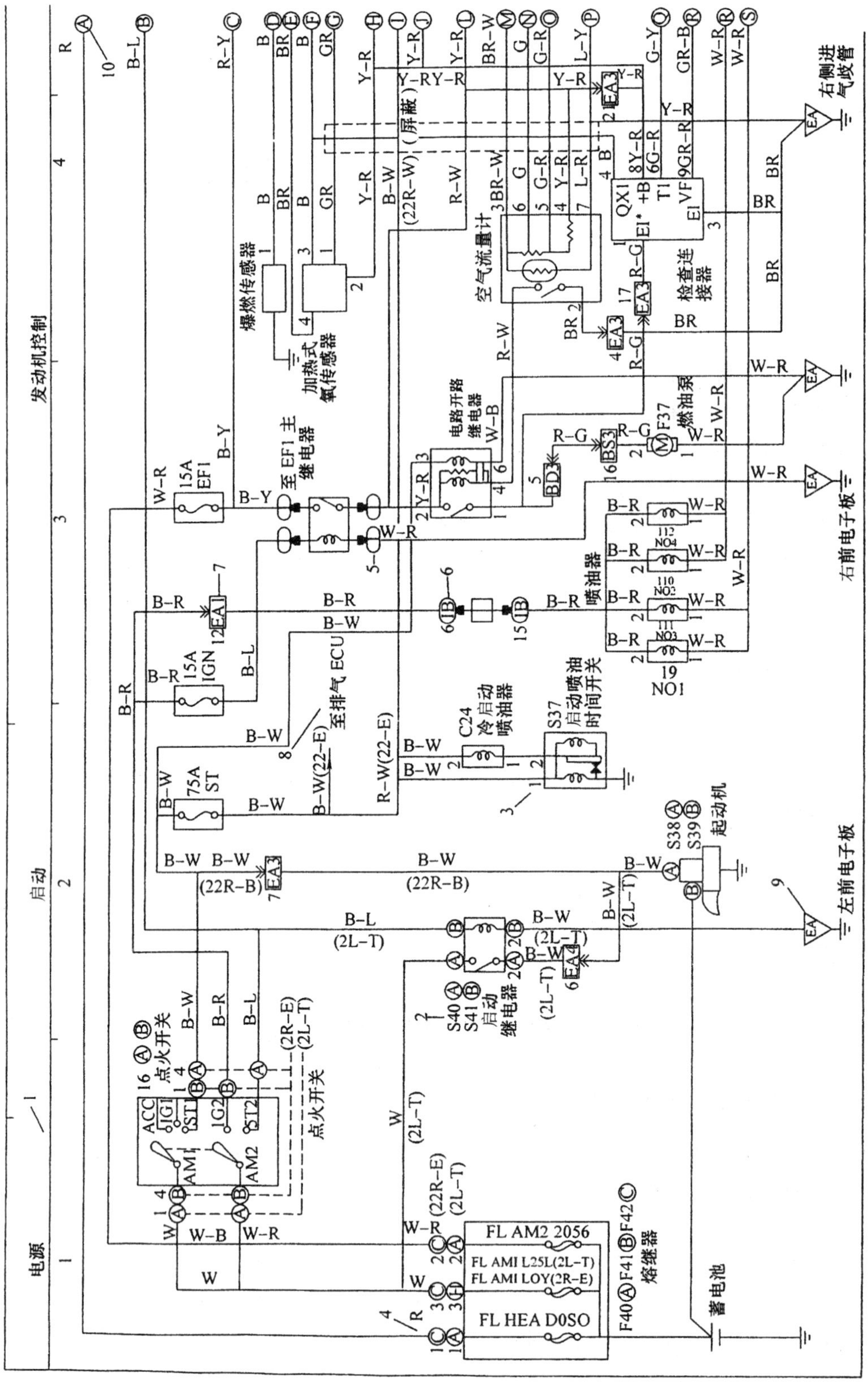

图1-1 丰田汽车电路图中符号的含义

1）启动系统

启动系统主要包括起动机及其控制电路，用来启动发动机。

2）点火系统

点火系统用来产生电火花，点燃汽油机气缸中的可燃混合气。它有传统点火系、电子点火系和微机控制点火系之分。传统点火系包括点火线圈、断－配电器（分电器）、容电器、火花塞等。电子点火系包括点火线圈、信号发生器、点火器、配电器、火花塞等。微机控制点火系包括点火线圈、信号发生器、控制电脑、点火器、配电器、火花塞等。

3）照明系统

照明系统包括车外和车内的照明灯具，提供车辆夜间安全行驶必要的照明。

4）信号装置

信号装置包括音响信号和灯光信号两类，提供安全行车所必需的信号。

5）仪表及报警装置

仪表及报警装置用来监测发动机及汽车的工作情况，使驾驶员能够通过仪表及报警装置，及时发现发动机及汽车运行的各种参数及异常情况，确保汽车正常运行。它主要包括车速里程表、发动机转速表、水温表、燃油表、电压（电流）表、机油压力表、气压表及各种报警灯等。

6）辅助电器

辅助电器包括散热器风扇、风窗清洁装置（刮水器、喷洗器、除霜装置）、空调、低温启动预热装置、汽车音像、电动车窗、电动后视镜、中央门锁、电动坐椅、防盗装置等。辅助电气设备有日益增多的趋势，主要向舒适、娱乐、保障安全等方面发展。车辆的豪华程度越高，辅助电气设备就越多。

7）汽车电子控制系统

汽车电子控制系统主要指利用微机控制的各个系统，包括电控燃油喷射系统、电控点火系统、电控自动变速器、制动防抱死装置、电控悬架系统、安全气囊等。电控系统的采用可以使汽车上的各个系统均处于最佳工作状态，达到提高汽车动力性、经济性、安全性、舒适性，降低汽车排放污染的目的。

3. 全车电路及配电装置

全车电路及配电装置包括中央接线盒、保险装置、继电器、电线束及插接件、电路开关等，使全车电路构成一个统一的整体。

二、汽车电气设备的特点

1. 低压电源

汽车电气设备系统的额定电压有 12 V 和 24 V 两种。目前汽油发动机普遍采用 12 V，而柴油发动机则多采用 24 V。

2. 直流电源

汽车上的电源之一是蓄电池，系直流电源。汽车启动系统采用的是直流串励式电动机，必须由蓄电池供电，且蓄电池放电后必须用直流电对其进行充电。由于直流电易于存储，所以汽车上采用直流电。

3. 单线制

用电设备与电源相连需要用 2 根导线才能形成回路，一根为火线，另一根为零线。汽车上所有用电设备都是并联的，从理论上讲需要有一根共用的火线和一根共用的零线。汽车的底盘和发动机都是金属制造的，具有良好的导电性，可以将其作为共用零线使用。电源到用电设备就只需用一根导线连接，称为单线制。

由于单线制导线用量少，且线路清晰，安装方便，因此广为现代汽车所采用。

4.负极搭铁

采用单线制时，蓄电池一个电极须接至车架上，称"搭铁"。若蓄电池的负极接车架就称负极搭铁，反之则称为正极搭铁。负极搭铁对车架或车身的化学腐蚀较轻，对无线电干扰较小。根据我国 GB 2261—71《汽车拖拉机用电设备技术条件》的规定，汽车电系规定为负极搭铁。

第二节   汽车电路基础元件

一、电路开关

汽车电路中，各用电设备都设有单独的控制开关，如灯光开关、灯光组合开关、刮水器开关、转向信号灯开关、危急报警开关、倒车灯开关、制动灯开关、喇叭开关、空调开关等。开关是切断或接通电路的一种控制装置。其动作可以手控，也可以根据电路或车辆所处状况自控。

1.点火开关

开关在电路图中的表示方法有多种，常见的有结构图表示法、表格表示法和图形符号表示法等。以点火开关为例介绍电路开关的表示方法，如图1－2所示，点火开关的功能主要有锁住方向盘转轴(LOCK 挡)、接通仪表指示灯(ON 或 IG 挡)、启动发动机(ST 或 START 挡)、给附件供电(ACC 挡主要是收放机专用)、发动机预热(HEAT 挡)。其中启动、预热挡工作时消耗电流很大，开关不宜接通过久，所以这两个挡位在操作时必须用手克服弹簧力，扳住钥匙，否则一松手就弹回点火挡，不能自行定位。其他挡位均可自行定位。

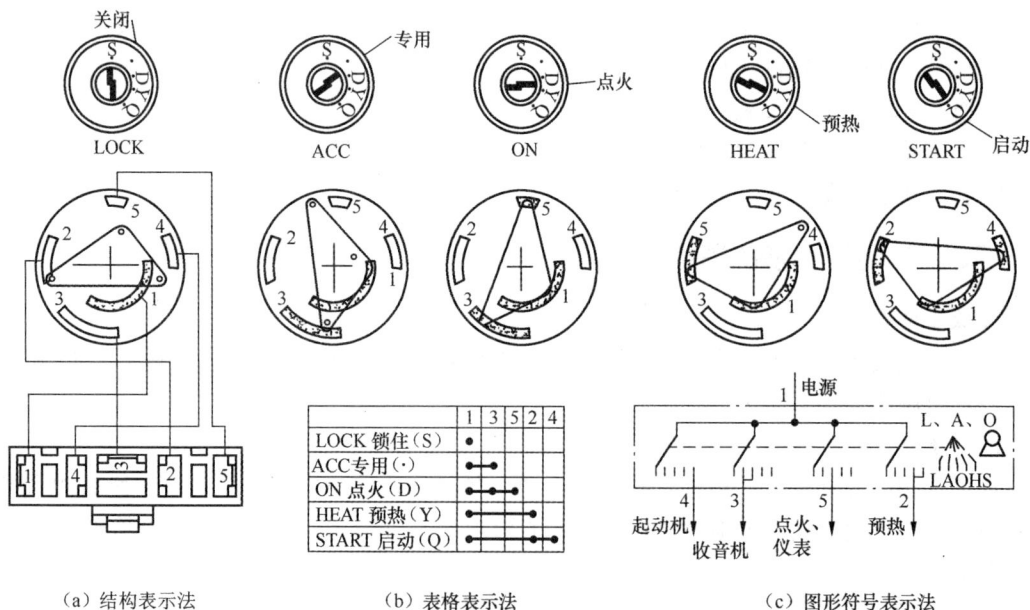

（a）结构表示法　　　　　　（b）表格表示法　　　　　　（c）图形符号表示法

图1－2   点火开关的结构及表示方法

2.组合开关

多功能组合开关将照明开关(前照灯开关、变光开关)、信号灯(转向、危险警告、超车)开关、刮水器/清洗器开关等组合为一体,安装在便于驾驶员操纵的转向柱上,如图1-3所示。

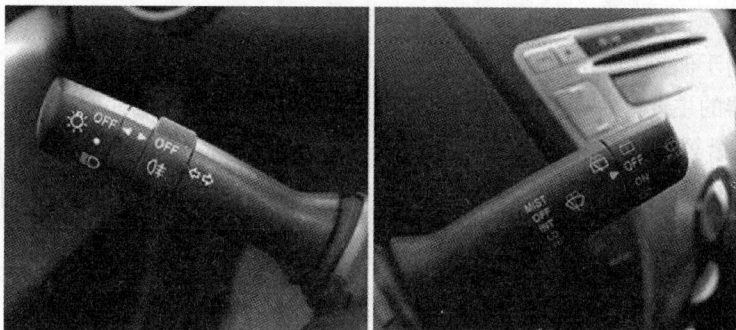

图1-3　组合开关

二、电路保护装置

当电路中的电流超过规定的电流时,汽车电路保护装置能够自动切断电路,从而保护电气设备和防止烧坏电路连接导线,并把故障限制在最小范围内。汽车上的电路保护装置主要有熔断器、易熔线和断路器。

易熔线、断路器及熔断器这三种电路保护装置的常用符号如图1-4所示。

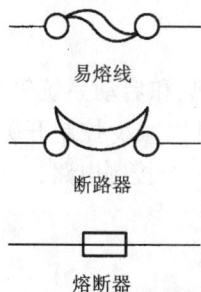

图1-4　电路保护装置的常用符号

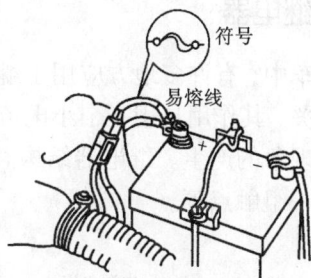

图1-5　易熔线

1.易熔线

易熔线是一种大容量的熔断器,用于保护电源电路和大电流电路。易熔线的安装位置接近电源。当电流超过易熔线额定电流数倍时,易熔线首先熔断,以确保线路或电气设备免遭损坏。易熔线的多股绞合线外面包有聚乙烯护套,比常见导线柔软,一般长度为50～200 mm,通过连接件接入电路,易熔线一般位于蓄电池和起动机或电气中心之间或附近,如图1-5所示。

易熔线用绝缘护套的颜色来区分其容量大小。易熔线不能绑扎在线束内,也不得被其他物品所包裹。在含有易熔线的导线两端,利用断路检测仪或数字式万用表可确定它是否断开,如果断开,必须更换规格相同的易熔线。

2. 断路器

断路器是当电流负荷超过用电设备额定容量时将电路断开的一种可重复使用的电路保护装置。如果电路中存在短路或其他类型的过载条件，强大的电流将使断路器端子之间的线路断路。有些断路器需手工复原，有些则必须撤掉电源才能复原。

3. 熔断器

熔断器常用于保护局部电路，其额定电流较小。熔断器的主要元件是熔丝(片)，其材料是锌、锡、铅等金属的合金。熔断器是最常用的汽车线路保护方法。只要流经电路的电流过大，易熔部件就会熔断并形成断路。熔断器属于一次性保护装置，每次过载都需要更换。如果想确定熔断器是否熔断，只要拆卸怀疑的熔断器，检查熔断器中的元件是否断开即可。也可用数字式万用表或断路检测仪检查其导通性，或更换一只相同规格的熔断器进行试验。

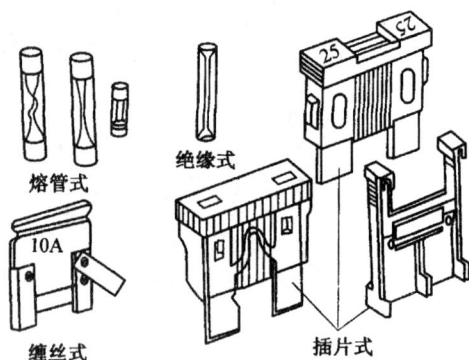

图1-6 熔断器

现代汽车常设有多个熔断器。常见熔断器按外形分可分为熔管式、绝缘式、缠丝式、插片式等，如图1-6所示。

插片式熔断器是现代汽车中应用最广泛的一种熔断器。不同额定电流的熔断器，其外形尺寸都一样。通常根据熔断器塑料外壳的颜色区分其最大允许电流。

三、继电器

在汽车中，有许多地方应用了继电器，例如，燃油泵、喇叭和启动系统等。继电器是一个电气开关，其作用是用一个小电流控制一个大电流，从而可以减少控制开关的电流负荷，减少烧蚀现象的产生。继电器结构简图如图1-7所示，包括一个控制电路、一个电磁铁、一个电枢和一组触点等。

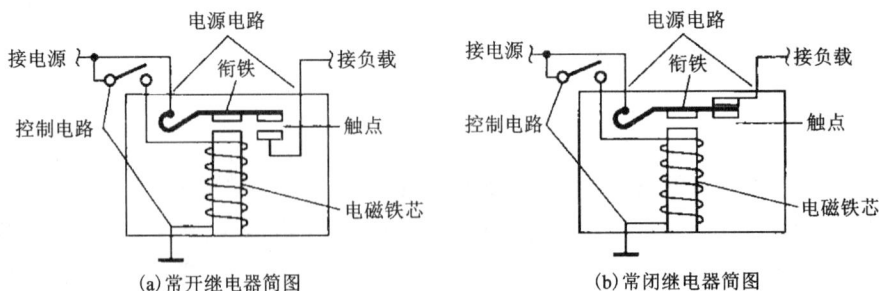

图1-7 继电器结构简图

继电器大部分采用电磁继电器，由电磁铁和触点等组成。为防止线圈断电时产生的自感电动势损坏电子设备，有的继电器磁化线圈两端并联泄放电阻或续流二极管。常见继电器外形和原理如图 1 - 8 所示。

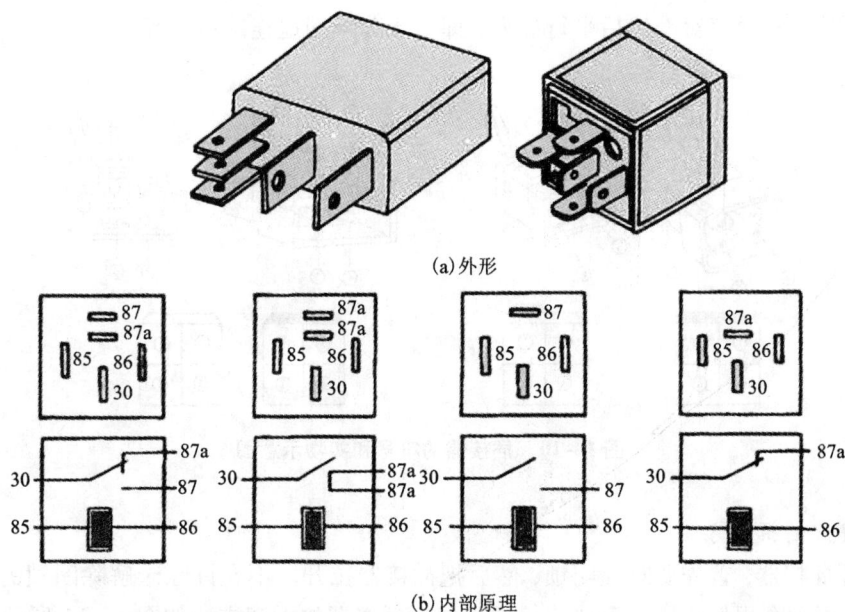

(a)外形

(b)内部原理

图 1 - 8 常见继电器的外形与内部原理

继电器的应用如图 1 - 9 所示。

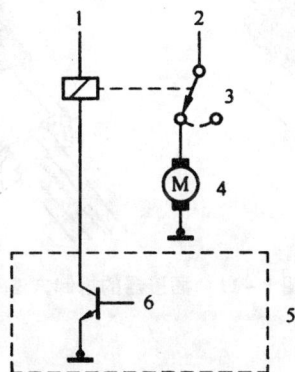

图 1 - 9 继电器的应用

1—来自点火开关；2—来自蓄电池；3—燃油泵继电器；
4—燃油泵电机；5—ECU；6—大功率三极管

四、插接器

插接器就是通常所说的插头和插座，用于导线与导线间或线束与线束间的连接。为了防止插接器在汽车行驶过程中脱开，所有的插接器均采用了闭锁装置。

1. 插接器的识别方法

插接器的符号和实物示意图如图 1 - 10 所示。插接器接合时，应把插接器的导向槽重叠在一起，使插头和插座对准然后平行插入，即可十分牢固地连接在一起。

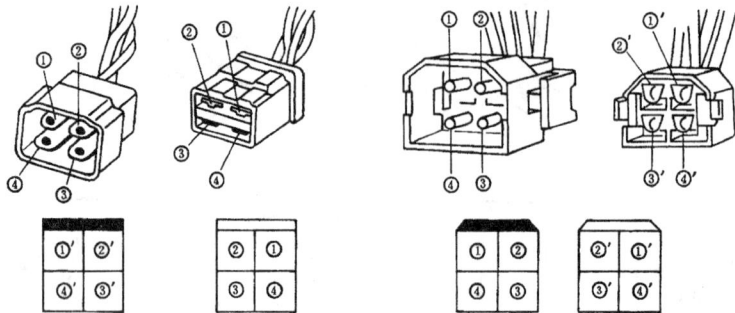

图 1 - 10　插接器的符号和实物示意图

2. 插接器的拆卸方法

要拆开插接器，首先要解除闭锁，然后把插接器拉开。不允许在未解除闭锁的情况下用力拉导线，否则会损坏闭锁装置或连接的导线。插接器的拆卸方法如图 1 - 11 所示。

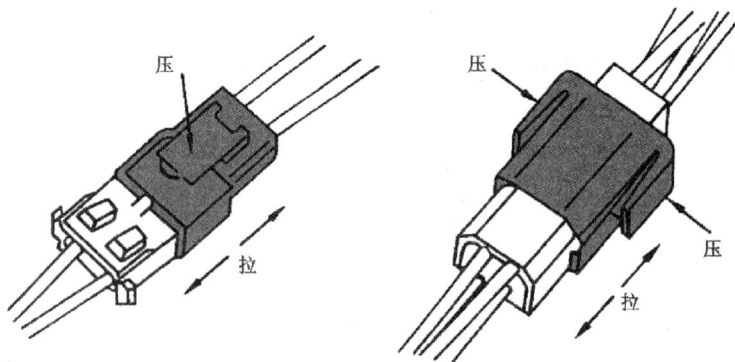

图 1 - 11　插接器的拆卸方法

五、低压导线

1. 导线截面积

导线截面积主要根据其工作电流选择，但对于一些工作电流较小的电气设备，为保证机械强度，导线截面积不小于 0.5 mm^2。各种标称截面积的低压导线所允许的负载电流值见表 1 - 1。

表 1 - 1 各种标称截面积低压导线所允许的负载电流值

导线的标称截面积/mm²	1.0	1.5	2.5	3.0	4.0	6.0	10	13
允许电流值/A	11	14	20	22	25	35	50	60

12 V 汽车电气系统主要线路导线标称截面积及其用途见表 1 - 2。

表 1 - 2 12 V 汽车电气系统主要线路导线标称截面积及其用途

标称截面积/mm²	导线用途
0.5	尾灯、顶灯、指示灯、仪表灯、牌照灯、刮水器、时钟、燃油表、水温表、油压表等电路
0.8	转向信号灯、制动灯、停车灯、断电器等电路
1.0	前照灯、电喇叭(3 A 以下)电路
1.5	前照灯、电喇叭(3 A 以上)电路
1.5 ~ 4.0	其他 5 A 以上电路
4 ~ 6	柴油车电热塞电路
6 ~ 25	电源电路
16 ~ 95	启动电路

2. 导线颜色

各国汽车厂商在电路图上多以字母(英文字母)表示导线颜色及条纹颜色。主要国家及汽车制造厂商汽车导线颜色代号见表 1 - 3。

表 1 - 3 主要国家及汽车制造厂商汽车导线颜色代号

颜色	中国	英国	美国	德国	日本	帕萨特	宝马	本田、现代
黑	B	Black	BLK	SW	B	BK	SW	BLK
白	W	White	WHT	WS	W	WT	WS	WHT
红	R	Red	RED	RT	R	RD	RT	RED
绿	G	Green	GRN	GN	G	GN	GN	GRN
深绿		Dark Green	DK GRN			DKGN		
淡绿		Light Green	LT GRN		Lg	LTGH		LT GRN
黄	Y	Yellow	YEL		Y	YL	GE	YEL
蓝	BL	Blue	BLU	BL	L	BU	BL	BLU
淡蓝		Light Blue	LT BLU		Sb	LTBU		LT BLU
深蓝		Dark Blue	DK BLU			DKBU		
粉红	P	Pink	PNK		P	PK	RS	PNK

续表 1 - 3

颜色	中国	英国	美国	德国	日本	帕萨特	宝马	本田、现代
紫	V	Violet	PPL	VI	PU	PL	VI	PUR
橙	O	Orange	ORN		Or	OG	OR	ORG
灰	Gr	Grey	GRY		Gr	GY	GR	GRY
棕	Br	Brown	BRN	BK	Br	BN	BR	BRN
棕褐		Tan	TAN			TN		
无色		Clear	CLR			CR		

导线颜色要易于区别，导线上采用条纹标志要对比强烈，双色线的主色所占比例大些，辅色所占比例小些，主色条纹与辅色条纹周围表面比例为 3∶1～5∶1。双色线标第一色为主色，第二色为辅色，我国规定汽车导线颜色的选用顺序见表 1 - 4。

表 1 - 4　我国汽车导线颜色的选用顺序

选用顺序	1	2	3	4	5	6
导线颜色	B	BW	BY	BR		
	W	WR	WB	WB	WY	WG
	R	RW	RB	RY	RG	RBl
	G	GW	GR	GY	GB	GBl
	Y	YR	YB	YG	YB	YW
	Br	BrW	BrR	BrY	BrB	
	BL	BlW	BlR	BlY	BlB	BlO
	Gr	GR	GrY	GrBl	GrB	GrO

第三节　汽车电路图的种类

汽车电路图有部分电路和整车电路之分。部分电路即局部电路，或称单元电路，通常有电源电路、启动电路、点火电路、照明电路、信号及仪表电路等；整车电路即汽车电气总电路，通常将汽车上各种用电设备按照它们各自的工作特点和相互关系，通过各种开关、保险等装置，用导线把它们合理地连接起来而构成一个整体电路。现代汽车电路图的种类繁多，电路图按车型不同，也存在一定差别，归纳起来汽车电路图主要有线路图(布线图)、电路原理图、线束图。

1.汽车电气线路图

通常根据汽车电气的外形，用相应的图形符号进行合理布线，线路图是电气设备之间用导线相互连接的真实反映，所连接的电气设备的安装位置、外形和线路所走的路径与实际情况一致，便于对汽车电气故障进行判断与排除。通常图的左边代表汽车的前部，右边代表汽车的尾部，同时，图中的电气设备大多以实物轮廓的示意形状表示，给人以真实感。

　　汽车电气线路图的作用是指示原理图中各元件在电气线路图上的位置及整车走线颜色、直径及去向，供检修电路时查找。检修中，通过故障现象和对电气原理图的分析，在电气原理图上建立逻辑的检查步骤，再通过电气线路图的指示，在电气线路图上具体实施。

　　汽车电气线路图的优点是较好地再现了电路的实际情况，线路走向清楚；缺点是识读比较困难，不能反映电路内部结构与工作原理。

2. 汽车电路原理图

　　电路原理图是根据国家或有关部门制定的标准，用规定的图形符号绘制的较简明的电路。电路原理图也称电路简图，通常是根据电气线路图简化而来的。这种图的作用是表达电路的工作原理和连接状态，不讲究电气设备的形状、位置和导线走向的实际情况。图中电气设备均采用符号表示(较特殊的符号则辅以图例说明)，这种图对于了解电气设备的工作原理和工作过程以及分析判断故障的大概部位很有用处。

　　汽车电路原理图是识读汽车电气线路图、线束图以及分析汽车电路工作原理和判断故障大致部位的基础图。

　　电路图描述的连接关系仅仅是功能关系，不是实际的连接导线，所以电路原理图不能代替布线图。

3. 汽车线束图

　　线束图主要用来说明哪些电气的导线汇合在一起组成线束，于何处进行连接等。汽车上导线的种类和数量较多，为保证安装可靠，走向相同的各类导线常被包扎成电缆，即线束。线束外形图反映的是已制成的线束外形，故也叫做线束包扎图。图中一般都标明线束中每根导线所连接的电气设备的名称，有的还标注了每根导线的长度。线束图是一种突出装配记号的电路表现形式，非常便于安装、配线、检测与维修，若与布线图或电路原理图结合使用，会起到更大的作用。

　　线束图通常分为主线束图和辅助线束图。主线束图分为底盘线束图和车身线束图。辅助线束图类型较多，多用于主线束的支路，并与各种辅助电气相连(通过插接器)，如空调线束、车顶线束、电动车窗线束、ABS线束、自动变速器线束、电动座椅线束等。

第四节　现代系列汽车电路图阅读方法

　　韩国现代汽车电路图中的电源部分画在电路图的顶部，搭铁部分画在电路图的底部。现代汽车电路图的识读方法如图1-12、图1-13所示，电路图中圆圈内的数字是注释号，其各部分的含义如下：

　　①表示点火开关处于"ON"或"ST"挡位时，电源开始供电。

　　②表示插接器的符号。图中表示两根截面积$0.5\ mm^2$黑/黄色导线是通过M102插接器的12号接线端子相互连接的。

　　③表示导线的规格和颜色，图中0.3W/Y表示该导线的截面积是$0.3\ mm^2$，"W"表示导线绝缘基本底色为白色，"Y"表示导线绝缘上的条纹色为黄色。

　　④箭头表示导线连接到其他电路图中的电路名称。

　　⑤表示两条电路根据不同情况选择相应的电路。

　　⑥表示插接器在电路部件上，电器部件与线束是通过插接器连接。

　　⑦表示电器部件外壳直接搭铁。

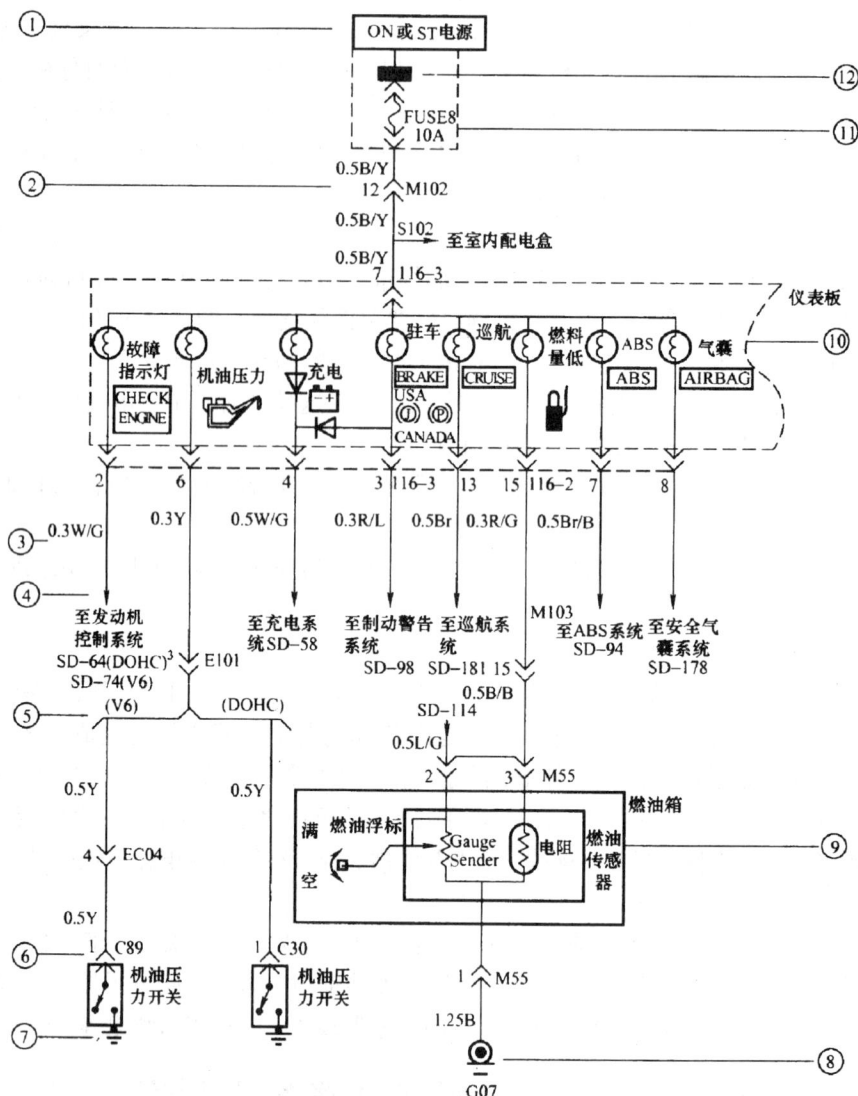

图1-12　现代汽车电路图的识读方法（一）

B—黑色；Br—棕色；G—绿色；L—蓝色；

R—红色；T—褐色；W—白色；Y—黄色

⑧表示编号为 G07 的搭铁点。

⑨实线框图表示部件的全部。

⑩用弧线表示电器部件的一部分。

⑪表示熔断器的符号和额定容量。图中表示配电盒的 8 号 10 A 熔断器。

⑫表示用金属片与其他熔断器连接。

⑬用虚线框图表示部件的一部分。

⑭表示截面积 2.0 mm² 的橙色导线通过 M106 插接器的 1 号接线端子，同时与截面积 0.5 mm² 的红色导线和 2.0 mm² 的蓝色导线连接。

⑮表示在同一插接器上的接线端子用虚线连接。

助手席
配电盒

+B 电源

参考电
源分布

⑬

熔断器7
25 A

1/P–C
2.0O

⑭　1　M106

0.5R　1　M106
电容器

2　M106

2.0L

17　M100

电动座椅
控制开关

开关位置 \ 端子号	8	7	6	5	4	3	2	1	17	16	15	14	13	12	11	10	9
滑动开关　前																	
后																	
前上升开关　升																	
降																	
后上升开关　升																	
降																	
靠背倾斜开关　前																	
后																	

⑰

滑动　　　前上升　　　后上升　　　靠背倾斜

FORWARD　　UP　　　DOWN　　　FORWARD

BACK　　DOWN　　　UP　　　BACK　ARD

1　2　3　4　9　10　11　12　5　6　7　16　14　15　8　M100

1.25 Y/W　1.25 Y/W　1.25R　1.25Br　1.25 Y/R　1.25 Y/W　1.25 L/B　1.25 L/R　1.25 L/B　1.25 L/R　1.25 Y/R　1.25 Y/W　1.25 Y/L　2.0B L/G

1　2　M105

滑动调节
电动机

1　2　M101
滑动调节电动机

⑮

3　M103

滑动调
节开关

1　M103

4　1　6　3　M1021

前上升
调节

4　3　6　M104

后上升
调节

1.25B

5　M102
1.25B

5　M104
1.25B

0.5B

⑯

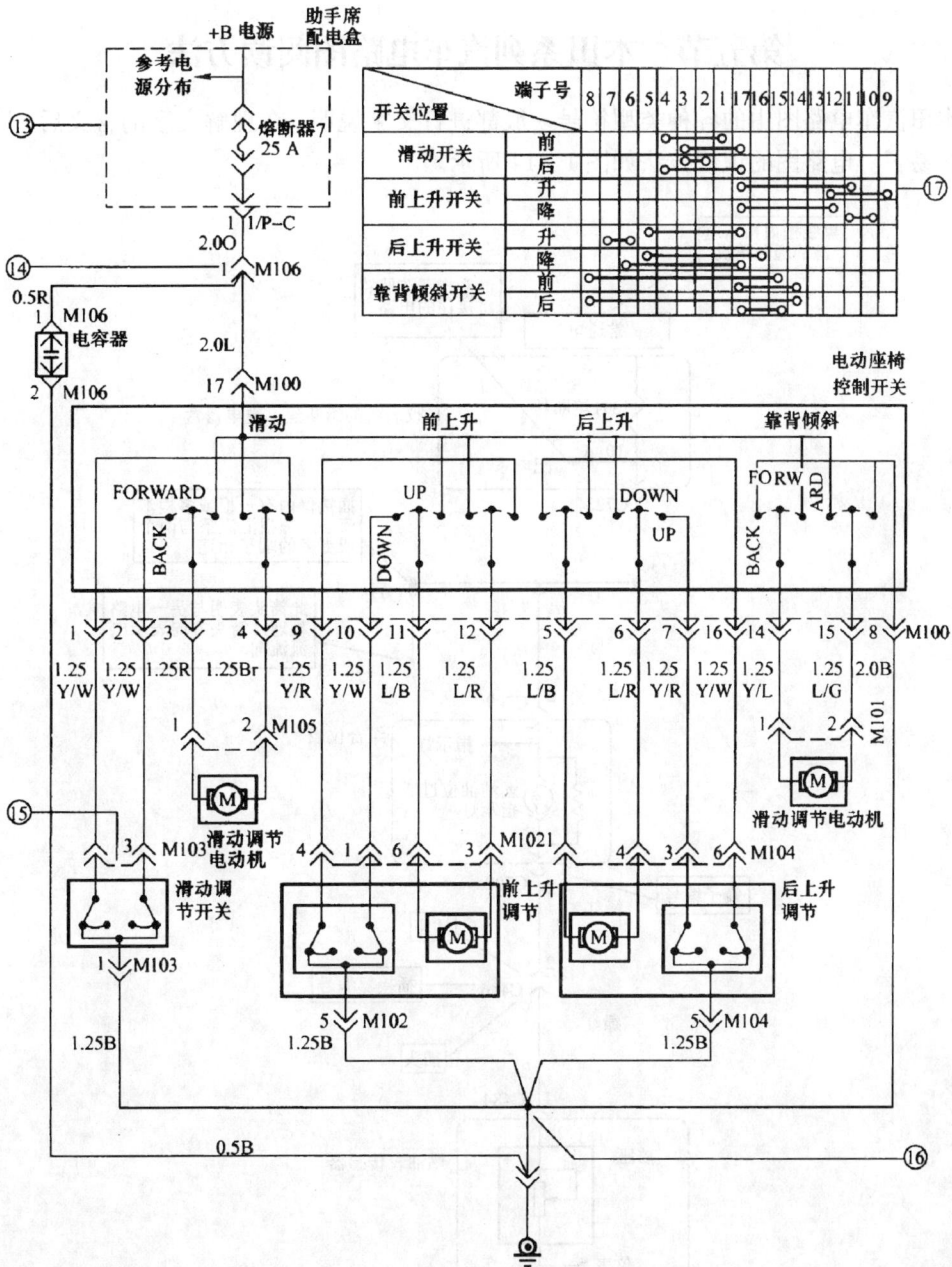

图 1–13　现代汽车电路图的识读方法(二)

B—黑色；Br—棕色；G—绿色；L—蓝色；
R—红色；T—褐色；W—白色；Y—黄色

⑯表示导线相互连接。

⑰采用表格方式表示开关的接线端子和挡位连接状况。

第五节　本田系列汽车电路图阅读方法

本田汽车电路图中的各种类型符号一般都进行文字说明，在理解文字的含义后，读图就比较容易了。电路图的识读方法如图 1－14 所示。

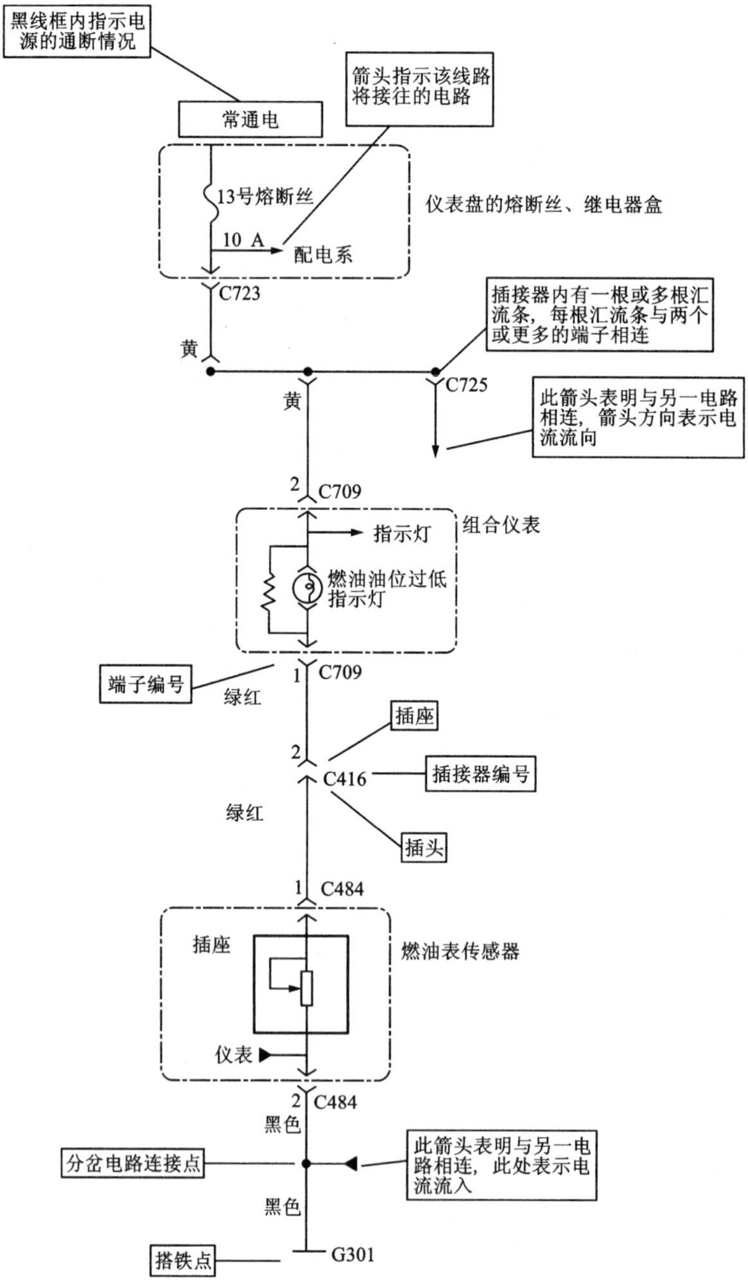

图 1－14　本田系列汽车电路图中符号的含义

同一电气系统中颜色相同的导线加用上角标区别，如 BLU^2 与 BLU^3 是不同的导线。

本田汽车的电路图导线并没有标出导线的截面积，需要根据和导线相连的熔断丝的通电电流的大小来判断导线的截面积大小。

第六节　通用系列汽车电路图阅读方法

现以上海别克轿车自动变速器控制电路为例，说明通用汽车电路图的识读方法（图1－15），电路图中圆圈内数字是注释号，其各部分含义如下：

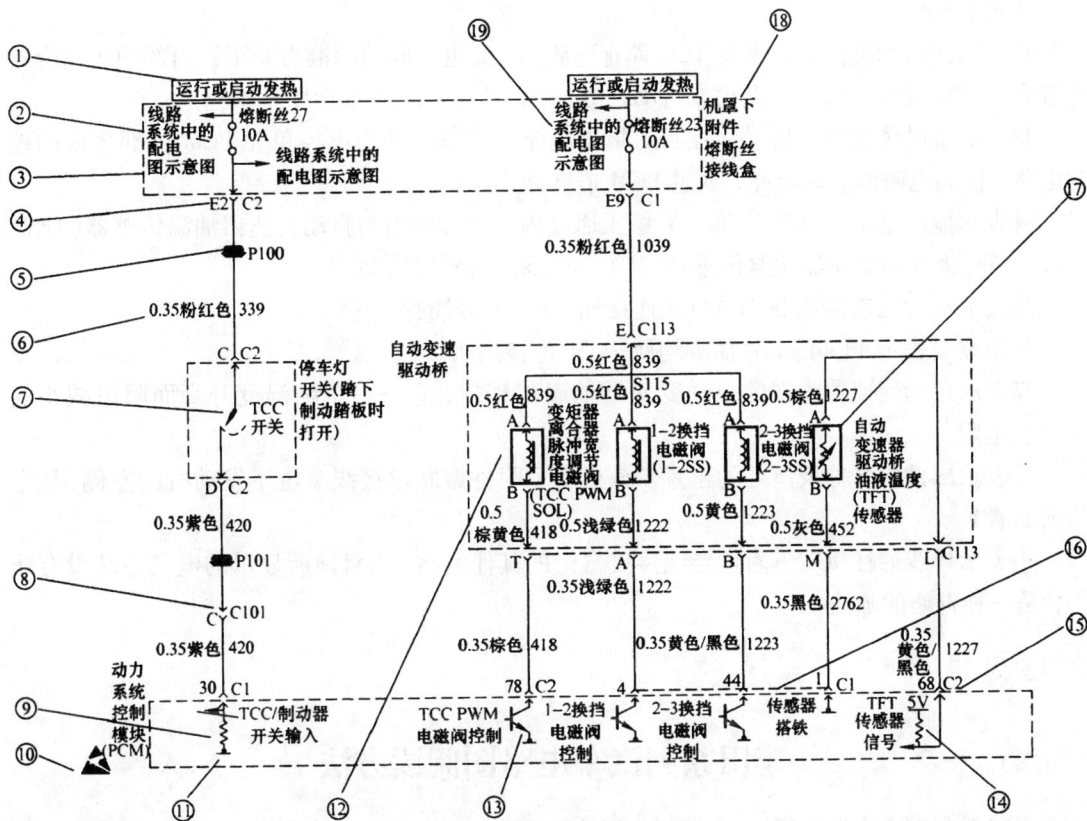

图1－15　通用系列汽车电路图中符号的含义

①"运行或启动发热"表示线路在点火开关处于点火或启动挡时有电，电压为蓄电池工作电压。

②表示27号10 A的熔断丝。

③虚线框表示没有完全表示出接线盒所有部分。

④表示导线由发动机罩下熔断丝接线盒的 C2 连接插头的 E2 插脚引出，连接插头编号 C2 写在右侧，插脚编号 E2 写在左侧。

⑤P100 表示贯穿式密封圈，其中 P 表示密封圈，100 为其代号。

⑥"0.35 粉红色"表示导线截面积为 0.35 mm^2，线的颜色为粉红色，数字"339"是车辆位

置分区代码，表示该线束位置在乘客室。

⑦表示 TCC（液力变矩器中的锁止离合器控制）开关，图中表示 TCC 处于接通状态，其开关信号经过 P101 和 C101，由动力控制模块（PCM）中的 C1 插头 30 号插脚进入 PCM。

⑧表示直列型插接器，右侧"C101"表示连接插头编号（其中 C 表示连接插头），左侧"C"表示直列型插接器的 C 插脚。

⑨表示输出电阻器，这里用来把 TCC 和制动灯开关的信号以一定的电压信号的形式输出给动力控制模块 PCM 的内部控制电路。

⑩表示动力控制模块 PCM 是对静电敏感的部件。

⑪表示搭铁。

⑫表示在自动变速器内部的 TCC 锁止电磁阀，此电磁阀控制液力变矩器内部锁止离合器的接合。它在点火开关处于点火或启动挡时，通过 23 号 10 A 的熔断丝供电。

⑬表示带晶体管半导体元件控制的集成电路。这里为动力电控单元 PCM 内部集成的控制电路，控制电磁阀驱动电路，通过 PCM 搭铁。

⑭表示输出电阻。PCM 提供 5 V 稳压通过内部串接电阻与自动变速器油温传感器（TFT）连接，同时将自动变速器油温传感器（NTC 型电阻）信号传给 PCM。

⑮表示动力控制模块 PCM 的 C2 连接插头的 68 号插脚。

⑯用虚线表示 4、44、1 号插脚均属于 C1 连接插头。

⑰表示自动变速器内部的自动变速器油温传感器，它是一个随温度升高而阻值减小的NTC 型电阻。

⑱表示部件的名称及所处的位置。该机罩下附件熔断丝接线盒位于发动机的左侧（从车的前面看）。

⑲表示导线通往机罩下附件导线接线盒内的其他电路，对目前所显示的电气系统没有作用，是一种省略的画法。

项目实施

丰田系列汽车电路图阅读方法

丰田系列汽车电路如图 1-1 所示，阅读方法如下。

1——各子系统的标题符号。

2——与电器元件连接的插接器编号。S40 或 S41 表示与启动继电器相连接的连接器。

3——插接器的引脚编号，其中插座和插头编号的方法不同。如图 1-16 所示，插座编号中顺序为从左至右，从上至下；插头则从右至左，从上至下。

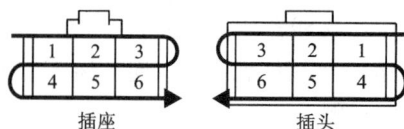

图 1-16　丰田汽车电路插座与插头编号示意图

4——配线颜色。例如，线路图中导线颜色编号为 R，则说明在实际电路中，导线颜色为红色。如果导线为双色，则用第一个字母表示配线基本颜色，第二个字母表示配线的条纹颜色。

B = 黑	W = 白	BR = 棕
L = 蓝	V = 紫	SB = 浅蓝
R = 红	G = 绿	LG = 浅绿
P = 粉红	Y = 黄	Gr = 灰
O = 橙		

例如，导线颜色编号为 L—Y，则在实际电路中，导线的基本颜色为蓝色，条纹颜色为黄色。

5——继电器盒。圈内数字表示继电器盒号码，图示继电器盒号码为 1，表示 EFI 主继电器在 1 号位置。在圈旁标注的数字则表示该连接器插座位置代码。

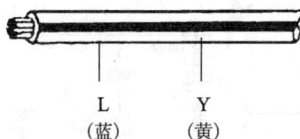

6——接线盒。圈内数字表示接线盒（J/B）号码，圈旁数字表示该插接器插座位置代码。接线盒上印上阴影，使其与其他元件区分。不同的接线盒用不同的阴影标出，以便区分。例如图中的 3B 表示它在 3 号接线盒内；数字 6 和 15 表示两条配线分别在连接器 6 和 15 号位置。

7——线束与线束之间的插接器。带插头的配线用"》"符号表示，外侧数字表示引脚号码。

8——相互关联的系统。

9——地线接地点位置。接地点在电路图中用"▽"符号表示。

10——系统电路图如果分开两页以上，则相同的配线用同一个数字（如用 1、2、3…）表示其连接关系。

在识别丰田汽车电路时，还将涉及布线图、继电器位置图、连接器图等。上述各种电路图，依车型不同，存在一定的差别。

项目拓展

大众系列汽车电路阅读方法

大众汽车的电路图不同于接线图，也不同于电路原理图。下面以图 1-17 为例介绍大众系列汽车电路图的读法。

1——三角箭头，表示下接下一页电路图。

2——保险丝代号，图中 S5 表示该保险丝位于保险丝座第 5 号位，10 A。

3——继电器板上插头连接代号，表示多针或单针插头连接和导线的位置，例如 D13 表示多针插头连接，D 位置触点 13。

4——接线端子代号，表示电器元件上接线端子数/多针插头连接触点号码，例如 80/65 表示电器元件上接线插针数为 80，插针位置代号为 65。

5——电器元件代号，在电路图下方可以查到元件的名称。

6——元件的符号，可参见电路图符号说明。

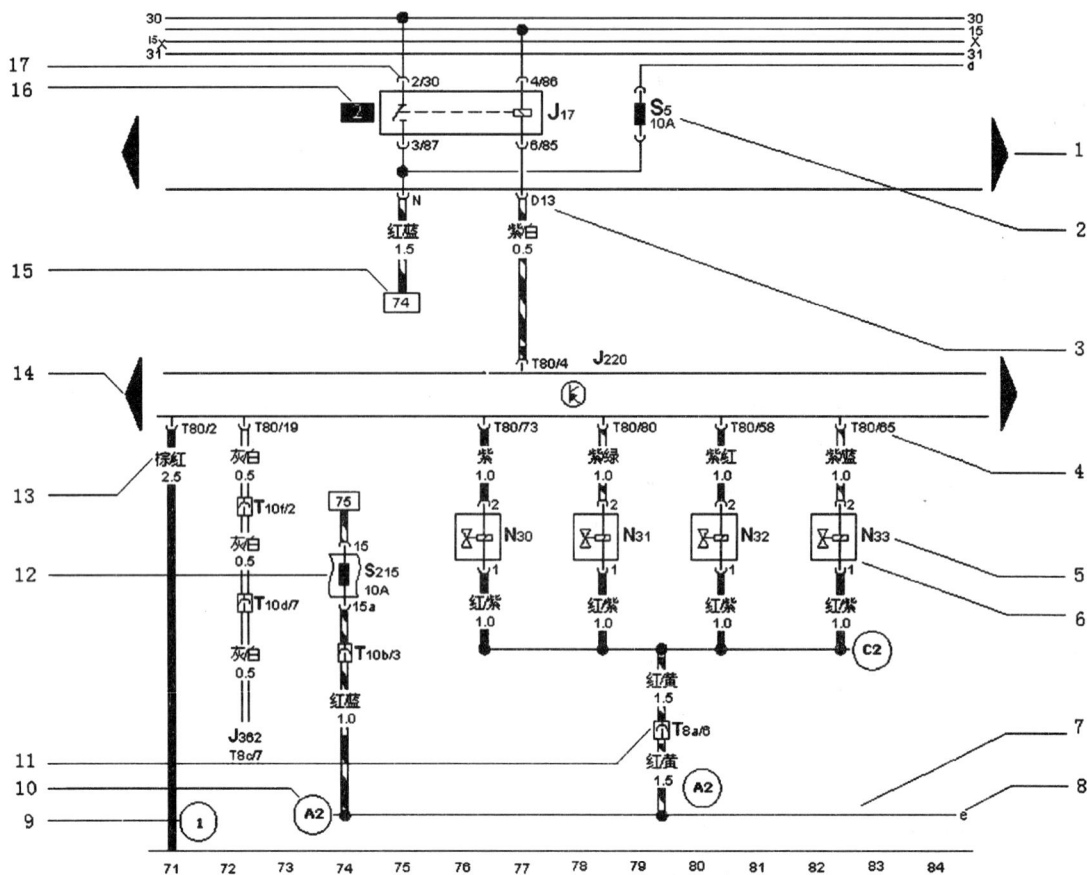

图1-17　大众系列汽车电路图中符号的含义

7——内部接线(细实线)，该接线并不是作为导线设置的，而是表示元件或导线束内部的电路。

8——指示内部接线的去向，字母表示内部接线在下一页电路图中与标有相同字母的内部接线相连。

9——接地点的代号，在电路图下方可查到该代号接地点在汽车上的位置。

10——线束内连接线的代号，在电路图下方可查到该交接点位于哪个导线束内。

11——插头连接，例如 T8a/6 表示 8 针 a 插头触点 6。

12——附加保险丝符号，例如 S215 表示在中央电器附加继电器板上第 215 号位保险丝，10 A。

13——导线的颜色和截面积(单位：mm^2)。

14——三角箭头，表示元件接续上一页电路图。

15——指示导线的去向，框内的数字 74 表示导线连接的接点编号。

16——继电器位置编号，表示继电器板上的继电器位置编号。

17——继电器板上的继电器或控制器接线代号，该代号表示继电器多针插头的各个触点。例如 2/30，2 为继电器板上 2 号位插孔的触点 2，30 为继电器/控制器上的插头触点 30。

汽车电子控制系统的读图要领为：

（1）要以电控系统的 ECU 为中心，因为它是整个系统的控制中心，所有电器部件都必然与这里发生关系。

（2）对 ECU 的各个接脚有基本了解，弄清楚分为几个区域、各区接脚排列的规律如何。

（3）找出该系统给 ECU 供电的电源线有哪些、注意一般 ECU 都不止一根电源线，弄清楚各电源线的供电状态（如常火线或开关控制）。

（4）找出该系统的搭铁线有哪些，注意分清哪些是在 ECU 内部搭铁，哪些是在车架上搭铁，哪些是在各总成机体上搭铁。

（5）找出哪些是系统的信号输入传感器，弄清各传感器是否需要电源、该传感器哪里搭铁，并找出相应的电源线。

（6）找出系统的执行器有哪些，弄清电源供给和搭铁情况、电脑控制执行器的方式（控制搭铁端或电源端）。

项目小结

（1）汽车电气设备的组成包括了电源系统、用电设备和配电装置，汽车电气设备的特点是低压、直流、单线制、负极搭铁。

（2）汽车电路基础元件包括电路开关、电路保护装置、插接器和导线。

（3）汽车电路图种类繁多，按车型不同，也存在一定差别，归纳起来汽车电路图主要有线路图（布线图）、电路原理图、线束图。

（4）大众系列汽车电路图阅读方法。

（5）本田系列汽车电图路阅读方法。

（6）丰田系列汽车电图路阅读方法。

（7）通用系列汽车电图路阅读方法。

（8）现代系列汽车电图路阅读方法。

习　题

1-1　汽车电气设备由哪些部分组成？

1-2　汽车电气设备具有哪些特点？

1-3　开关在电路图中有哪些表示方法？

1-4　汽车电路图有哪些种类？

1-5　大众系列汽车电路图阅读方法是什么？

1-6　本田系列汽车电路图阅读方法是什么？

1-7　通用系列汽车电路图阅读方法是什么？

1-8　丰田系列汽车电路图阅读方法是什么？

1-9　现代系列汽车电路图阅读方法是什么？

项目二 蓄电池的结构与维修

能力目标

通过对本项目的学习，你应能够：

1. 熟悉蓄电池的作用与结构；

2. 掌握蓄电池的工作特性；

3. 掌握蓄电池的检修方法；

4. 能正确拆装蓄电池，并对蓄电池进行日常维护；

5. 能正确对蓄电池的技术状况进行检查，并能针对具体问题进行维护。

案例引入

顾客陈述蓄电池充电效果差，不能启动或启动十分困难，请帮助检修。

项目描述

丰田卡罗拉汽车蓄电池的在车电压检测和充电如图 2 - 1 所示，请分析相关电气元件和电路的检测方法：

1. 分析汽车免维护蓄电池的特点；

2. 分析蓄电池在车电压检测的方法；

3. 分析蓄电池在车充电的方法。

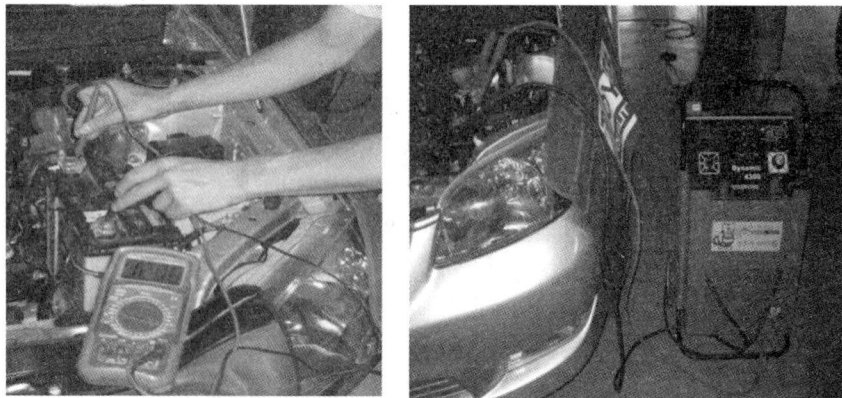

图 2 - 1　蓄电池的在车电压检测和充电图

项目内容

第一节 认识蓄电池

汽车上装有发电机与蓄电池两个直流电源,蓄电池与发电机并联,共同向全车用电设备供电。蓄电池是一种化学电源,既能将电能转化为化学能储存,也能通过其内部的化学反应向用电设备供电,是一种可逆的低压直流电源(即放电后经过充电能复原续用)。

一、蓄电池的作用及类型

1. 蓄电池的作用

(1)在发动机启动时,给起动机提供大电流,同时向点火系统、燃油喷射系统及发动机其他用电设备供电。

(2)在发电机不工作时,由蓄电池向用电设备供电。

(3)当取下汽车钥匙时,由蓄电池向时钟、发动机及车身 ECU 存储器、电子音响系统及防盗报警系统等供电。

(4)当发电机超载时,蓄电池协助发电机供电。

(5)当发电机正常发电时,蓄电池可将发电机的电能转变为化学能储存起来(即充电)。

(6)蓄电池相当于一个大容量电容器,在发电机转速和负载变化较大时,能够保持汽车电源电压的相对稳定。同时,还可吸收电路中产生的瞬间过电压,保护汽车电子元件不被损坏。

汽车上所使用的蓄电池主要是为了满足起动机的需要,所以,通常称为启动型蓄电池。启动型蓄电池在短时间内可提供强大的启动电流(一般为 200 ~ 600 A,最大可达 1000 A)。根据电解液的不同,蓄电池有酸性蓄电池和碱性蓄电池之分。铅酸蓄电池因技术成熟、价格便宜、结构简单、启动性好,在汽车上得到广泛应用。

2. 蓄电池的分类

目前,汽车上使用的蓄电池有三大类:铅酸蓄电池、镍碱蓄电池和电动汽车蓄电池。

铅酸蓄电池分为普通蓄电池、免维护蓄电池、干式荷电蓄电池及胶体蓄电池等;镍碱蓄电池有铁镍蓄电池及镉镍蓄电池等。铅酸蓄电池具有价格便宜、内阻小等特点,在大多数汽车上使用;镍碱蓄电池具有容量大、使用寿命长、维护简单等优点,但价格昂贵,目前只在少数汽车上使用。

汽车所用的铅蓄电池由于比容量小、需要经常充电,不宜作为电动汽车的动力源,目前正在研制的新型高能电池很多,如钠硫电池、燃料电池、锌-空气电池、锂合金电池、氢镍电池等。

二、蓄电池的结构

单格铅酸蓄电池可以由一对正、负极板插入稀硫酸构成,通常设计其标称电压为2 V。额定电压为 12 V 的蓄电池,是由 6 个 2 V 的单格电池通过铅联条串联而成,每个单格电池由间壁相互隔开。整个蓄电池由极板、隔板、壳体和电解液等部分组成。蓄电池的结构如图 2-2 所示。

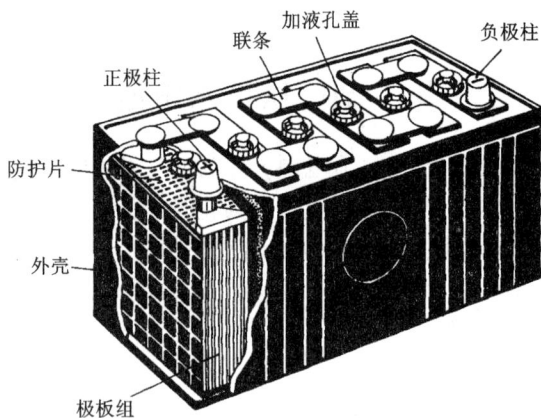

图2-2　蓄电池的结构

1. 极板

极板是蓄电池的核心部件,由栅架与活性物质组成。

栅架是极板的骨架,由铅锑合金或铅锑锡合金浇铸或液体压铸而成,在栅架中加锑的目的是改善浇铸性能,并提高机械强度。为降低蓄电池内阻,改善启动性能,现代汽车蓄电池采用了高强度、低电阻值的放射形栅架,如图2-3所示。

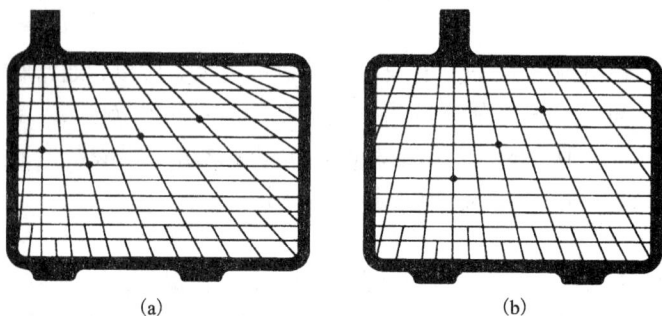

(a)　　　　　　　　　　　　　　　(b)

图2-3　放射形栅架的结构

活性物质附着在栅架上,主要由铅粉与一定相对密度的稀硫酸混合而成,通过与电解液中的 H_2SO_4 进行化学反应实现电能和化学能的相互转化。正极板上的活性物质是深棕色二氧化铅(PbO_2),负极板上的活性物质是青灰色海绵状铅(Pb)。

蓄电池的极板分为正极板和负极板。为了增大蓄电池容量,正极板通过汇流条焊接在一起为正极板组,负极板通过汇流条焊接在一起为负极板组。如图2-4所示,正、负极板组交叉组装在一起,正、负极板间用隔板隔开。负极板比正极板多一片,使得每片正极板均处于两片负极板之间,可使正极板两侧放电均匀,防止极板拱曲,活性物质脱落。

2. 隔板

为了减小蓄电池的内阻和尺寸,蓄电池内部正负极板应尽可能地靠近,但为了避免彼此

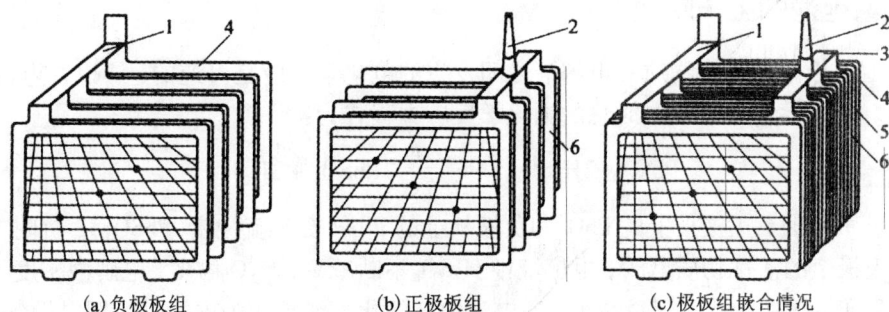

(a) 负极板组   (b) 正极板组   (c) 极板组嵌合情况

图 2 - 4 极板组的结构

1、3—汇流条；2—极柱；4—负极板；5—隔板；6—正极板

接触而短路，正负极板之间要用隔板隔开，隔板材料应具有多孔性，以便电解液渗透，且化学性能要稳定，即具有良好的耐酸性和抗氧化性。因此隔板常采用微孔橡胶、微孔塑料、玻璃纤维等材料。

隔板一面平整，一面有沟槽，沟槽面对着正极板，且与底部垂直，使充放电时，电解液能通过沟槽及时供给正极板，当正极板上的活性物质 PbO_2 脱落时能迅速通过沟槽沉入容器底部。

新型蓄电池多采用袋式微孔塑料隔板，将正极板包裹，防止正极板活性物质脱落。其结构如图 2 - 5 所示。

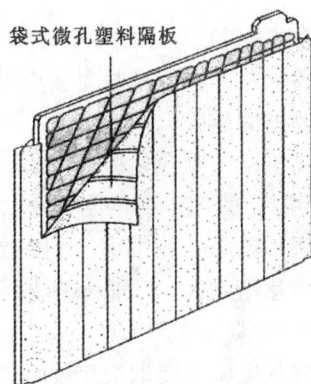

图 2 - 5 袋式隔板

3. 电解液

铅酸蓄电池的电解液是由密度为 $1.84~g/cm^3$ 的纯硫酸与蒸馏水按一定比例配制而成，其作用是与极板上的活性物质发生电化学反应。电解液的密度对蓄电池性能影响较大，密度一般为 $1.24 \sim 1.30~g/cm^3$。另外，电解液的纯度也是影响蓄电池性能和使用寿命的重要因素。配制电解液必须用纯净的专用硫酸和蒸馏水。

4. 壳体

壳体是用来盛放极板组和电解液的容器，应该耐酸、耐热、抗振，壳体多采用硬橡胶或聚丙烯塑料制成，为整体式结构；壳内由间壁分隔成多个单格容器。壳体上部使用相同材料的电池密封盖，电池盖上设有对应每个单格电池的加液孔，用于添加电解液或补充蒸馏水；加液孔上旋有加液盖，以防止电解液溅出；加液孔盖上的通气孔可以排出蓄电池内部化学反应中产生的气体；新型蓄电池加液孔盖的通气孔上安装有过滤器，避免水蒸气逸出，减少水的消耗。

每个单格的底部有突起的肋条以搁置极板组，肋条之间的空间用来储存脱落下来的活性物质，防止其在极板间造成短路。极板组的连接均采用铅质联条进行串联，传统的外露式连接方式正被穿壁式连接条所取代。

三、蓄电池的工作原理

蓄电池极板上的活性物质和电解液之间发生的电化学反应是可逆的，所以蓄电池是一个可逆电源。铅酸蓄电池充放电时总的电化学反应方程式为：

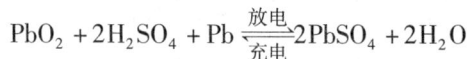

$$PbO_2 + 2H_2SO_4 + Pb \underset{\text{充电}}{\overset{\text{放电}}{\rightleftharpoons}} 2PbSO_4 + 2H_2O$$

蓄电池放电时，正极板上的 PbO_2 和负极板上的 Pb 转变为硫酸铅（$PbSO_4$），沉附在正、负极板上，极板上的活性物质减少；电解液中 H_2SO_4 不断减少，H_2O 增多，电解液密度下降；蓄电池电压降低，内阻增大，容量减小；蓄电池内部的化学能转化为电能供给用电设备。

若将直流电源正负极连接蓄电池的正负极，当直流电源电压高于蓄电池电压时，电流从蓄电池的正极流入，负极流出，蓄电池内部发生的电化学反应将电能转化为化学能，这个过程为充电过程。

蓄电池充电时极板上的 $PbSO_4$ 分别变成原来的 PbO_2 和 Pb，极板上的活性物质增多；电解液中 H_2SO_4 不断增多，H_2O 减少，电解液密度增大；蓄电池电压升高，内阻减小，容量增大。

四、蓄电池的工作特性

1. 内阻

蓄电池的内阻反映了蓄电池带负载的能力。在相同条件下，内阻越小，输出电流越大，带负载能力越强。

蓄电池内阻包括极板电阻、隔板电阻、电解液电阻、铅连接条和极桩的电阻等。在正常的使用中，蓄电池的内阻很小，约为 $0.011\ \Omega$。

极板电阻一般很小，并随着极板上活性物质的变化而变化。完全充电时电阻最小，放电时电阻逐渐增大，特别是放电终了时，由于覆盖在极板表面的 $PbSO_4$ 增多，极板电阻会大大增加。

隔板电阻主要取决于隔板的材料、厚度及多孔性，在常用的隔板中，微孔塑料隔板的电阻较小。

电解液的电阻与电解液的温度和密度有关。温度低，电解液黏度大，电阻大。电解液的密度过高或过低时，电阻都会增大。电解液在 15℃、密度为 $1.20\ g/cm^3$ 时，电阻最小。

2. 蓄电池的放电特性

蓄电池的放电特性是指恒流放电时，蓄电池端电压 U_f、电动势 E 和电解液密度 $\rho_{25℃}$ 随放电时间变化的规律。完全充足电的蓄电池以 20 h 放电率恒流放电的特性曲线如图 2 – 6 所示。

由于是恒（定电）流放电，单位时间内消耗的硫酸量相同。所以，电解液的密度 $\rho_{25℃}$ 呈直线下降，静止电动势 E_j 也呈直线下降。一般电解液密度每下降 $0.03 \sim 0.038\ g/cm^3$，蓄电池放电约为额定容量的 25%。

从放电特性曲线可看出，蓄电池单格端电压的变化规律可分为四个阶段：

第一阶段：开始放电阶段（$2.0 \sim 2.11$ V）。这时，蓄电池端电压 U_f 从 2.11 V 迅速减小，这是由于放电之初极板孔隙内的硫酸迅速消耗、密度迅速减小的缘故。

第二阶段：相对稳定阶段（$1.85 \sim 2.0$ V）。这一阶段，极板孔隙外的电解液向极板孔隙内渗透速度加快,当渗透速度与化学反应速度达到相对平衡时,端电压将随整个容器内的电解液密度降低而缓慢减小到1.85 V。

第三阶段:迅速下降阶段(1.75~1.85 V)。这时由于放电接近终了时,孔隙内的电解液密度便迅速减小,端电压也随之急剧下降。

第四阶段:过度放电阶段(<1.75 V)。蓄电池单格的端电压下降至一定值时(20 h 放电率降至1.75 V),再继续放电即为过度放电。过度放电对蓄电池十分有害,易使极板损坏。

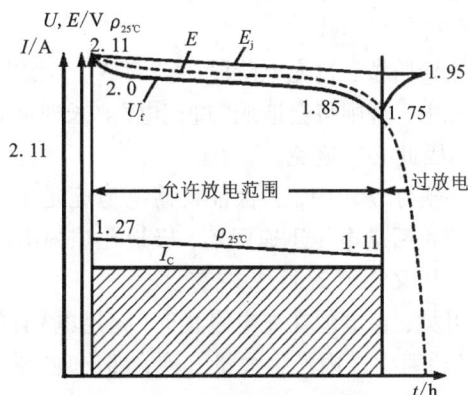

图2-6 蓄电池的放电特性

此时如果切断电源,由于极板孔隙中的电解液和容器中的电解液相互渗透,趋于平衡,蓄电池的端电压将会有所回升。

由此可见,蓄电池放电终了的特征是:

(1)单格电压放电至终止电压(以20 h 放电率放电,单格电压降至1.75 V)。

(2)电解液密度降至最小容许值(约1.11 g/cm^3)。

蓄电池允许的放电终止电压与放电电流强度有关,放电电流越大,则放完电的时间越短,而允许的放电终止电压越低。

3. 蓄电池的充电特性

蓄电池的充电特性是指恒流充电时,蓄电池充电电压 U_C、电动势 E 及电解液密度 $\rho_{25℃}$ 等随充电时间变化的规律。蓄电池以20 h 充电率恒电流充电时的特性曲线如图2-7所示。

由于采用恒(定电)流充电,单位时间内生成的硫酸量相同。所以,电解液的密度 $\rho_{25℃}$ 呈直线上升,静止电动势也随之上升。

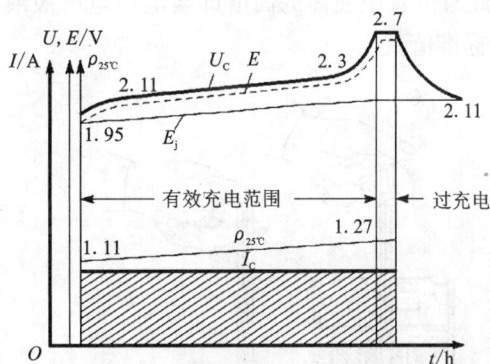

图2-7 蓄电池的充电特性

从充电特性曲线可看出,蓄电池单格端电压的变化规律也可分为四个阶段:

第一阶段:开始充电阶段(2.0~2.11 V)。开始接通充电电源时,极板孔隙内表层迅速生成硫酸,使孔隙中电解液的密度增大,因此,蓄电池单格端电压迅速上升。

第二阶段:稳定上升阶段(2.11~2.3 V)。蓄电池单格端电压上升到2.1 V以后,孔隙内硫酸向外扩散,继续充电至孔隙内产生硫酸的速度和渗透的速度达到平衡时,蓄电池的端电压随着整个容器内电解液密度的上升而相应增高。

第三阶段:迅速上升阶段(2.3~2.7 V)。蓄电池单格电压达到2.3~2.4 V时,极板外层的活性物质基本都恢复为二氧化铅和铅了,继续通电,则使电解液中的水电解,产生氢气和氧气,以气泡形式出现,形成"沸腾"现象。由于产生的氢气以 H^+ 状态集结在溶液中负极板处,使得溶液与极板之间产生约 0.33 V 的附加电压,因而使得蓄电池单格端电压 U 上升至 2.7 V 左右。

第四阶段:过充电阶段(≥ 2.7 V)。蓄电池单格端电压 U 上升至 2.7 V 时应切断电源,停止充电,否则将会造成"过充电"。长时间过充电易加速极板活性物质的脱落,使极板过早损坏,因此必须避免。

在实际使用中,为保证将蓄电池充足电,往往在出现"沸腾"之后,再继续充电 2~3 h。充电停止后端电压迅速回落,极板孔隙内电解液和容器中的电解液密度趋于平衡,因而蓄电池端电压又降至 2.11 V 左右。

可见,蓄电池在充电终止时(充足电)有如下特征:

(1)蓄电池内产生大量气泡,即出现"沸腾"现象。

(2)端电压和电解液密度上升至最大值,且 2~3 h 内不再增加。

第二节　蓄电池的检修

一、蓄电池的性能检测

1. 蓄电池电解液液面高度的测试

(1)电解液液面高度测量法。如图 2-8 所示,电解液液面应高出隔板上缘 10~15 mm。检测时,使用内径为 3~5 mm 的玻璃管,竖直插入蓄电池的加液孔中,且与极板的防护片相抵;用拇指压住玻璃管上端,利用其真空度,当把玻璃管提起(取出)时就把电解液吸入管内,此时试管中液体的高度即蓄电池电解液液面的高度。低于此值时,应加注蒸馏水并使其符合标准值。

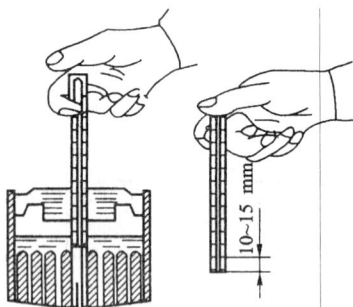

图 2-8　电解液液面高度测量法　　　　图 2-9　电解液液面高度观察法

(2)电解液液面高度观察法。透明塑料外壳的蓄电池上均刻有(或印有)两条指示线(图 2-9),即上限线和下限线。电解液高度应介于两条指示线之间,否则应进行调整。当液面高度低于下限时,应添加蒸馏水,使液面介于上限线与下限线之间;当液面高度高于上限线时,应将高出的部分吸出,并调整好单格中的电解液密度。

2. 蓄电池电解液密度的测试

用吸管式密度计测量电解液密度的方法如图 2-10 所示。

测量时先将密度计下部的橡胶吸管插入蓄电池单格电池内，用手捏一下橡胶球，然后缓慢松开，电解液就被吸入玻璃管中，此时密度计的浮子浮起，其上刻有读数，浮子与液面相平等的读数就是该电解液的密度。

在测量电解液密度的同时，应该用温度计测量电解液的温度，然后将所测

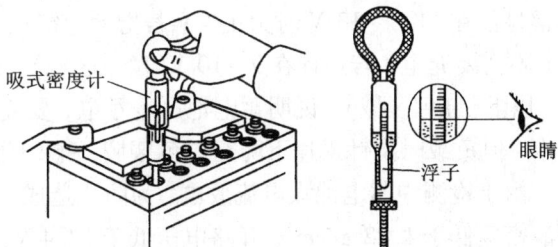

图 2-10 检测电池电解液密度

得的密度再换算出25℃时的密度，这才是实际的电解液密度。这是因为当温度变化时电解液的密度也在变化，它随温度升高而降低，温度每上升1℃，电解液密度减少0.0007 g/cm³，因此必须先定个温度标准。我国是以25℃为标准，所以无论是新配制的电解液还是待检查蓄电池的电解液，都应换算到25℃时的电解液密度值。

3.蓄电池电压的测试

1)使用万用表测量蓄电池端电压

使用万用表测量蓄电池端电压，只能作为检测的参考因素。通常静置时，测量端电压≥12.6 V，并且电解液密度≥1.22 g/cm³，才可以基本判定蓄电池具有一定的电量储备。

2)使用高率放电计检测

高率放电计是模拟启动机工作状态，检测蓄电池容量的仪表。它由一只电压表和一负载电阻组成，高率放电计的结构及测量方法如图2-11所示。

图2-11所示为普通蓄电池用的高率放电计，而图2-12所示为新式蓄电池用的高率放电计。普通蓄电池用的高率放电计只能检测单格电池电压，而新式蓄电池联条均为穿壁跨接式，蓄电池表面只有正、负极桩，所以用普通电池用的高率放电计已不能测取高率放电端电压，需要用新式12 V高率放电计进行测取高率放电端电压。新式高率放电计有可变电流式、不可变电流式两种，我国目前应用较多的是不可变电流式的。

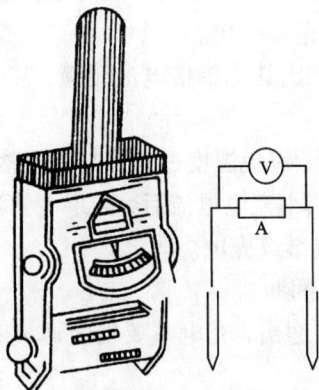

图 2-11 普通高率放电计的结构及测量方法

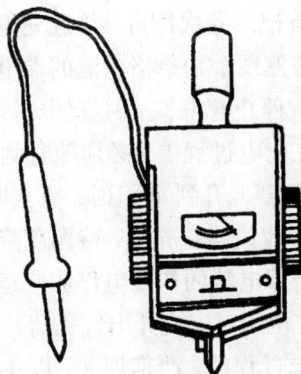

图 2-12 新式高率放电计

(1)蓄电池端电压测试。

测试时，用力将放电针插入正、负极桩，保持15 s，此时读数显示蓄电池的空载电压值。

通常显示在 11.8～13 V 时为正常；若指针稳定在 10～12 V(绿色区域)，说明蓄电池存电充足，不需要充电；若指针在 9～10 V(黄色区域)，说明蓄电池存电不足，需要充电；若指针在 9 V 以下(红色区域)，说明蓄电池严重亏电，要立即充电才能使用；如果空载电压基本符合要求，但负载时指针迅速下降至红色区域以下，说明蓄电池已经被损坏。

由于检测中蓄电池大电流放电，为防止造成损坏，要求被测蓄电池存电 75% 以上，若电解液密度低于 1.22 g/cm³，开路电压低于 12.4 V，应先充足电，再进行测试。连续检测必须间隔 1 min 后再次测量。

(2)蓄电池单格电压的检测。

在蓄电池端电压检测后，立即进行单格电压的检测，可以发现蓄电池单格性能是否正常。

4. 随车启动测试

如果没有高率放电计，在车辆启动系正常情况下，可用启动机作为试验负荷，其步骤如下：

(1)拔下分电器中央线，并将线头搭铁；

(2)将万用表连接于蓄电池正、负极桩上；

(3)接通启动机历时 15 s，读取电压表读数；

(4)对于 12 V 蓄电池而言，电压表读数不应低于 9.6 V。

在启动汽车时，不间断地使用起动机会导致蓄电池因过度放电而损坏。正确的使用办法是每次发动车的时间总长不超过 5 s，再次启动间隔时间不少于 15 s。

二、蓄电池的充电方法

1. 蓄电池充电作业注意事项

(1)严格遵守各种充电方法的操作规范。

(2)充电过程中，要及时检查记录各单格电池电解液密度和端电压。在充电初期和中期，每 2 h 检查记录一次即可，接近充电终了时，每 1 h 检查记录一次。

(3)若发现个别单格电池的端电压和电解液密度上升比其他单格电池缓慢，甚至变化不明显时，应停止充电，及时查明原因。

(4)在充电过程中，必须随时测量各单格电池的温度，以免温度过高影响蓄电池的性能。当电解液温度上升到 40℃ 时，应立即将充电电流减半，减小充电电流后，如果电解液温度仍继续升高，应该停止充电，待温度降低到 35℃ 以下时，再继续充电。

(5)新蓄电池的初充电作业应连续进行，不可长时间间断。

(6)充电时，应旋开出气孔盖，使产生的气体能顺利逸出，充电室要安装通风和防火设备，在充电过程中，严禁烟火，以免发生事故。

(7)就车充电时，一定要将蓄电池负极断开，否则充电机的高电压会将电控系统的电器元件损坏。

(8)如果蓄电池长时间未在行车中使用，如库存车蓄电池等，必须以小电流进行充电。

(9)对过度放电的蓄电池(空载电压为 11.6 V 或更低)进行充电，不可采用快速充电方法，充电时间至少应为 24 h。

2.蓄电池充电方法

蓄电池充电的方法有恒压充电、恒流充电和快速充电3种。

在汽车上,发电机对蓄电池的充电就是恒压充电。恒压充电时,充电初期电流较大,4~5 h内即可达到额定容量的90%~95%,随着蓄电池电动势的增加,充电电流逐渐减小为零。

因为充电时间较短,所以不需要照管和调整充电电流,适用于补充充电,一般单格电池充电电压选为2.5 V,12 V蓄电池的充电电压为(14.8±0.05)V。

恒流充电的充电电流保持恒定。恒流充电时,随着蓄电池电动势的增加,应逐步提高充电电压。为缩短充电时间,通常将充电过程分为两个阶段,第1阶段采用较大的充电电流,使蓄电池的容量迅速恢复。当单格电池电压达到2.4 V,开始电解水产生气泡时,转入第2阶段,将充电电流减小一半,直到完全充足电为止。充电电流的大小应按蓄电池容量选择,充电电流过大,会降低蓄电池性能;充电电流过小,会使充电时间过长。

快速充电就是采用专门的快速充电机进行充电,补充充电只需0.5~1.5 h,大大缩短了充电时间,提高了充电效率,缺点是不能将蓄电池完全充足电,影响蓄电池的寿命。快速充电适用于电池集中、充电频繁、要求应急的场合。目前常用的快速充电方法有脉冲快速充电和大电流递减充电。

三、蓄电池的常见故障检修

蓄电池常见的故障可分为外部故障和内部故障。蓄电池的外部故障,有壳体或盖子出现裂纹、封口胶干裂、极桩松动或腐蚀等;内部故障有极板硫化、活性物质脱落、极板短路、自行放电和极板拱曲等。常见内部故障的故障现象、故障原因和排除方法见表2-1。

表2-1 蓄电池的常见内部故障现象、故障原因和排除方法

故障名称	项目	描述
极板硫化	故障现象	蓄电池极板上附着有硬化的大颗粒的硫酸铅,正常充电时不能转化为二氧化铅和铅的现象称为"硫化"。蓄电池电解液的密度下降到低于规定正常值;用高率放电计检测时,蓄电池端电压下降过快;蓄电池充电时过早地产生气泡,甚至一开始就有气泡;充电时电解液温度上升过快
	故障原因	1.蓄电池长期充电不足或放电后没有及时充电,导致极板上的$PbSO_4$有一部分溶解于电解液中,环境温度越高,溶解度越大。当环境温度降低时,溶解度减小,溶解的$PbSO_4$就会重新析出,在极板上再次结晶,形成硫化; 2.蓄电池电解液液面过低,使极板上部直接与空气接触而被氧化(主要是负极板),在汽车行驶过程中,电解液上下波动与极板的氧化部分接触,会生成粗晶粒的硫酸铅,使极板上部硫化; 3.长期过量放电或小电流深度放电,使极板深处活性物质的孔隙内生成$PbSO_4$,平时充电不易恢复; 4.新蓄电池初充电不彻底,活性物质未得到充分还原; 5.电解液不纯或密度过大,气温变化大
	排除方法	硫化不严重时可通过去硫化充电方法解决;硫化严重时,应予以报废

续表 2－1

故障名称	项目	描　　述
活性物质脱落	故障现象	活性物质脱落,主要是指正极板上的活性物质 PbO_2 的脱落 表现为蓄电池容量减小,充电时从加液孔中可看到电解液浑浊,有褐色物质
	故障原因	1. 采用高密度电解液,或者低温大电流放电,都容易在正极板上形成致密的 $PbSO_4$ 层,会导致活性物质脱落; 2. 大电流过充电,产生大量的氢气和氧气,当氢气从负极板的孔隙向外冲出时,会使负极板上活性物质脱落; 3. 汽车行驶中的颠簸振动
	排除方法	对于活性物质脱落的铅蓄电池,若沉积物较少时,可清除后继续使用;若沉积物较多时,应更换新极板或电解液
极板短路	故障现象	蓄电池正、负极板直接接触或被其他导电物质搭接称为极板短路。极板短路的蓄充电电压低,密度上升很慢,充电中气泡很少,而且用高率放电计试时,单格电池电压很低或者为零
	故障原因	1. 极板破损时正、负极板直接接触; 2. 活性物质大量脱落,沉积后将正、负极板连通; 3. 极板组弯曲; 4. 导电物体落入池内
	排除方法	出现极板短路时,必须将蓄电池拆开检查。更换破损的隔板,消除沉积的活性物质,校正或更换弯曲的极板组等
自放电	故障现象	充足电的蓄电池久置不用,会逐渐失去电量,这种现象称为自放电。对于充足电的蓄电池,如果每昼夜容量下降不大于 2%,就是正常的自放电,超过 2% 就是有故障了
	故障原因	1. 电解液不纯,杂质与极板之间以及沉附于极板上的不同杂质之间形成电位差,通过电解液产生局部放电; 2. 蓄电池长期放置不用,硫酸下沉,下部密度比上部密度大,使极板上、下部产生电位差引起自放电; 3. 蓄电池溢出的电解液堆积在电池盖的表面,使正、负极柱形成通路; 4. 极板活性物质脱落,下部沉积物过多,使极板短路
	排除方法	发生自放电故障后,应倒出电解液,取出极板组,抽出隔板,再用蒸馏水冲洗极板和隔板,然后重新组装,加入新的电解液重新充电

项目实施

一、蓄电池电荷情况检查

1. 开路端电压检测法

(1)发动机熄火后 20 min 内点火开关旋至"ON",打开大灯、鼓风机等用电设备 60 s,以去除表面充电现象。

(2)将点火开关旋至"LOCK",关闭所有用电器,用万用表测量正、负极电压,在 20℃时应为 12.5 ~ 12.9 V。

2. 高率放电计检测法

(1) 放电计的两触针紧压在蓄电池的正、负极桩上。

(2) 测量 5 s, 观察放电计的电压, 记录电压值。

① 此时蓄电池是在大电流放电情况下的端电压, 应达到 11.5 V 以上, 且能稳定 5 s。

② 如果低于 11.5 V, 但 5 s 内尚能稳定者则为放电过多, 应及时进行充电恢复。

③ 电压低于 11.5 V, 且 5 s 内电压迅速下降, 则表示有故障, 应进行更换。

3. 蓄电池指示器检查法

通过观察指示器的颜色判断蓄电池的电荷情况。免维护蓄电池一般都内置温度补偿式密度计, 俗称电眼, 也有的叫蓄电池状态指示器。它是利用绿色的浮子球在不同密度的电解液中沉、浮的状态, 再通过显色杆折射放大后在观察窗中显示出对应颜色的环状图形, 来判断蓄电池的荷电状态的。通过观察电眼的观察窗颜色可以判断蓄电池的技术状况, 一般绿色表示电量充足; 深绿色或黑色表示电量不足, 需进行补充充电; 无色或淡黄色表示电解液不足, 应报废或更换。电眼的结构如图 2 - 13 所示。

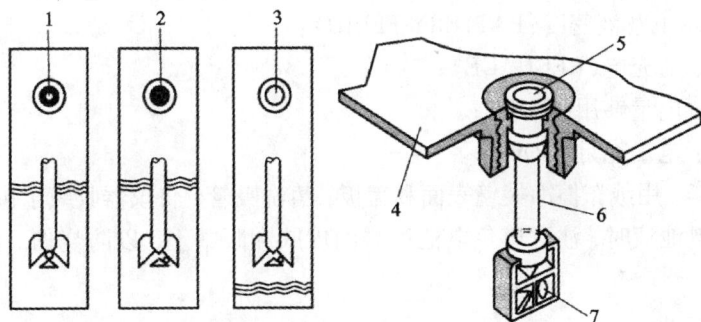

图 2 - 13　新式高率放电计
1—绿色(充电程度为65%或更高); 2—黑色(充电程度低于65%); 3—无色或黄色(蓄电池有故障); 4—蓄电池盖; 5—观察窗; 6—光学的荷电状况指示器; 7—绿色浮子球

4. 放电程度的判断方法

电解液密度与放电程度的关系是密度每下降 0.01 g/cm³ 相当于蓄电池放电 6%。当判定蓄电池在夏季放电超过 50%, 冬季放电超过 25% 时不宜再使用, 应及时进行充电, 否则会使蓄电池早期损坏。

冰点测试仪(图 2 - 14)是测量溶液浓度的小型精密光学仪器, 其基本原理是应用全反射临界角法测

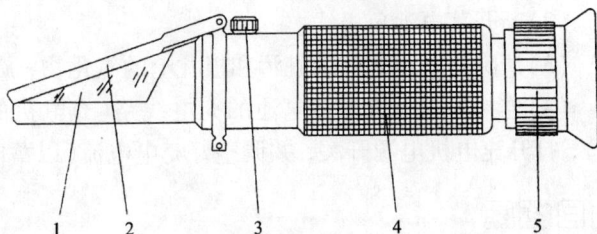

图 2 - 14　冰点测试仪结构图
1—棱镜; 2—盖板; 3—校正钉; 4—把套; 5—目镜

量溶液的折射率, 进而标定出所测得液体的浓度及其性能。冰点测试仪主要用于测量电解液的密度或防冻液、玻璃清洗剂的冰点。视场图(图 2 - 15)的左侧标尺指示电解液的密度。

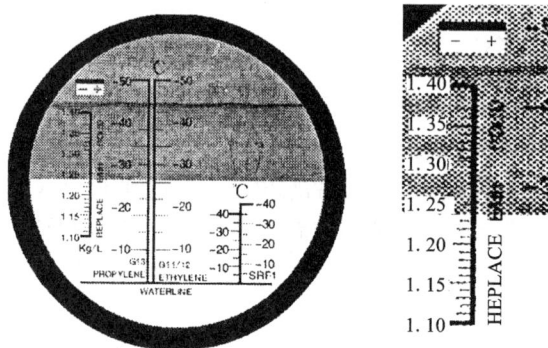

图 2 - 15　冰点测试仪的视场图

冰点测试仪的操作如下：

(1)掀起盖板，用柔软绒布将盖板及棱镜表面擦拭干净。

(2)将待测液体用吸管滴于棱镜表面，合上盖板轻轻按压，将折射计对向明亮处，旋转目镜使视场内刻线清晰，读出明暗分界线在分划板上相应标尺上的数值即可。

左侧标尺显示电解液密度(BATTERY FLUID)：

1.15～1.20：需充电(RECHAGE)；

1.20～1.25：电量够用(FAIR)；

1.25～1.30：电量充足(GOOD)。

(3)测试完毕，用绒布擦净棱镜表面和盖板，清洗吸管，将仪器收藏于包装盒内。

(4)在测量电池液时，注意避免电池液溅到皮肤和眼睛上，以防烧伤。测试后仔细擦净仪器。

二、在车充电的方法

通过对蓄电池进行技术性能检查，判断出蓄电池电量不足时；或对象车辆因为长期处于低速行驶状态，而导致蓄电池充电不足时，必须进行蓄电池的补充充电。

(1)记录好音响系统、电动座椅、电动后视镜等带储存功能的相关信息。

(2)断开蓄电池负极线。

(3)清除蓄电池外部的脏污和极柱上的氧化物，旋松加液孔盖，并疏通通气孔。

(4)连接好充电机与蓄电池的充电线路(充电机的正、负极分别与蓄电池的正、负极相连)，打开充电机电源开关，并调整好充电电流(以蓄电池容量的1/10倍电流进行充电)。

项目拓展

玻璃纤维隔板(absorbant glass mat，AGM)蓄电池

1. AGM 蓄电池特点

(1)AGM 蓄电池循环次数高且无电解液流出。

(2)铅酸玻璃纤维隔板或 AGM 蓄电池内加注的电解液固定于玻璃纤维吸收垫内，蓄电

池处于密闭状态且带有阀门，外壳损坏不会有液体溢出。

（3）由于电解液固定，因此 AGM 蓄电池可以不带电眼。AGM 电池通过蓄电池上的玻璃纤维隔板标出。

（4）无电眼、不得打开、无需维护。

（5）一般用于装备启动/停止系统的车辆上。

（6）提高了深度放电电阻。

2. AGM 蓄电池的参数含义

AGM 蓄电池的参数，如图 2－16 所示。

（1）12 V：蓄电池额定电压为 12 V。

（2）380 A：冷启动电流为 380 A。在 －18℃的情况下，蓄电池释放注明的电流约 30 s 后还有 1.4 V 的电压，在 3 min 后还有至少 1 V 电压。

（3）80 A·h：蓄电池额定容量。容量＝输出电流（A）×放电时间（h），80 A·h 表示充满电后，以 10 A 电流放电，标准放电时间为 8.0 h。

（4）640 A：最大放电电流为 640 A。

（5）此蓄电池符合德国工业标准（DIN）、欧洲标准（EN）和美国汽车工程协会标准（SAE）。

图 2－16　AGM 蓄电池的参数

3. 蓄电池充电

AGM 蓄电池充电方法如图 2－17 所示。

将 AGM 蓄电池安装在车上，并在连接好的状态下对其充电，只有这样才能保证把充电电流算入蓄电池监测控制器的容量计算中。

关闭点火开关并断开所有用电器，拔出点火钥匙；将充电器的红色充电夹（＋）连接到正极 1，将黑色充电夹（－）连接到负极 2（图 2－18）；连接蓄电池充电装置的电源插头，并打开蓄电池充电装置，在充电过程中打开行李箱盖。

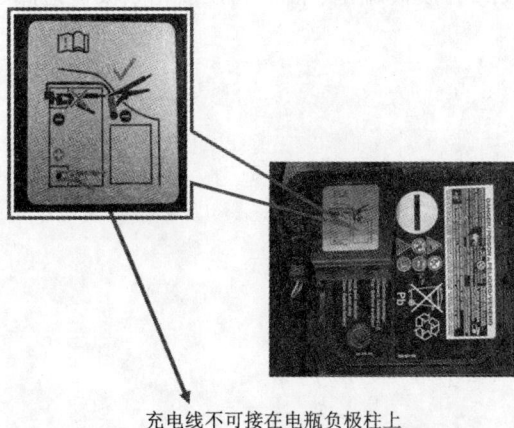

充电线不可接在电瓶负极柱上

图 2－17　AGM 蓄电池的充电方法

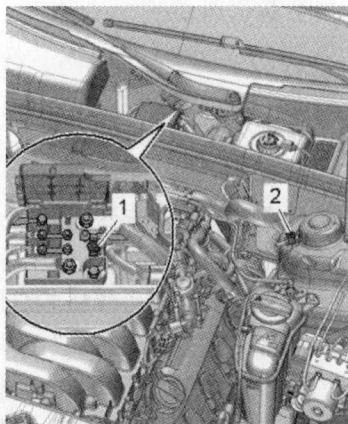

图 2－18　蓄电池充电夹连接点

1—正极；2—负极

4. AGM 蓄电池的更换

（1）必须更换车辆专用的同型号蓄电池，即 AGM 蓄电池。

（2）更换蓄电池后，要进行蓄电池的基本设置，操作步骤如下：

①"引导功能"—"61 蓄电池监控"—更换蓄电池时设定其参数。

②"故障引导"—"功能部件选择"—"61 蓄电池监控"—更换蓄电池时设定其参数。

（3）需要输入的蓄电池参数：制造商、序列号、蓄电池型号，容量。

项目小结

（1）蓄电池是一种既能将化学能转化为电能，也能将电能转化为化学能的可逆低压直流电源。

（2）汽车上蓄电池的功用：在发动机启动时，给起动机提供大电流，同时向点火系统、燃油喷射系统及发动机其他用电设备供电。当发电机超载时，蓄电池协助发电机供电。当发电机正常发电时，蓄电池可将发电机的电能转化为化学能储存起来（即充电）。当发电机超载时，蓄电池协助发电机供电。同时，还可吸收电路中产生的瞬间过电压，保护汽车电子元件不被损坏。

（3）正极板上的活性物质是深棕色二氧化铅（PbO_2），负极板上的活性物质是青灰色海绵状铅（Pb）。

（4）蓄电池放电终了的特征是：单格电压放电至最低容许值；电解液密度降至最小容许值。蓄电池充电终了的特征是：单格电压上升至最大值；电解液密度上升到最大容许值；电解液呈沸腾状态。

（5）蓄电池容量的单位为 A·h（安培·小时）。常用的容量有额定容量和启动容量。

（6）蓄电池充电的方法有恒压充电、恒流充电和快速充电。

（7）蓄电池的性能检测包括蓄电池电解液液面高度的测试、电解液密度的测试、蓄电池端电压的测试等。

（8）蓄电池常见的故障可分为外部故障和内部故障。蓄电池的外部故障有壳体或盖子出现裂纹、封口胶干裂、极桩松动或腐蚀等；内部故障有极板硫化、活性物质脱落、极板短路、自行放电和极板拱曲等。

习　题

2－1　蓄电池有何特点？

2－2　蓄电池有何作用？

2－3　在蓄电池使用中应注意什么？

2－4　蓄电池充电终了的标志是什么？

2－5　蓄电池放电终了的标志是什么？

2－6　什么是蓄电池的容量？其影响因素有哪些？

2－7　蓄电池充电方法有几种？各有何特点？

2－8　蓄电池常见故障有哪些？如何排除？

2－9　蓄电池的技术状况检测都有哪些项目？

2－10　简述 AGM 蓄电池的参数含义。

项目三 汽车电源系统的结构与维修

能力目标

通过对本项目的学习,你应能够:

1. 熟悉汽车交流发电机的作用与类型;

2. 掌握汽车交流发电机的构造与工作原理;

3. 掌握汽车交流发电机的工作特性;

4. 掌握汽车电压调节器调压原理;

5. 会分析充电系统常见故障原因和故障排除方法;

6. 能正确拆装交流发电机,并对交流发电机的皮带进行调整;能对交流发电机各零部件及总成进行正确的检查;能对晶体管电压调节器进行检测;

7. 能正确检查充电系统的工作线路,并能对常见故障进行检修。

案例引入

顾客陈述在启动发动机前充电指示灯点亮,启动发动机后,充电指示灯不灭,同时蓄电池亏电严重,请帮助检修。

项目描述

丰田卡罗拉汽车电源系统电路图如图 3−1 所示,请分析相关电气元件和电路的原理:

1. 分析充电指示灯电路;

2. 分析电压调节器供电电路;

3. 分析蓄电池端电压检测电路;

4. 分析充电电路;

5. 丰田卡罗拉汽车电源系统的检测与维修。

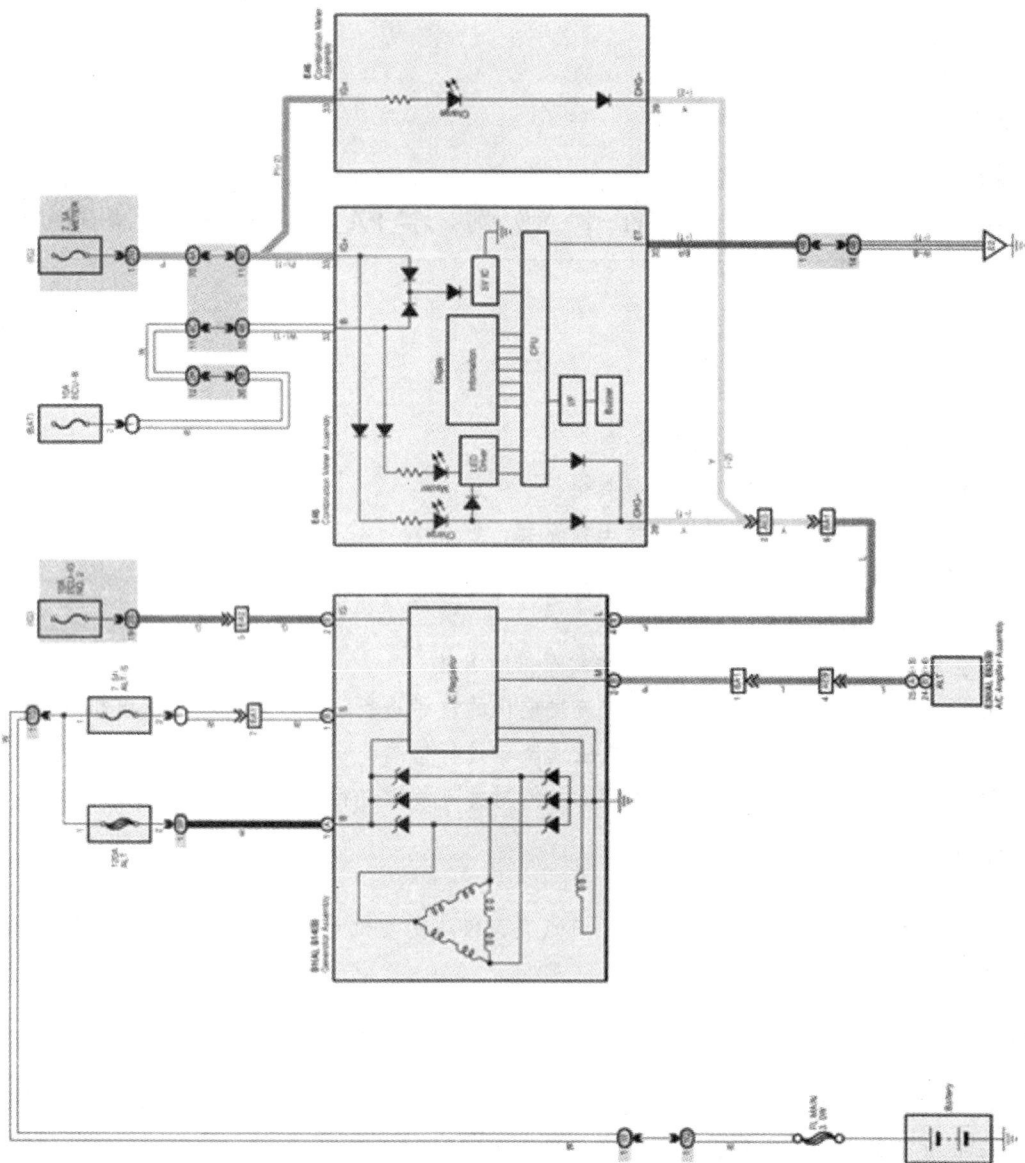

图 3 – 1　丰田卡罗拉汽车电源系统电路图

项目内容

第一节　汽车交流发电机

一、汽车交流发电机的作用与类型

1. 交流发电机的作用

发电机是汽车的主要电源，其功用是在发动机正常运转时（怠速以上），向所有用电设备（起动机除外）供电，并向汽车上的蓄电池充电（图 3 – 2）。

2. 交流发电机的类型

1) 按整体结构分五类

(1) 普通交流发电机（使用时需要配装电压调节器的发电机），如 JF132 型交流发电机。

(2) 整体式交流发电机（发电机和调节器制成一个整体的发电机），例如上海桑塔纳等轿车用 JFZ1813Z 型交流发电机。

(3) 带泵交流发电机（和汽车制动系统用真空助力泵安装在一起的发电机），如 JFZB292 型交流发电机。

(4) 无刷交流发电机（无电刷、集电环结构的交流发电机），如 JFW1913 型交流发电机。

(5) 永磁交流发电机（磁极为永磁铁制成的发电机），如 JFW1712 型交流发电机。

2) 按整流器结构分四类

(1) 6 管交流发电机。指其整流器由 6 个硅二极管组成，这种型式应用最为广泛，如东风 EQ1090 型车用的 JF132 型、解放 CA1091 型车用的 JF1522A、JF152D 型交流发电机等。6 管交流发电机电路简图如图 3-3 所示。

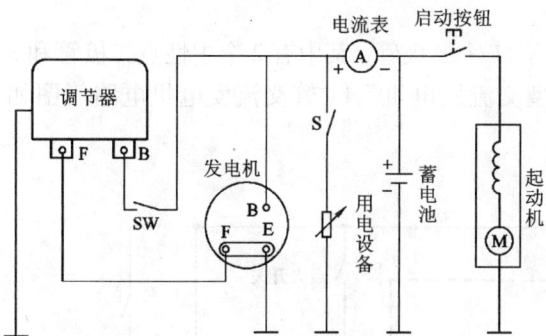

图 3-2 汽车主要电源

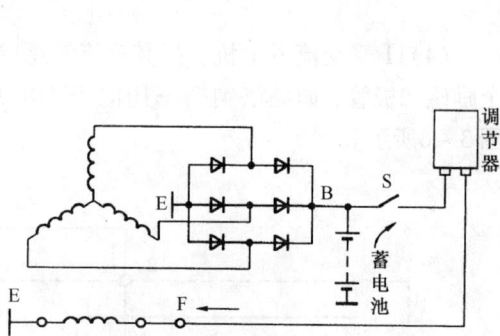

图 3-3 6 管交流发电机电路简图

(2) 8 管交流发电机。指其整流器总成共有 8 个二极管，其中有 2 个中性点二极管，如天津夏利 TJ7100、微型轿车所用的 JFZ1542 型交流发电机。8 管交流发电机电路简图如图 3-4 所示。

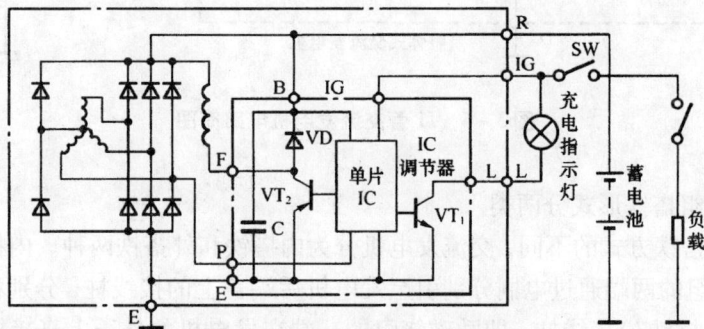

图 3-4 8 管交流发电机电路简图

(3)9 管交流发电机。指其整流器总成共有 9 个二极管，其中有 3 个励磁二极管，如北京 BJ1022 型轻型载重车用的 JFZ141 型交流发电机。9 管交流发电机电路简图如图 3 - 5 所示。

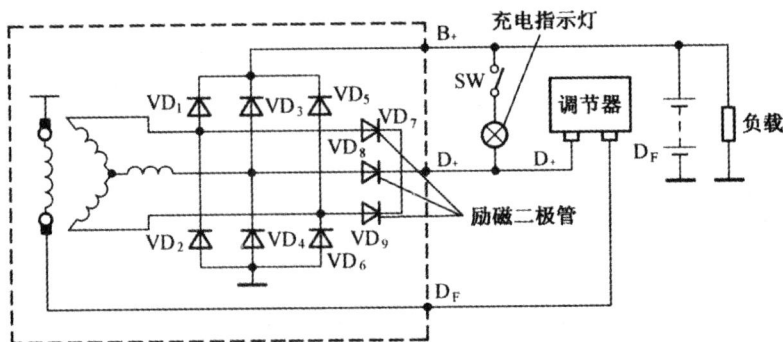

图 3 - 5　9 管交流发电机电路简图

(4)11 管交流发电机。指其整流器总成共有 11 个二极管，其中有 2 个中性点二极管和 3 个励磁二极管，如桑塔纳轿车用的 JFZ1813Z 型交流发电机。11 管交流发电机电路简图如图 3 - 6 所示。

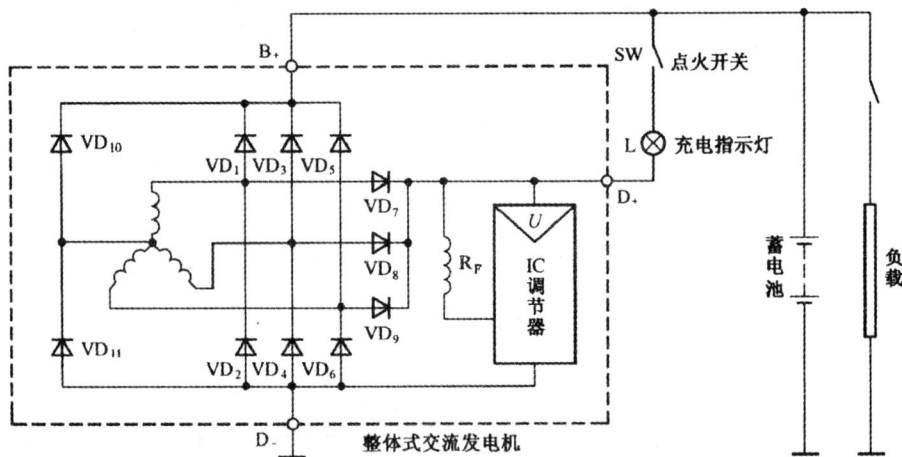

图 3 - 6　11 管交流发电机电路简图

3)按磁场绕组搭铁形式分两类

根据电刷的搭铁方式的不同，交流发电机分为内搭铁和外搭铁两种。内搭铁式的交流发电机，其励磁绕组的两端通过电刷分别引至发电机后端盖上的接线柱，分别称为"F"(或"磁场")和"E"(或"搭铁")接线柱，即励磁绕组的一端在发电机的外壳上直接搭铁。外搭铁式的交流发电机，其励磁绕组的两端引至后端盖上的接线柱，分别称为"F_1"和"F_2"接线柱，且两个接线柱均与发电机的后端盖绝缘，励磁绕组需经调节器搭铁，如图 3 - 7 所示。

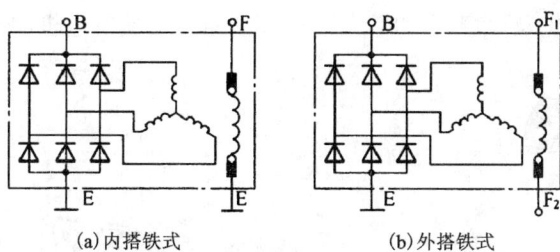

(a)内搭铁式   (b)外搭铁式

图3-7 交流发电机搭铁方式

3. 交流发电机的型号

交流发电机的型号规定如下：根据我国汽车行业标准 QC/T 73—93《汽车电气设备产品型号编制方法》的规定，汽车交流发电机的型号组成如下图所示：

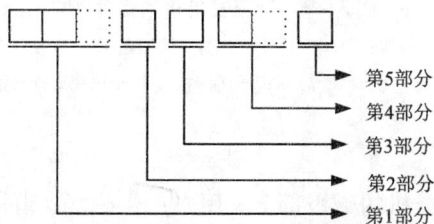

第1部分为产品代号，交流发电机的产品代号有 JF、JFZ、JFB、JFW 四种，分别表示普通交流发电机、整体式交流发电机、带泵交流发电机和无刷交流发电机。

第2部分为电压等级代号，用1位阿拉伯数字表示，其中1表示12 V、2表示24 V、6表示6 V。

第3部分为电流等级代号，用1位阿拉伯数字表示，各代号表示的电流等级见表3-1。

表3-1 车用交流发电机的电流等级代号

电流等级代号	1	2	3	4	5	6	7	8	9
电流/A	≤19	20~29	30~39	40~49	50~59	60~69	70~79	80~89	≥90

第4部分为设计序号，按产品设计先后顺序，由1~2位阿拉伯数字组成。

第5部分为变型代号，用字母表示。交流发电机是以调整臂位置作为变型代号：从驱动端看，调整臂在中间位置时不加标记，在右边时用 Y 表示，在左边时用 Z 表示。

例如：桑塔纳轿车用的 JFZ1813Z 型为整体式交流发电机，电压等级为12 V、电流等级为≥80 A、第13次设计，调整臂在左边。

二、交流发电机的构造与工作原理

1. 交流发电机的结构

目前国内外生产的汽车用硅整流发电机虽然在制造工艺、局部结构及工作性能上有所改进,形式各异,但其结构基本相同,三相同步交流发电机主要由转子、定子、电刷与电刷架、整流器、前后端盖、带轮及风扇等组成。图3-8所示为交流发电机的组件图。

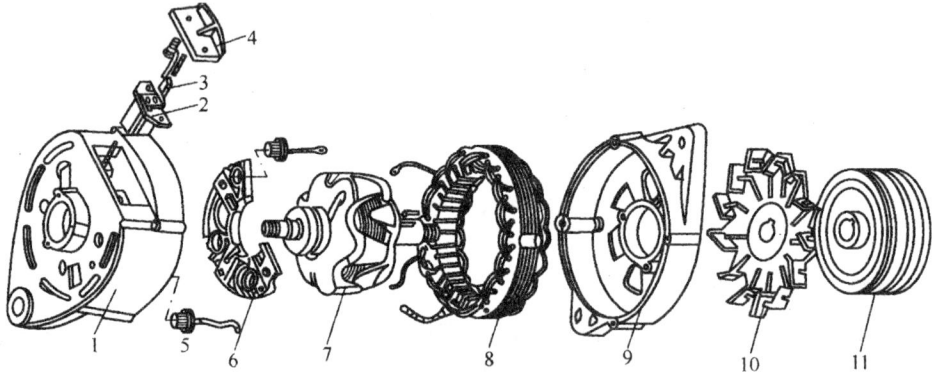

图3-8 交流发电机的组件图

1—后端盖;2—电刷架;3—电刷;4—电刷弹簧压盖;5—硅二极管;6—散热板;
7—转子;8—定子总成;9—前端盖;10—风扇;11—带轮

1)转子

交流发电机的转子是发电机的磁极部分,用来产生磁场,由滑环、转子轴、爪极、磁轭、磁场绕组等部件组成。两块爪极各具有6个鸟嘴形磁极,压装在转子轴上,在爪极的空腔内装有磁轭,其上绕有磁场绕组(又称励磁绕组或转子线圈)。磁场绕组的两引出线分别焊在与轴绝缘的两个滑环上,滑环与装在后端盖上的两个电刷接触。当两电刷与直流电源接通时,磁场绕组中便有磁场电流通过,产生轴向磁通,使得一块爪极被磁化为 N 极,另一块爪极为 S 极,从而形成了6对相互交错的磁极,实物如图3-9(a)所示,分解图如图3-9(b)所示。

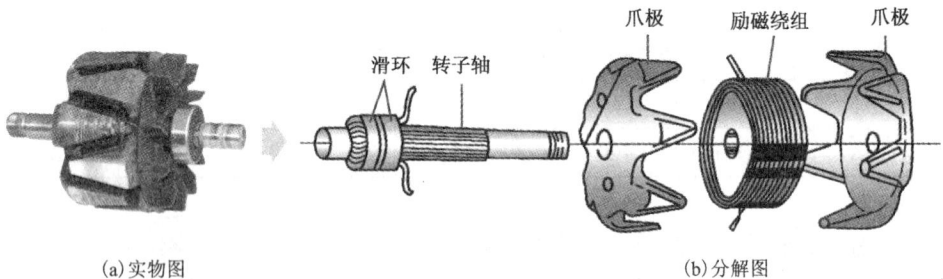

(a)实物图

(b)分解图

图3-9 交流发电机的转子

当转子转动时,就形成了旋转的磁场。将转子爪极设计成鸟嘴形的目的是使磁场呈正弦分布,以使电枢绕组产生的感应电动势有较好的正弦波形。

2)定子

交流发电机的定子是发电机的电枢部分,其功用是用来产生交流电动势。

定子由定子铁芯和对称的三相电枢绕组组成，如图 3 - 10 所示。定子铁芯由相互绝缘的内圆带嵌线槽的圆环状硅钢片叠成。嵌线槽内嵌入三相对称的定子绕组。绕组的接法有星形（即 Y 形）、三角形两种方式，如图 3 - 11 所示。一般采用星形连接，即每相绕组的首端分别与整流器的硅二极管相接，每相绕组的尾端接在一起，形成中性点 N。

3）整流器

交流发电机整流器如图 3 - 12 所示，它的作用是将发电机定子绕组产生的三相交流电变换为直流电，

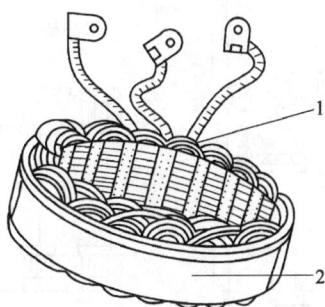

图 3 - 10　交流发电机的定子
1—定子绕组；2—定子铁芯

一般由 6 只硅整流二极管及其散热板所组成。整流二极管的工作电流大、反向电压高。交流发电机整流二极管有正极管和负极管之分，外壳为正极、中心引线为负极的二极管，称为负极管，管壳底上注有黑色标记；外壳为负极、中心引线为正极的二极管，称为正极管，管壳底上有红色标记。3 只正极管和 3 只负极管的引线端通过 3 个接线柱——对应连接，并分别连接三相绕组的 A，B，C 端，就组成了三相桥式全波整流电路。

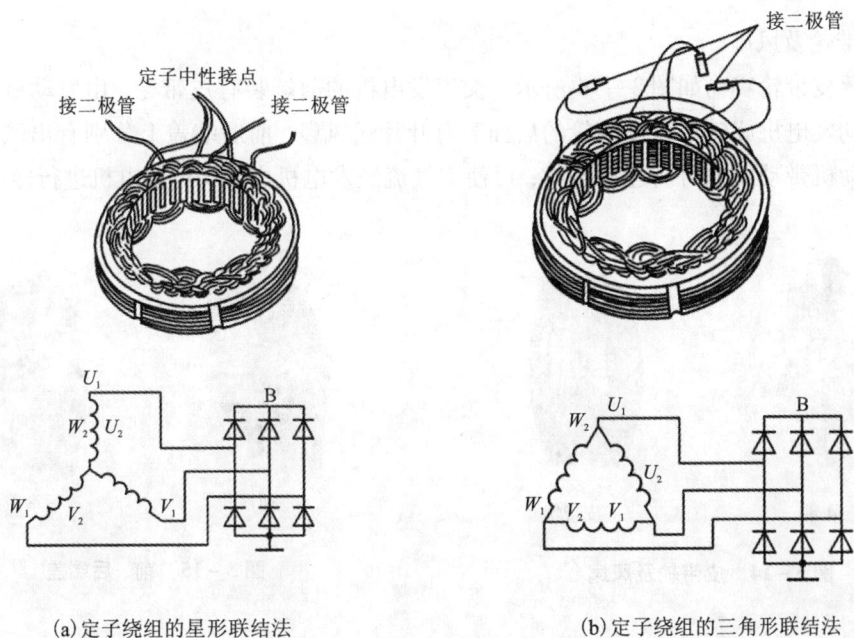

(a)定子绕组的星形联结法　　(b)定子绕组的三角形联结法

图 3 - 11　定子绕组的连接方式

4）电刷与电刷架

电刷总成由两只电刷、电刷弹簧和电刷架组成。两只电刷装在电刷架的孔内，借电刷弹簧的压力与滑环保持接触，用于给发电机转子绕组提供磁场电流。电刷架由酚醛玻璃纤维塑料模压而成或用玻璃纤维增强尼龙制成，安装在发电机的后端盖上。

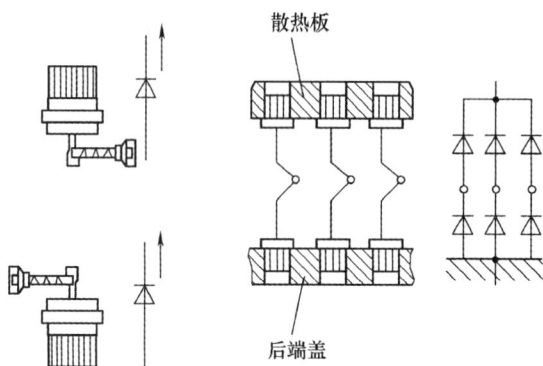

图 3 – 12   交流发电机的整流器

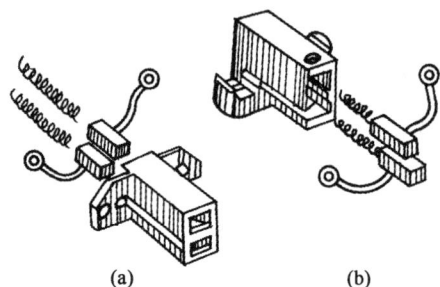

图 3 – 13   发电机电刷架的形式

目前国产交流发电机的电刷架有两种结构，一种电刷架可直接从发电机的外部拆装（外装式），因此，拆装维修方便，如图 3 – 13（a）所示；另一种则不能直接从发电机外部进行拆装（内装式），如图 3 – 13（b）所示。如需更换电刷，还需将发电机拆开，故这种结构将逐渐被淘汰。

5）皮带轮及风扇

风扇及皮带轮实物如图 3 – 14 所示。交流发电机的前端装有皮带轮，由发动机通过风扇传动带驱动发电机旋转。在皮带轮的后面装有叶片式风扇，前后端盖上分别有出风口和进风口。当发动机带动发电机高速旋转时，可使空气流经发电机内部，对发电机进行冷却。

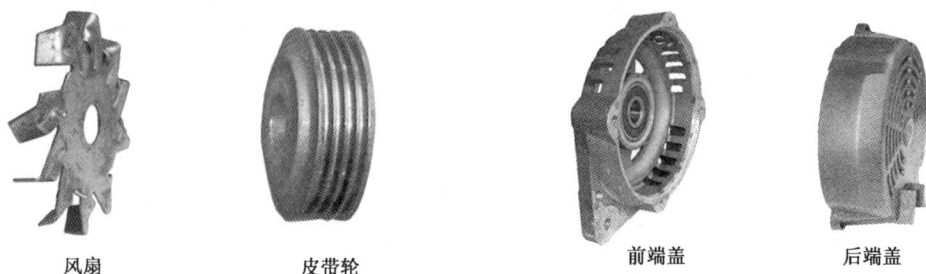

风扇   皮带轮

图 3 – 14   皮带轮及风扇

前端盖   后端盖

图 3 – 15   前、后端盖

6）前、后端盖

如图 3 – 15 所示，前端盖、后端盖是由非导磁材料铝合金制成的，漏磁少，并具有轻便、散热性能好等优点。在后端盖上装有电刷架和电刷。

2. 交流发电机的工作原理

当外加的直流电压作用在励磁绕组两端点的接线柱之间时，励磁绕组中便有电流通过，产生轴向磁场，两块爪形磁极磁化，形成了数对 N 极和 S 极。磁极的磁力线经过转子与定子之间的气隙、定子铁芯形成闭合磁路。

当转子旋转时，磁力线和定子绕组之间产生相对的切割运动，在三相绕组中产生交流电动势。如图 3 – 16 所示，由于三相绕组是对称绕制的，所以产生的三相电动势亦是对称的。

每相绕组的电动势有效值的大小和转子的转速及磁极的磁通成正比，即：

$$E_\phi = C_1 n \phi$$

式中：E_ϕ——电动势的有效值；

    C_1——电机常数；

    n——转子的转速；

    Φ——磁极磁通。

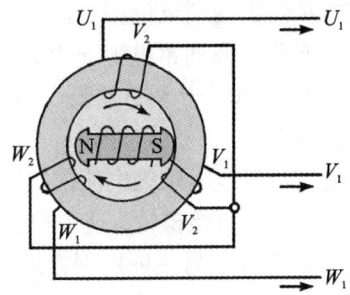

图 3 – 16　交流发电机的工作原理

三、交流发电机的励磁方式和工作特性

1. 交流发电机励磁方式

由于交流发电机转子的爪极剩磁较弱，所以发电机在低速运转时，加在硅二极管上的正向电压也很小，此时二极管的正向电阻较大，较弱的剩磁产生的很小的电动势很难克服二极管的正向电阻，使发电机电压不能迅速建立起来。因此，交流发电机开始发电时，采用他励方式，即由蓄电池提供励磁电流，增强磁场，使电压随发电机转速很快上升。当发电机电压达到蓄电池电压时，即由发电机自己供给励磁电流，也就是由他励转变为自励。由此可见，汽车交流发电机的励磁方式是：先他励、后自励。

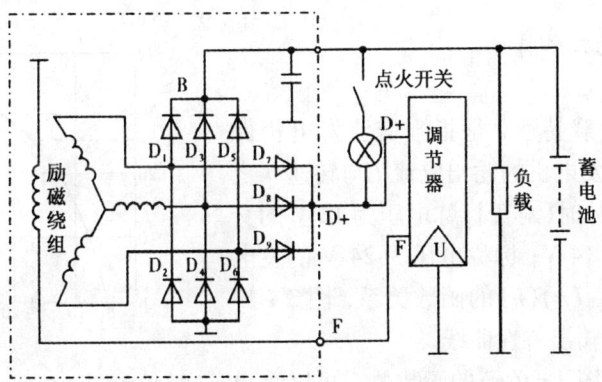

图 3 – 17　9 管交流发电机原理图

图 3 – 17 所示是 9 管交流发电机原理图，其中 3 只励磁二极管专供励磁电流，这样可以提高发电机的电压调节精度，励磁二极管同时也控制充电指示灯。其工作原理如下：

(1)当点火开关接通时，励磁电路如下：蓄电池正极→点火开关→充电指示灯→调节器→F 端→发电机励磁绕组→搭铁。这时充电指示灯亮，表示蓄电池放电。此时汽车交流发电机的励磁方式是他励。

(2)当发动机启动，发电机电压高于蓄电池电压时，由于 D_+ 端与 B 端两点电位相等，因此充电指示灯因两端电位相等而熄灭,表示发电机正常发电。一方面,由发电机的火线接线端 B 向全车供电及向蓄电池充电;另一方面通过 D_+ 端为发电机的励磁绕组提供励磁电流。励磁电路如下:D_+ → 调节器 → F 端 → 发电机励磁绕组 → 搭铁。此时汽车交流发电机的励磁方式是自励。

车用交流发电机励磁电流的控制形式有两种,一种是控制励磁电流的火线,其搭铁可以通过发电机本体直接搭铁,这种控制方式我们通常称之为内搭铁(或内搭铁交流发电机),如图 3 – 18(a)所示;另一种控制方式是控制励磁电流的搭铁,这种控制方式我们通常称之为外搭铁(或外搭铁交流发电机),如图 3 – 18(b)所示。

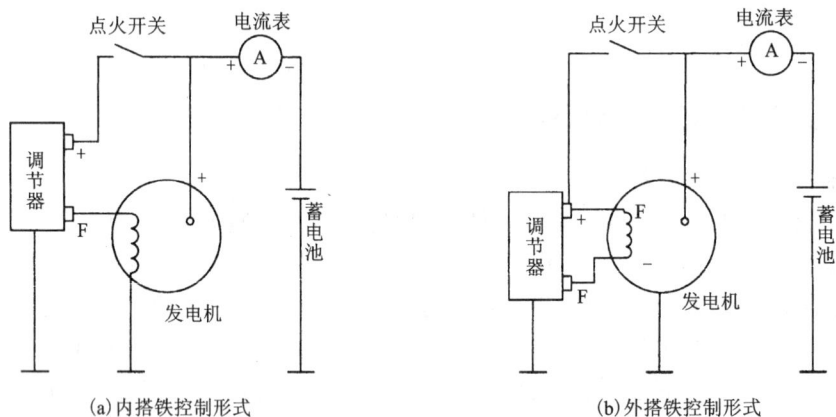

(a)内搭铁控制形式　　　　　　(b)外搭铁控制形式

图 3 – 18　励磁电流的控制形式

2. 交流发电机的工作特性

1)输出特性

输出特性也称负载特性,是指当交流发电机保持输出电压一定时,发电机的输出电流 I 与转速 n 之间的关系,即 U = 常数时(对于标称电压为 12 V 的交流发电机电压恒定在 14 V;标称电压为 24 V 的发电机电压恒定在 27 V),$I = f(n)$ 的函数关系,图 3 – 19 所示为交流发电机的输出特性曲线。

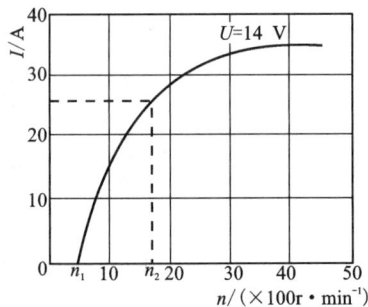

图 3 – 19　交流发电机的输出特性曲线

由输出特性曲线图 $I = f(n)$ 的函数关系可以看出如下特点:

(1)n_1 ——发电机的空载转速。

发电机达到额定电压时的转速定为空载转速 n_1,空载转速值是选择发电机与发动机传动比的主要依据。

(2)n_2 ——发电机的满载转速。

发电机达到额定功率(或额定电流)时的转速定为满载转速 n_2,此时发电机的负载电流为额定电流。空载转速值和满载转速值是使用中判断发电机技术性能优劣的重要指标,发电机出厂产品说明书中均有规定。使用中,只要测得这两个数据,与规定值相比即可判断发电机性能是否良好。表 3 - 2 为国产交流发电机的主要性能指标。

表 3 - 2　国产交流发电机的主要性能指标

交流发电机型号	额定电压/V	额定电流/A	空载转速(r·min⁻¹)	额定转速(r·min⁻¹)	使用车型
JFZ1913	14	90	1 050	6 000	桑塔纳
JFZ1512	14	55	1 050	6 000	广州标致
JFZ1918	28	27	1 150	5 000	切诺基
JF1314ZD	14	25	1 000	3 500	CA1090

（3）当电机转速升到某一定值以后，其输出电流就不再随转速的升高和负荷的增多而继续增大，此时的电流称为发电机的最大输出电流或限流值。也就是说交流发电机具有自身控制输出电流的功能。交流发电机的最大输出电流约为额定电流的 1.5 倍。

交流发电机能自动限制最大输出电流的原因如下：

（1）交流发电机定子绕组的阻抗 Z 随发电机转速的升高而增加。阻抗越大，电源的内阻越大，输出电流下降。

（2）随着发电机输出电流增大，电枢反应加强，磁场减弱，可使定子绕组中的感应电动势下降。

交流发电机的这种自动限流作用使得发电机具有自我保护能力。

2）空载特性

空载特性是指无负荷时，发电机端电压 U 与转速 n 的变化规律，即 $U=f(n)$ 的空载特性曲线，如图 3 - 20 所示。

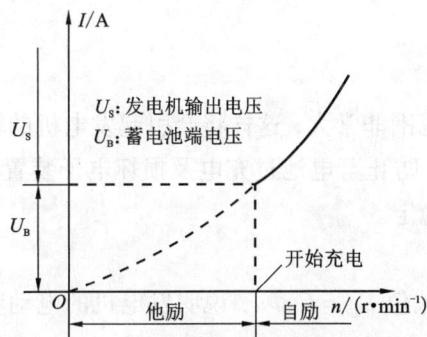

图 3 - 20　交流发电机的空载特性曲线

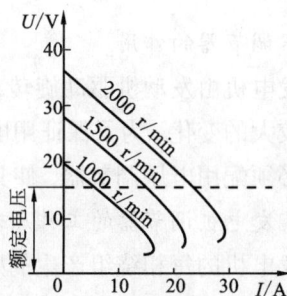

图 3 - 21　交流发电机的外特性

从曲线可以看出，随着转速的升高，端电压上升较快。由他励转为自励发电时，即能向蓄电池进行补充充电。这进一步证实了交流发电机低速下充电性能好的优点。空载特性是判定交流发电机充电性能是否良好的重要依据。

3）外特性

外特性是指发电机转速保持一定时，发电机的端电压 U 与输出电流 I 的关系。即转速 n = 常数时，$U = f(I)$ 的曲线，如图 3-21 所示。交流发电机的端电压与电动势及输出电流的关系为：

$$U = E - Z_S I$$

式中：E——交流发电机等效电动势；

Z_S——发电机等效内阻，包括发电机电枢绕组的阻抗和整流二极管的正向导通电阻；

I——发电机的输出电流。

发电机在某一稳定的转速下的 Z_S 为一定值，如果 E 是稳定的，则发电机的输出电流增加，使得发电机内压降增大，引起端电压下降。但实际上发电机的端电压随输出电流的增大下降得更多，这是因为 E 也随 I 的增大而下降，原因如下：

（1）发电机的电枢反应增强。

电枢反应是指电枢电流产生的磁场对磁极磁场的影响。当发电机的输出电流增大时，电枢电流产生的磁场会造成磁极磁场的削弱和扭斜，导致定子绕组中的感应电动势下降，引起端电压的下降。

（2）励磁电流减小。

当端电压下降较多时导致励磁电流减小，引起磁场减弱，从而导致发电机端电压进一步下降。

此外，发电机输出电流随负载增加到一定值时，若再继续增加负载，输出电流不再增加，反而同端电压一起下降。

第二节　电压调节器

一、电压调节器的作用与类型

1. 电压调节器的作用

交流发电机由发动机驱动旋转，其转速的变化范围非常大，这样将会引起发电机的输出电压发生较大的变化，为了保证用电设备正常工作，防止蓄电池过充电及损坏电子装置，交流发电机必须配用电压调节器，使其输出电压保持稳定。

2. 交流发电机调节器的工作原理

交流发电机的每相绕组产生的感应电动势的有效值 $E_\Phi = C_e \Phi n$，说明发电机的电动势及端电压与磁极磁通量也成正比关系，因此当发电机转速上升而使发电机的电压上升时，可以通过适当地减小磁极磁通量的方法使发电机电压保持稳定。而每极磁通 Φ 的大小取决于发电机磁场电流 I_F 的大小，故在发电机转速变化时，只要自动调节发电机的磁场电流 I_F 便可使发电机输出电压保持恒定。电压调节器就是利用这一原理调节发电机电压的。

3.电压调节器的分类

电压调节器可按如下方式进行分类:

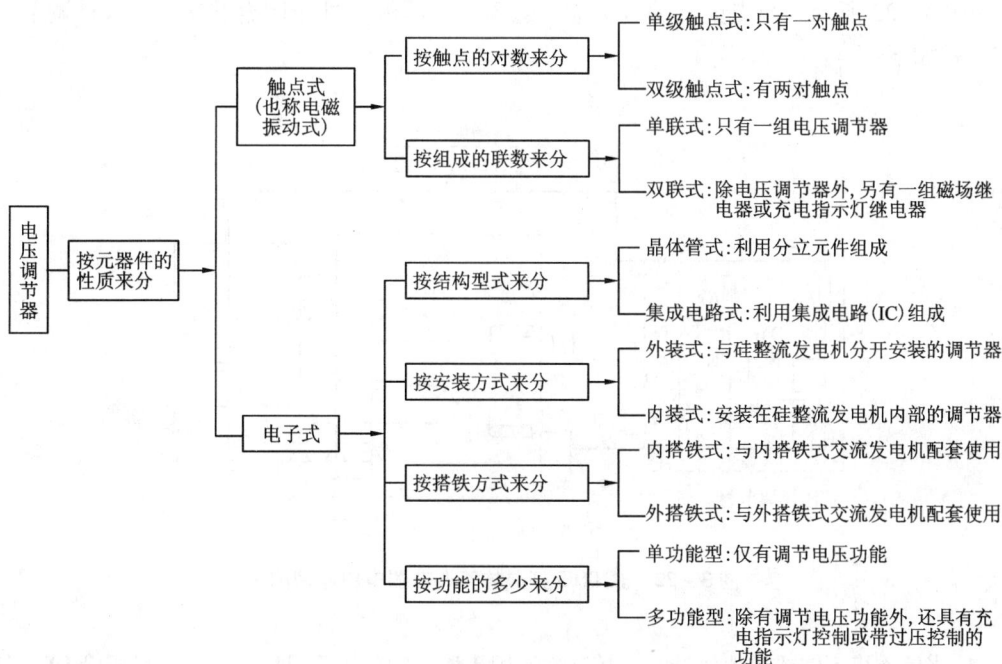

- **电压调节器 —— 按元器件的性质来分**
  - **触点式(也称电磁振动式)**
    - 按触点的对数来分
      - 单级触点式:只有一对触点
      - 双级触点式:有两对触点
    - 按组成的联数来分
      - 单联式:只有一组电压调节器
      - 双联式:除电压调节器外,另有一组磁场继电器或充电指示灯继电器
  - **电子式**
    - 按结构型式来分
      - 晶体管式:利用分立元件组成
      - 集成电路式:利用集成电路(IC)组成
    - 按安装方式来分
      - 外装式:与硅整流发电机分开安装的调节器
      - 内装式:安装在硅整流发电机内部的调节器
    - 按搭铁方式来分
      - 内搭铁式:与内搭铁式交流发电机配套使用
      - 外搭铁式:与外搭铁式交流发电机配套使用
    - 按功能的多少来分
      - 单功能型:仅有调节电压功能
      - 多功能型:除有调节电压功能外,还具有充电指示灯控制或带过压控制的功能

4.电压调节器的型号

按 QC/T 73—1993《汽车电气设备产品型号编制方法》的规定,汽车交流发电机的电压调节器型号编制如下:

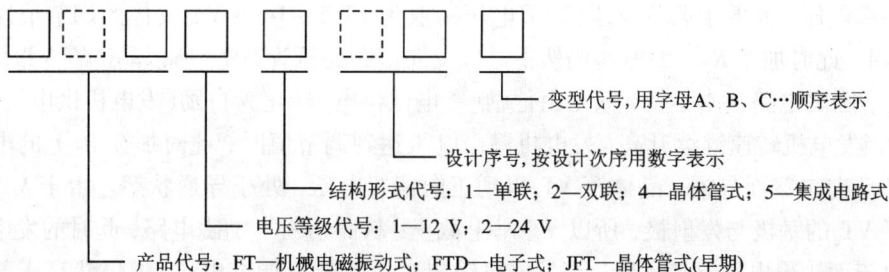

- 变型代号,用字母A、B、C…顺序表示
- 设计序号,按设计次序用数字表示
- 结构形式代号:1—单联;2—双联;4—晶体管式;5—集成电路式
- 电压等级代号:1—12 V;2—24 V
- 产品代号:FT—机械电磁振动式;FTD—电子式;JFT—晶体管式(早期)

如 FT126C 表示 12 V 的双联机械电磁振动式调节器,第 6 次设计,第 3 次变形。FTD152 表示 12 V 集成电路调节器,第 2 次设计。

二、电子电压调节器的工作过程

利用三极管的开关特性,即将三极管作为一只开关串联在发电机的磁场电路中,根据发电机输出电压的高低,控制三极管的导通和截止,调节发电机的磁场电流使发电机输出电压稳定在某一规定的范围之内。

晶体管式调节器与内或外搭铁形式的发电机配套使用,也有内、外搭铁的区别,使用前一定要判断其搭铁形式,并与发电机相应的接线柱正确连接。

1. 内搭铁型晶体管调节器

东风 EQ1090 系列汽车上所装用的晶体管调节器 JFT105 型，是一种内搭式的电子调节器，如图 3 - 22 所示。当点火开关 K 闭合，磁场继电器触点处于闭合状态时，这种调节器的工作过程如下：

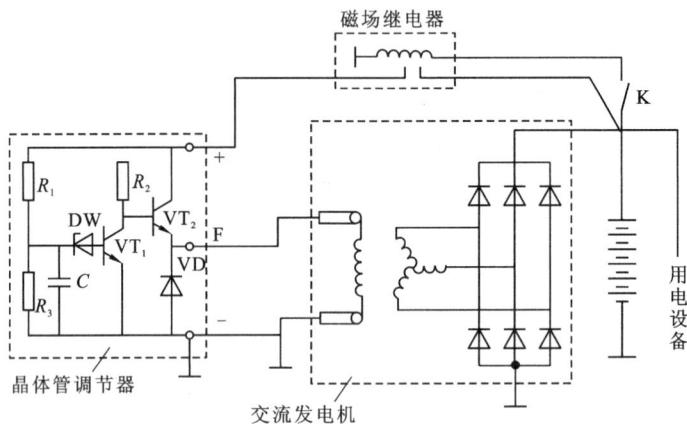

图 3 - 22　JFT105 型晶体管调节器电路原理图

(1) 当发电机不转或转速较低时，由于加在电阻 R_3 上的分压不足以反向击穿稳压管 DW，因此三极管 VT_1 处于截止状态，而 VT_2 的基极与发射极得到正向偏置电压，处于导通状态。此时的励磁电路为：蓄电池"＋"→磁场继电器触点→晶体管调节器"＋"接线柱→VT_2→晶体管调节器"F"接线柱→激磁绕组→搭铁→蓄电池"－"，构成回路。此时的励磁电流由蓄电池提供，是他励过程。

(2) 随着发电机转速的升高，发电机的输出电压也随之升高，当发电机的输出电压高于蓄电池的端电压，而低于调节电压(调节电压一般为 13.5 ~ 14.5 V，具体的调节值以相应参数为准)时，此时加在 R_3 上的电压仍然不足以反向击穿稳压管 DW，所以晶体管 VT_2 仍然处于导通状态，励磁电路基本不变，只是由他励(蓄电池供电)转化为自励(发电机供电)。

(3) 当发电机转速继续升高，发电机输出电压达到调节值时，此时加在 R_3 上的电压使稳压管 DW 反向击穿而导通，晶体管 VT_1 得到正向偏置电压，处于导通状态。由于 VT_1 的导通而短路了 VT_2 的基极与发射极，所以 VT_2 马上截止，从而切断了励磁电路，此时的发电机因没有励磁电流而输出电压迅速下降，当发电机输出电压降低于调节电压(但仍然高于蓄电池的端电压)时，晶体管电路又回复到(2)所陈述的状态(即 VT_2 导通，由发电机给励磁绕组提供励磁电流)。若此时发电机的转速仍然很高，发电机的输出电压又会高于调节电压而得到晶体管电压调节器的调节，这样晶体管 VT_2 反复导通与截止，通过控制励磁电流的通断来保证发电机的输出电压不会超过设定的调节值。

总之，晶体管电压调节器是以稳压管为感受元件，利用电压的变化，控制三极管的导通与截止，来接通与切断发电机激磁电流，自动调节发电机输出电压。

JFT105 型晶体管调节器电路中，VD 是续流二极管，它与发电机激磁绕组并联，用来保护大功率三极管 VT_2，R_2 既是三极管 VT_1 的集电极负载电阻，又是 VT_2 的基极偏疏电阻。电容器 C 的作用是利用电容器两端电压不能突变的特点，推迟稳压管导通与截止时间，从而降低三极管的开关频率,以减少管子的发热量。

2. 外搭铁型晶体管调节器

JFT106型晶体管电压调节器属于负极外搭铁式电压调节器,CA1091型汽车的交流发电机所配套的就是这种调节器,其电路原理图如图3-23所示。该调节器共有"+""F""-"三个接线柱,其中"+"接线柱经熔断器接至点火开关并与发电机的"B"接线柱连接,"F"接线柱与发电机磁场的"F₁"接线柱连接,"-"接线柱搭铁。

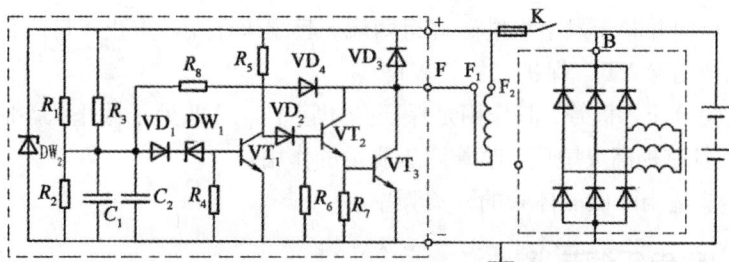

图3-23 JFT106型晶体管调节器原理电路

R_1,R_2,R_3和稳压管DW_1构成了电压敏感电路,其中R_1,R_2,R_3为分压器,其中电阻R_2两端所分得的电压反向加在稳压管DW_1的两端;稳压管DW_1为稳压元件,随时感受着发电机端电压的变化。当加在稳压管DW_1上的反向电压低于其稳压值时,稳压管DW_1截止;当加在稳压管DW_1上的反向电压高于其稳定电压时,稳压管DW_1导通。

晶体三极管VT_1,VT_2,VT_3组成复合大功率二级开关电路,利用其开关特性控制励磁电路的接通或断开。其工作过程如下:

(1)当闭合点火开关K或启动发动机后,发电机转速较低,输出电压低于蓄电池端电压时,分压器R_2所分得的电压加在稳压管DW_1两端,由于此电压低于稳压管DW_1的稳定电压值,DW_1截止,使VT_1截止,VT_2,VT_3导通,这时蓄电池经大功率三极管VT_3供给励磁电流,其励磁电路为:蓄电池正极→点火开关K→熔断器→发电机磁场接线柱F_2→调节器磁场接线柱F→大功率三极管VT_3→搭铁→蓄电池负极"-"。发电机处于他励(由蓄电池提供励磁电流)状态。

(2)发动机带动发电机,转速逐渐升高。当发电机端电压高于蓄电池端电压时,由于此时转速尚低,输出电压未达到调节电压值,VT_1仍然截止,VT_2,VT_3仍然导通,励磁电路为:发电机输出端B→点火开关K→熔断器→发电机磁场接线柱F_2→调节器磁场接线柱F→大功率三极管VT_3→搭铁→发电机负极"-",发电机由他励转为自励(由发电机本身提供励磁电流)。

(3)当发电机转速继续升高到使输出电压达到调节值时,分压器R_2所分得的电压加在稳压管DW_1两端,使DW_1反向击穿导通,晶体管VT_1因R_4的正向偏置而导通,使VT_2,VT_3截止,断开了励磁电路,发电机输出电压便下降。当发电机端电压下降到调节值以下时,稳压管DW_1又因两端的反向电压低于稳定电压值而截止,使VT_1又截止,VT_2,VT_3又导通,又一次接通了励磁电路,发电机端电压又上升。如此反复,通过晶体管VT_3的导通与截止,将发电机的输出电压恒定在调节值上。

图3-23所示晶体管调节器中其他一些电子元件的作用如下:

电阻R_4,R_5,R_6,R_7为晶体管的偏置电阻。

稳压管 DW_2 起到过电压保护作用，利用稳压管的稳压特性，可对发电机所产生的正向瞬变过电压起保护作用，并可以利用其正向导通特性，对开关断开时电路中可能产生的反向瞬变过电压起保护作用。

二极管 VD_1 接在稳压管 DW_1 之前，以保证稳压管安全可靠工作。当发电机输出电压很高时，它能限制稳压管 DW_1 电流。

二极管 VD_2 接在 VT_1 集电极与 VT_2 基极之间，提供 0.7 V 左右的电压，使 VT_2 导通时迅速导通，截止时可靠截止。

二极管 VD_3 反向并联于发电机励磁绕组两端，起续流作用，防止 VT_3 截止时磁场绕组中的瞬时自感电动势击穿 VT_3，保护三极管 VT_3。

二极管 VD_4 为分压二极管，其作用是保证晶体管 VT_2、VT_3 处于截止状态时可靠截止。

反馈电阻 R_8 具有提高灵敏度、改善调压质量的作用。

电容 C_1，C_2 能适当降低晶体管的开关频率。

三、集成电路电压调节器

集成电路电压调节器是指用若干电子元件集成在基片上，具有发电机电压调节全部或部分功能的芯片所构成的电子式调节器。相比于分立元件的晶体管调节器，集成电路调节器具有结构紧凑、体积小、电压调节精度高、故障率低等优点。集成电路电压调节器多装于发电机的内部，这种发电机也被称为整体式发电机。

集成电路调节器的工作原理与晶体管调节器的工作原理完全一样，都通过稳压管感应发电机的输出电压信号，利用三极管的开关特性控制发电机的励磁电流，使发电机的输出电压保持恒定。集成电路调节器根据电压信号输入的方式不同，可分为发电机电压检测方式和蓄电池电压检测方式两类。

1. 发电机电压检测方式

如图 3-24 所示，加在分压器 R_1 和 R_2 上的电压是磁场二极管输出端 L 的电压 U_L，U_L 和发电机 B 端的电压 U_B 相等，检测点 P 的电压为 U_P，由于检测点 P 加在稳压管 DW 两端的反向电压与发电机的端电压成正比，所以称为发电机电压检测法。

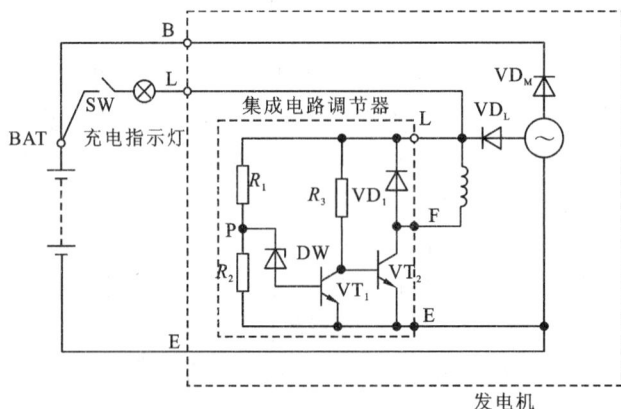

图 3-24　发电机电压检测法

2. 蓄电池电压检测方式

如图 3 – 25 所示，加到分压器 R_1 和 R_2 上的电压为蓄电池端电压，由于检测点 P 加在稳压管 DW 上的反向电压与蓄电池端电压成正比，所以称为蓄电池电压检测法。

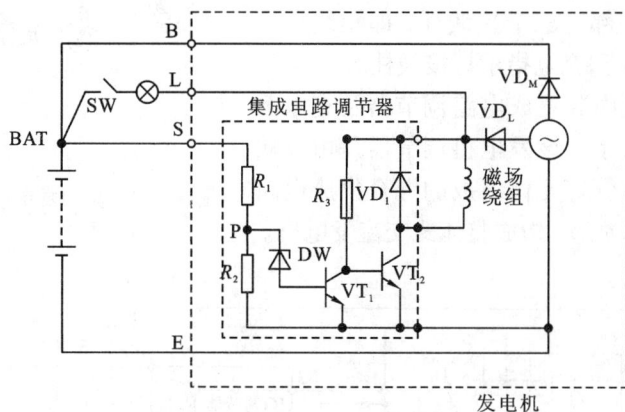

图 3 – 25　蓄电池电压检测法

采用发电机电压检测法时，发电机的引出线可以少一根，缺点是当"B"到"BAT"接线柱之间导线的电压降较大(因发电机输出电流大)时，蓄电池的充电电压将会偏低，使蓄电池充电不足。因此，一般大功率发电机宜采用蓄电池电压检测法。

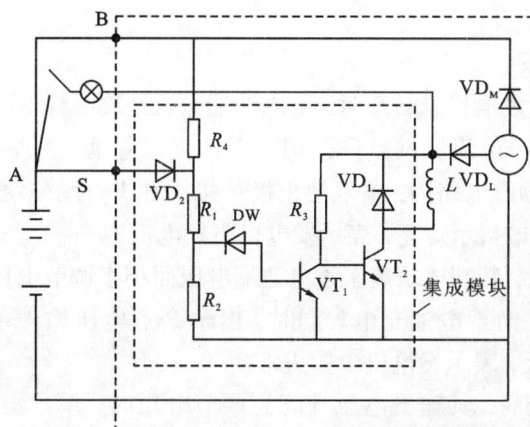

图 3 – 26　具有保护作用的蓄电池电压检测法原理电路

但采用蓄电池电压检测法时，如"B"到"BAT"之间或"S"到"BAT"之间断线时，由于不能检测出发电机的端电压，发电机的输出电压将会失控。为了克服这一缺点，电路上应采取一定措施。图 3 – 26 为实际采用的蓄电池电压检测法的线路，在这个线路中，在调节器的分压器与发电机 B 点之间增加了一个电阻 R_4 和一个二极管 VD_2，这样，当 B 点与蓄电池正极之间或 S 点与蓄电池正极之间出现断路时，由于 R_4 的存在，仍能检测出发电机的端电压 U_B，使调节器正常工作，可以防止发电机电压过高。

3. 集成电路电压调节器实例

图 3-27 所示为夏利发电机的 IC 电压调节器。该发电机采用了两个中性点二极管，为 8 管式交流发电机。发电机的外部有三个接线柱，即相线接线柱 B、点火接线柱 IG 和充电指示灯接线柱 L。

夏利汽车发电机内装集成电路调节器及充电系统电路如图 3-28 所示。该发电机调节器是由一块单片集成电路和晶体管等元件组成的混合集成电路调节器，装于发电机内部，构成整体式交流发电机。

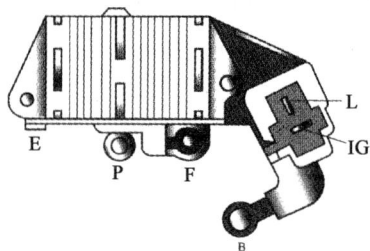

图 3-27 夏利发电机的 IC 电压调节器

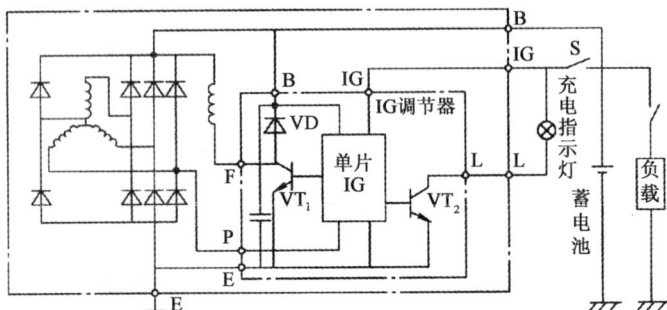

图 3-28 夏利汽车发电机的电压调节器原理图

调节器工作过程如下：

(1) 点火开关接通且发电机未转动时，蓄电池端电压经接线柱 IG 输入单片集成电路，使三极管 VT_1，VT_2 均有基极电流流过，于是 VT_1，VT_2 同时导通。VT_1 导通，发电机励磁电流由蓄电池提供(他励)，励磁电路为：蓄电池正极→接线柱 B→励磁绕组→VT_1→搭铁→蓄电池负极；VT_2 导通时，充电指示灯亮，表示发电机不发电。

(2) 发电机转速较低，其端电压高于蓄电池端电压而小于调节电压时，VT_1 仍导通，但发电机由他励转为自励，并向蓄电池充电。同时，由于 P 点电压输入单片集成电路使 VT_2 截止，故充电指示灯会熄灭，表示发电机工作正常。

(3) 当发电机转速较高，其输出电压升高到调节电压时，单片集成电路检测出该电压，于是 VT_1 由导通变为截止，励磁绕组中电流中断，发电机电压下降。当电压下降到略低于调节电压时，单片集成电路使 VT_1 又导通，如此反复，发电机输出电压将被稳定在调节电压范围内。

二极管 VD 为续流二极管，在 VT_1 截止时，用于吸收励磁绕组中产生的自感电动势。

该发电机具有自诊及保护功能，原理如下。

自诊功能：当由于励磁绕组断路等因素导致发电机不发电、P 点无电压输出时，集成电路将使 VT_2 导通，于是充电指示灯一直发亮，提醒驾驶员发电机不发电。

保护功能：当发电机的输出端 B 或信号输入端 IG 与蓄电池的接线有断路故障时，集成电路除了具有上述自诊功能外，集成电路可根据 P 点的电压信号控制 VT_1 的导通与截止，将发电机的输出电压控制在调节电压范围内，防止失去控制。

四、电压调节器的检测与代换

1. 调节器使用时应注意的问题

调节器在使用过程中应注意如下几个问题：

(1)调节器与发电机的电压等级和搭铁型式必须一致。

(2)调节器与发电机之间的线路连接必须正确；蓄电池的极性不得接反，必须负极搭铁。

(3)配用双级式电压调节器时，当检查充电系不充电故障时，在没有断开发电机与调节器接线之前，不允许将发电机的"＋"与"F"(或调节器的"＋"与"F")短接，否则将会烧坏调节器的高速触点。

(4)调节器必须受点火开关控制。因调节器控制磁场电流的大功率管在发电机输出电压较低时就始终导通，如果不受点火开关控制，当汽车停驶时，大功率管一直导通，将缩短调节器使用寿命，而且还会导致蓄电池亏电。

2. 晶体管式调节器的识别与性能检测

1)晶体管式调节器的识别

晶体管式调节器有内搭铁式与外搭铁式之分，如果在不清楚其搭铁形式的情况下，可采用如下方法对其搭铁极性进行判断：

对 12 V 系统的调节器，用一个 12 V 蓄电池和 1 个 12 V，2 W 的小灯泡按图 3 - 29 所示连接好线路。

灯泡接在"－"(E)与"F"接线柱之间发亮，而接在"＋"(B)与"F"接线柱之间不亮，说明该调节器为内搭铁式[图 3 - 29(a)]；反之，如果灯泡接在"＋"(B)与"F"接线柱之间发亮，而接在"－"(E)与"F"接线柱之间不亮，说明该调节器为外搭铁式[图 3 - 29(b)]。如调节器是四个引出端(D_+，B，F，D_-)，试验时，可将 D_+ 与 B 连接为一点，再按上述方法识别；如调节器有五个引出端(D_+，B，F，D_-，L)，则将 L 端子不接线，并将 D_+ 与 B 连接在一起，再按上述方法识别。

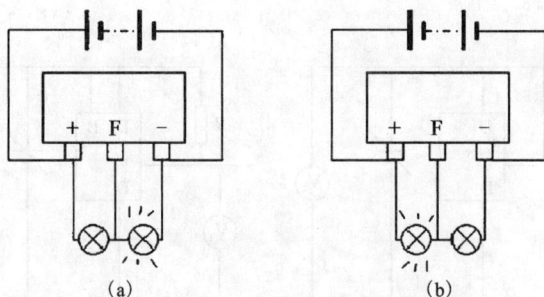

图 3 - 29　晶体管式调节器搭铁型式的判断

2)晶体管式调节器的性能检测

将可调直流电源与调节器按图 3 - 30 所示的线路接好，逐渐提高电源输出电压。当电压达到 6 V 左右时,指示灯点亮。继续提高电源电压,当电压达到 13.5 ~ 14.5 V 左右时,指示灯应熄灭,熄灯时的电压即为调节器的调节电压,并与性能参数值相比较。若指示灯在电压达 6 V 时不亮,或电压超过规定值后,指示灯仍不熄灭,则说明该调节器有故障。

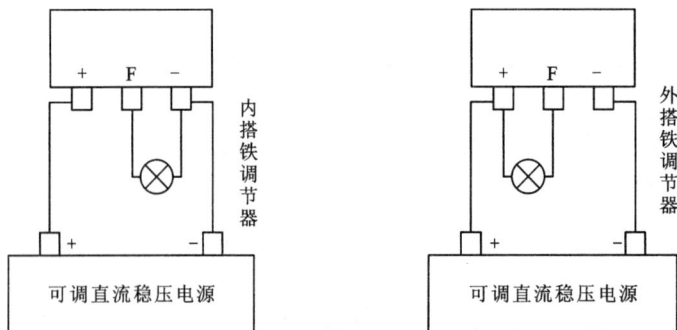

图 3 – 30　晶体管式调节器检测接线图

3. 集成电路电压调节器的性能检测

集成电路电压调节器一般有 3 引线和 4 引线两种。3 引线的集成电路电压调节器采用发电机电压检测法,4 引线的集成电路电压调节器采用蓄电池电压检测法(图 3 – 31 中调节器的引出线字母符号多为国外生产厂家采用,对应到实际接线,B₊与发电机输出端引线相连,D₊与点火开关引出线相连接,D₋相当于搭铁线,F 与发电机磁场绕组相连)。

1)3 引线集成电路电压调节器的检测

按图 3 – 31(a)接好线路。图中 R 为一个 3 ~ 5 Ω 的电阻,可变直流电源的调节范围为 0 ~ 30 V。逐渐增加直流电源电压,该直流电压值由电压表 V_2 指示。当 V_2 指示值小于调节器调节电压值时,V_1 电压表上的电压值应在 0.6 ~ 1 V 的范围内;当 V_2 指示值大于调节器调节电压值时,V_1 表上的电压值应为 V_2 的值。调节时,注意 V_2 调节电压值不能超过 30 V。

2)4 引线集成电路电压调节器的检测

4 引线集成电路电压调节器的测试与 3 引线晶体管式调节器的测试方法也相同,只是需按图 3 – 31(b)接好线路。

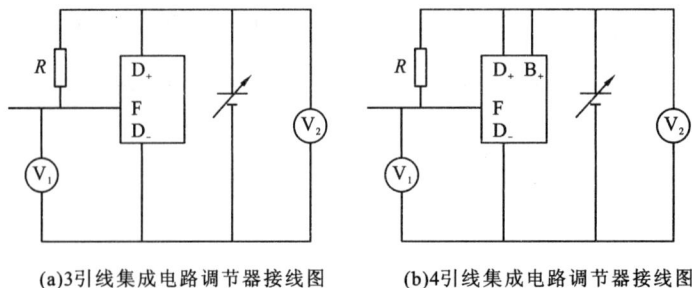

(a)3引线集成电路调节器接线图　　(b)4引线集成电路调节器接线图

图 3 – 31　集成电路调节器检测接线图

4.调节器的代换

调节器损坏后,最好选用原型号调节器。但在无配件的情况下,也可以用别的型号临时替代使用。替代时,除了要注意调节器的调压值必须与发电机匹配外,与发电机的线路连接也应做相应的改动。

1)用触点式调节器替代

触点式调节器一般用于控制发电机励磁绕组的火线,为内搭铁式。

替代外装型内搭铁式调节器时,其"+"接线柱接点火开关"IG"或"15#"端子,"F"接线柱接发电机"F"或"磁场"接线柱。

替代外装型外搭铁式调节器时,应先将外搭铁式发电机改为内搭铁式发电机,即将发电机励磁绕组的引出端子(与外搭铁式调节器"F"接线柱相连的接线柱)直接搭铁,与点火开关"IG"或"15#"端子相连的接线柱定义为"F"接线柱,再按替代外装型内搭铁式调节器的接线方法,连接触点式调节器与发电机。

替代内装型(整体式交流发电机)集成电路调节器时,因发电机的励磁绕组两端并未引出发电机壳体之外,且一般都带有充电指示灯的控制,所以发电机的改动将会更大:首先要将有故障的集成电路调节器从发电机内拆下;其次将励磁绕组的输入端(与充电指示灯 L、励磁二极管 VDL 相连的一端)完全断开,并引出发电机壳体外(注意与发电机壳体的绝缘),且定义该引出线为"F"接线柱;然后将励磁绕组的输出端(与集成电路调节器"F"接线柱相连的一端)直接搭铁;最后按替代外装型内搭铁式调节器的接线方法,连接触点式调节器与发电机。不过,充电指示灯的控制只能改为其他的控制形式。

2)内或外搭铁式晶体管调节器的相互替代

在内或外搭铁式晶体管调节器相互替代时,我们可对发电机及其线路的连接做相应的变动。

内搭铁式晶体管调节器配外搭铁式发电机:将发电机励磁绕组的输入端 F_2(与点火开关"IG"或"15#"端子相连的接线柱)定义为"F"接线柱,并与内搭铁式晶体管的"F"接线柱相连;将发电机励磁绕组的输出端 F_1(与原外搭铁式晶体管的"F"相连的接线柱)直接搭铁;内搭铁式晶体管调节器的"+"端子接点火开关"IG"或"15#"端子、"−"端子接搭铁。

外搭铁式晶体管调节器配内搭铁式发电机:将发电机励磁绕组输出端的搭铁片拆去后,与外搭铁式晶体管调节器的"F"端子相连;将发电机励磁绕组的输入端子"F"接线柱与点火开关"IG"或"15#"端子相连;外搭铁式晶体管调节器的"+"端子接点火开关"IG"或"15#"端子、"−"端子接搭铁。

第三节　典型汽车电源系统电路

一、大众车系电源系统电路的分析

桑塔纳轿车采用内装集成电路调节器(发电机电压检测法)的整体式交流发电机,其电源系统电路如图 3−32 所示。

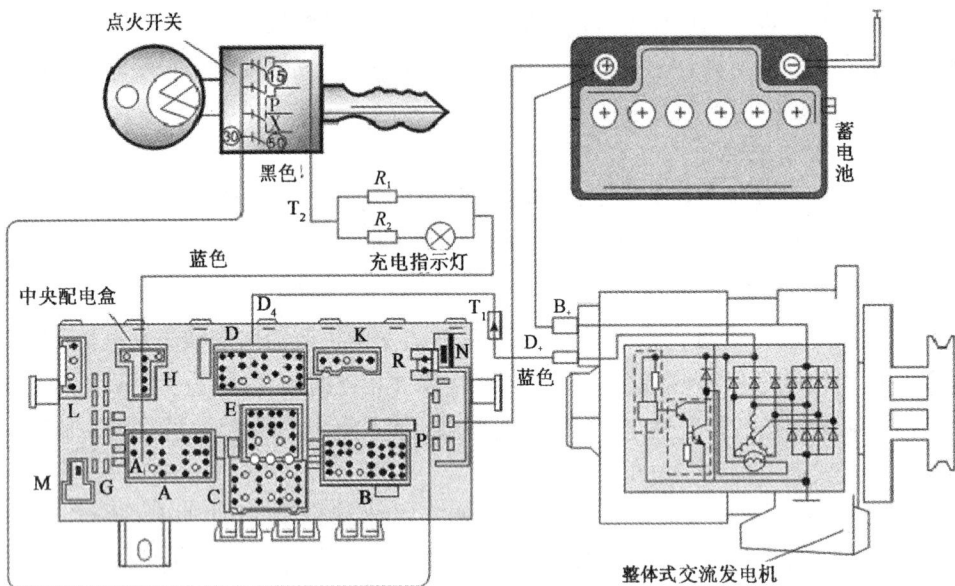

图 3−32　桑塔纳汽车电源系统电路图

电路分析如下：

图中交流发电机的"B₊"为电压输出端，"D₊"为充电指示灯控制端。交流发电机 3 只正二极管与 3 只负二极管组成一个三相桥式全波整流电路作为发电机输出，3 只磁场二极管与 3 只负二极管也组成一个三相桥式整流电路，给励磁绕组提供励磁电流，其输出端"D₊"用蓝色导线经蓄电池旁边的单端子插接器 T_1 后，与中央配电盒（也称为中央线路板）D 插座的 D_4 端子连接，再经中央配电盒内部线路与 A 插座的 A_{16} 号端子相连。点火开关 30 端子用红色导线经中央配电盒上的单端子插座 P 与蓄电池正极连接，点火开关 15 端子用黑色导线与仪表盘下方黑色插座的端子 12 号连接（图中未画出，而是用 T_2 端子代替），经仪表盘印刷电路上的电阻 R_1、R_2 和充电指示灯 LED 接回到黑色插座 12 号端子，再用蓝色导线与中央配电盒 A 插座的 16 号端子连接。

二、通用车系电源系统电路的分析

图 3−33 所示为凯越汽车电源系统电路图。

发电机输出 B₊ 端子通过起动机主接线柱给用电设备供电和给蓄电池充电，充电电路为：发电机→起动机电磁线圈 B₊→蓄电池→接地线。

"F"接线柱为调压器供电电路：点火开关位于"ON"或"ST"挡时，蓄电池正极→点火开关→10 A 保险丝 F2→发电机 F 端。

充电指示灯电路：点火开关位于 ON 或 ST 挡时，蓄电池正极→点火开关→10 A 保险丝 F4→仪表板组合仪表充电指示灯→发电机"L"端。此电路控制充电指示灯的亮与灭。

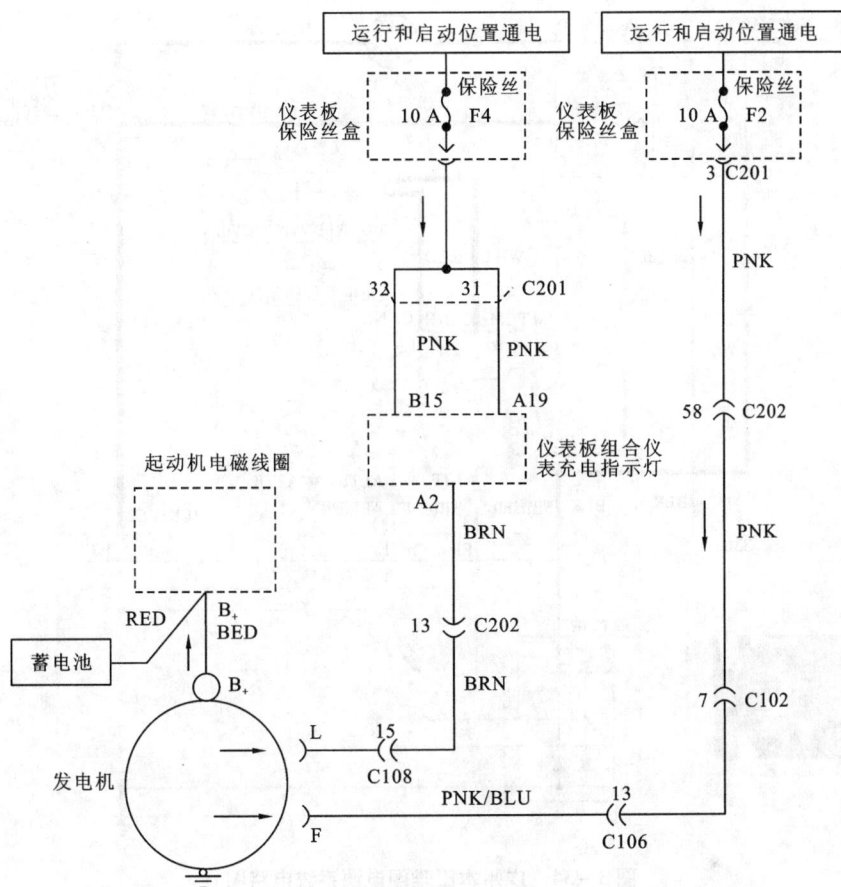

图 3－33　凯越汽车电源系统电路图

三、本田车系电源系统电路的分析

图 3－34 所示为广州本田雅阁电源系统电路图，充电系统装有测量充电系统负载的电气负载检测器(ELD)。ELD 向控制电压调节器的动力控制模块(PCM)发送信号。电压调节器为集成电路(IC)式、整流器与调节器均安装在发电机内。

电路分析如下：

发电机"B"接线柱输出直流电。充电电路为：交流发电机 B_+→熔丝 No.22(100 A)→蓄电池→发电机搭铁端子。

1 号接线柱为电压调节器供电端。蓄电池正极→发动机盖下熔断器/继电器盒中的熔丝 No.22(100 A)→No.23(50 A)→点火开关→熔丝 No.18(15 A)→发电机 1 号(IG)接线柱。

2 号接线柱为动力控制模块(ECM)控制信号输入端；4 号接线柱为交流发电机反馈信号输出端；3 号接线柱为指示灯信号控制端，输入到 PCM，通过 CAN 总线控制仪表总成内充电系统指示灯的亮与灭。

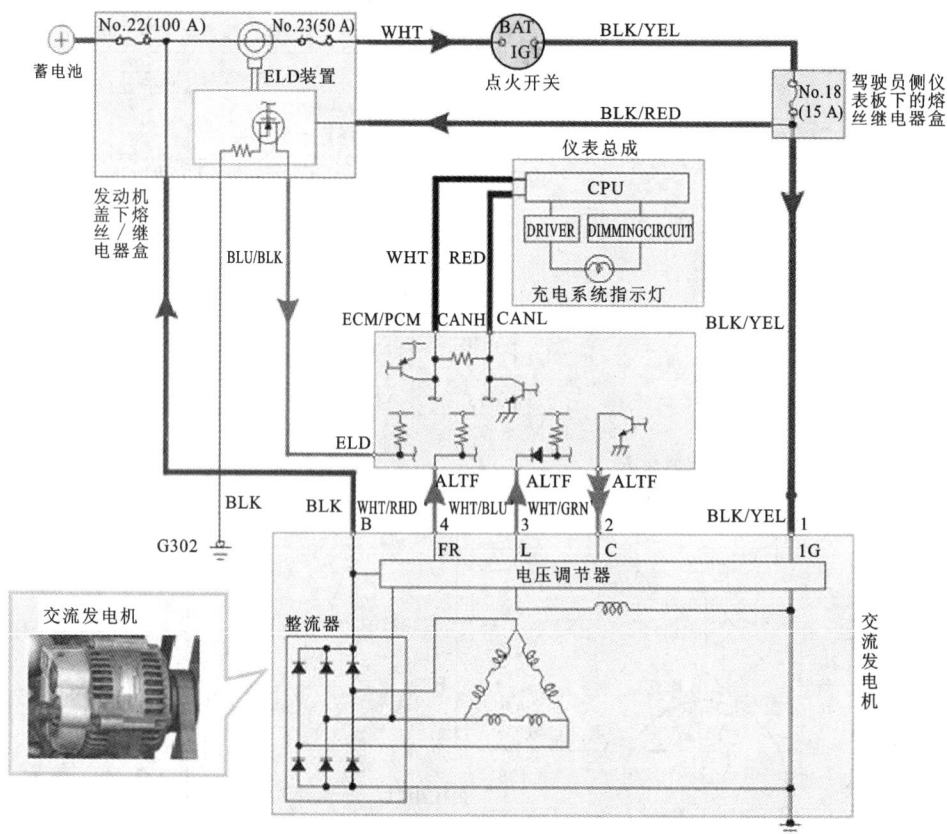

图 3-34　广州本田雅阁电源系统电路图

第四节　充电系统的故障诊断

一、充电系统的故障类型及判断

目前，汽车充电系统基本上有两大类：一类是交流发电机与调节器各自独立安装，采用的是普通交流发电机；另一类是将集成电路调节器安装在发电机内部，采用的是整体式交流发电机。这样，在进行充电系统故障诊断时，首先要明确发电机是哪种类型的，要明确发电机、调节器、充电指示灯及充电系统线路连接的特点，然后查明故障发生的部位。如果确属交流发电机故障，就将发电机从车上拆下，作进一步检查与修理。

对于大多数汽车来说，充电系统的电路故障现象都是根据充电指示灯来判断，正常情况是：当打开点火开关时，充电指示灯亮，启动发动机后，充电指示灯应熄灭。一般充电系统的故障主要有以下两大类。

一类是机械故障，主要包括发电机驱动皮带、轴承、电刷异响等故障，通常通过检查皮带和解体发电机进行检查。

另一类是电路故障，主要包括如下几个方面的故障：

（1）发电机不发电；

（2）发电量低；

（3）发电量高；

（4）充电不稳；

（5）充电指示灯故障。

1.发电机不发电的故障检修

故障现象：发动机启动后，充电指示灯仍然保持点亮状态。

可能的故障原因有：

（1）皮带断裂；

（2）调节器故障；

（3）指示灯线路对地短路；

（4）发电机内部故障，如励磁绕组搭铁等。

对于整体式交流发电机，以桑塔纳2000车型为例，检测流程如图3－35所示。

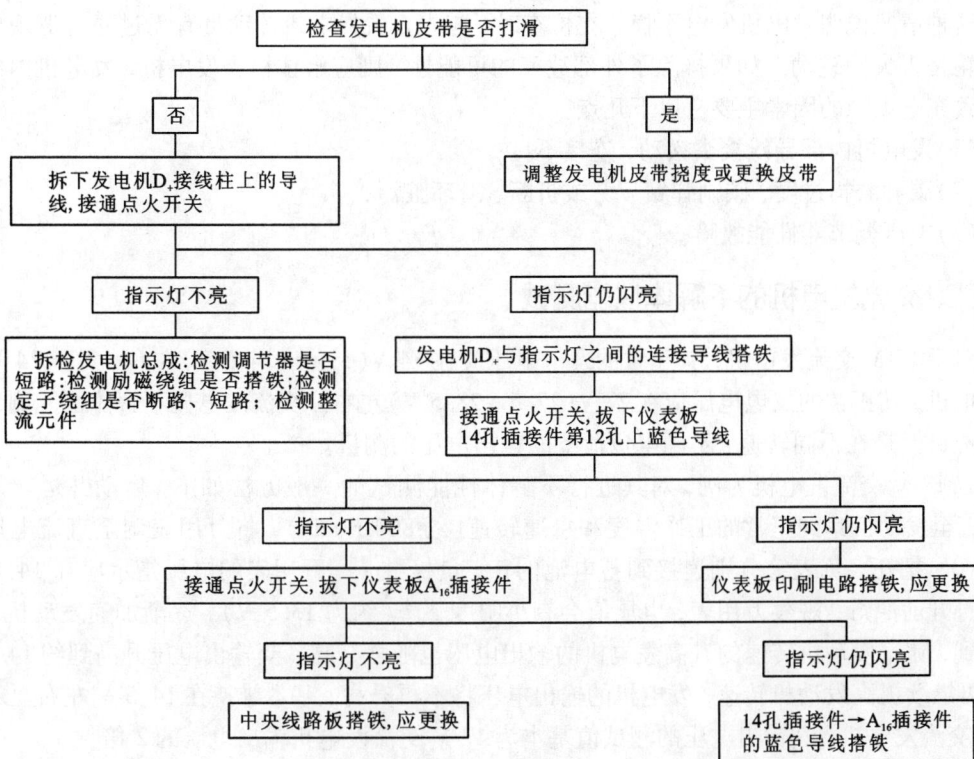

图3－35　整体式交流发电机不发电的故障检修流程

2.发电量低的故障检修

故障现象：发动机启动后，充电指示灯亮，发动机高速运转时，充电指示灯熄灭。

这种情况说明发电机发电量低。检查时应先检查发电机传动带有无过松打滑现象、发电机的固定是否牢固。这些情况排除后，故障点就基本锁定在发电机本身，可能的故障原因如下：

（1）滑环脏污或碳刷磨损导致弹力不足，接触不良。

（2）个别整流二极管损坏或脱焊。

（3）定子三相绕组局部断路或短路。

对于以上故障，一般需要将发电机拆下，解体检查。

3. 发电量高的故障检修

故障现象：汽车运行时，灯泡、熔丝及各种开关等电气设备经常烧坏，蓄电池电解液消耗过快，有气味等。

这种情况说明发电机发电量高。在诊断时，用电压表测量蓄电池的两个极桩，测量时将发动机的转速控制在 2000 r/min 左右，观察电压表的读数。如果读数大于 14.5 V，说明电压调节器有故障，可直接更换调节器。

4. 充电不稳的故障检修

故障现象：发动机正常平稳运转，电流表虽指示充电，但指针总是左右摆动，打开大灯时，灯光忽明忽暗。

这种情况说明发电机发电不稳。在检查时，应先查看发电机传动带有无过松打滑现象或皮带轮是否失圆跳动。如果排除了外部故障的可能性，则应解体检查发电机，发电机内部能够导致充电不稳的因素主要有以下几点：

（1）发电机内部导线接头松动，连接不良；

（2）碳刷磨损过度、碳刷弹簧疲劳或折断、滑环脏污；

（3）电压调节器性能故障。

二、交流发电机的不解体性能测试

对于 12 V 交流发电机，其正常的发电电压应在 14 V（13.5～14.5 V）左右；对于 24 V 交流发电机，其正常的发电电压应在 27 V（27.5～28.5 V）左右。交流发电机不解体性能测试的主要项目就是在不同转速、不同电负荷下的输出电压的测量。

以 12 V 交流发电机为例，对其进行不解体性能测试的一般方法如下：启动并运转发动机，直至发动机达到正常的工作温度和怠速转速（约 800 r/min），将万用表调至直流电压挡（20 V），把正、负表笔分别连接到蓄电池的正、负极柱上，万用表的电压指示应在 14 V 左右。打开前照灯，观察万用表，电压值会有小幅度下降（约为 13.5 V），逐渐加速发动机，应该看到，随着发动机转速的升高发电机的输出电压也随之升高。当输出电压升高到约 14.5 V 时，再继续提高发动机转速，发电机的输出电压将不再升高，基本维持在 14.5 V 左右。对于 24 V 交流发电机，其输出电压的测试值基本为 12 V 交流发电机输出电压的 2 倍。

在测试过程中，如果输出电压过低或过高都是异常的，说明交流发电机、调节器或充电电路有故障，应进行逐项排除。

在对交流发电机解体前，如果有条件的话，应先在万能试验台上进行空载电压和负载电流的测试，进一步检查交流发电机的故障程度。

1. 测量各接线柱之间的电阻

如图 3-36（a）所示，用模拟万用表的电阻挡位，红表笔接发电机电枢"B"接线柱，黑表笔接发电机外壳。测得阻值在 40～50 Ω 以上，说明无故障；若阻值在 10 Ω 左右，说明有失效的二极管；若阻值为 0 Ω，说明有不同极性的二极管击穿。调换表笔检测，电阻应大于 10 kΩ。

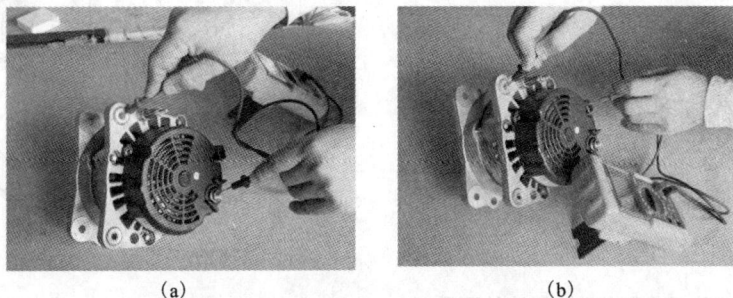

(a)   (b)

图 3 - 36 交流发电机的检测

如图 3 - 36(b)所示，用模拟万用表的电阻挡位，红表笔接发电机"F"接线柱，黑表笔接发电机"E"接线柱，测得电阻值应为 3.5 ~ 6 Ω；转动转子再测量，电阻基本不变。

2. 利用示波器观察输出电压波形

当交流发电机有故障时，其输出电压的波形将出现异常，因此根据输出电压波形可以判断交流发电机内部二极管及定子绕组是否有故障，交流发电机出现各种故障时输出电压的波形如图 3 - 37 所示。

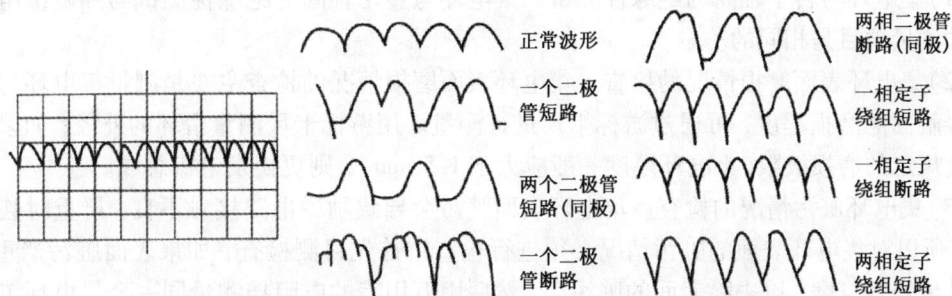

图 3 - 37 交流发电机出现各种故障时输出电压的波形

三、交流发电机的解体检测

1. 转子的检测

交流发电机转子的检测项目主要包括以下几个方面。

1）转子绕组阻值的测量

转子绕组的阻值很小，一般为几个欧姆，若为无穷大，则转子绕组断路。如图 3 - 38 所示，用万用表可检测转子绕组是否短路和断路。如果阻值低于标准值，则说明转子绕组短路；如果阻值为无穷大，则说明转子绕组断路。

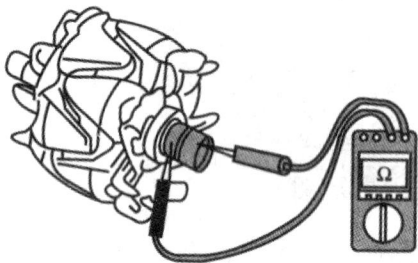

图 3-38 励磁绕组是否断路、短路的测量

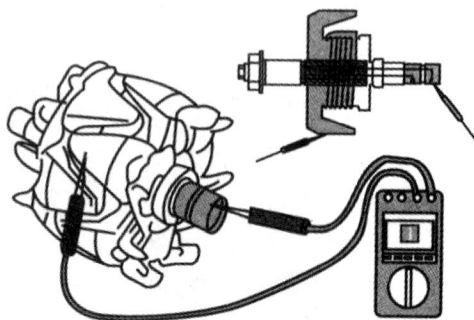

图 3-39 励磁绕组是否搭铁的测量

如图 3-39 所示，用万用表可检测转子绕组是否搭铁。每个集电环与转子轴之间，其阻值都是无穷大，如果阻值很低，说明转子绕组搭铁。

无论转子绕组是短路、断路还是搭铁，都必须更换转子。但是，目前汽车发电机的转子很少以单个部件销售，多以发电机总成出售，所以通常情况下，当转子绕组需要更换时，一般都直接更换发电机总成。

2）集电环(滑环)及电刷的检测

集电环的检测项目主要包括：集电环与转子轴间的绝缘性测试、集电环表面磨损情况的检查及脏污情况检查。电刷的检查主要是电刷厚度的检查。

(1)集电环与转子轴间的绝缘性测试。集电环与转子轴间的绝缘性测试与励磁绕组是否搭铁的测量项目是相同的。

(2)集电环表面磨损情况的检查。集电环表面磨损情况的检查主要是测量集电环与电刷间的接触面的磨损程度，可通过游标卡尺进行测量。用游标卡尺测量滑环的外径，如果测量值超过规定的磨损极限(集电环厚度一般应大于 1.5 mm)，则更换发电机总成。

(3)集电环脏污情况的检查。集电环表面脏污会导致励磁电路接触不良，严重时甚至会断路，所以对集电环表面的脏污情况必须进行检查。首先目测检查，如果表面脏污严重，应用细砂纸轻轻打磨，以去除表面的脏污层，然后用万用表的电阻挡测量同一个集电环工作面的不同两点，应导通；再将表笔分别置于两个集电环的工作面，也应导通。

(4)电刷厚度的检查。电刷厚度的检查通常利用游标卡尺进行测量，电刷的标准高度一般为 14 mm，磨损至 7 mm 时应进行更换。

2. 定子的检测

定子检查的项目主要是定子绕组是否断路和搭铁，可用万用表进行检测。如图 3-40 所示，用万用表可检测定子绕组是否断路。检测时，每次任取两个首端，测量 3 次，每次测量的阻值都应小于 0.5 Ω；如果阻值有无穷大的情况，说明励磁绕组断路，需更换定子总成。

如图 3-41 所示，用万用表可检测定子绕组是否搭铁。测量 3 次，阻值均应为无穷大，如果有不是无穷大的情况，说明定子绕组搭铁，一般需要更换发电机总成。

由于正常定子绕组的阻值非常小，利用万用表很难检测出定子绕组的短路情况。所以对于定子绕组的短路一般利用排除法进行检查判断，即如果所有其他部件的检测均属正常，但输出电压却很低，其原因可能是定子绕组匝间短路。无论定子绕组是断路、短路还是搭铁，均需更换总成。

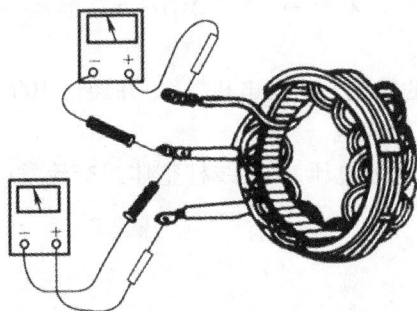

图 3 - 40　定子绕组是否断路的测量　　　　　　　图 3 - 41　定子绕组是否搭铁的测量

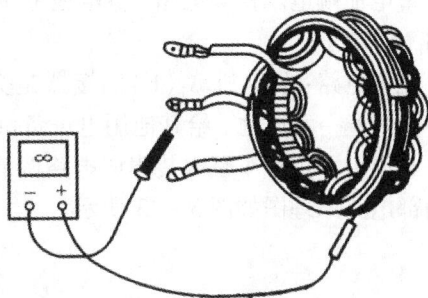

3. 整流器的检测

拆开定子绕组与硅二极管的连接线后，用万用表逐个检查硅二极管的性能。其检查方法和要求如图 3 - 42 所示。测量压在后端盖上的二极管(负极管子)时，将万用表的红表笔接端盖，黑表笔接二极管的引线，如图 3 - 42(a)所示，电阻值应在 8 ~ 10 Ω；然后将两表笔交换进行测量，电阻值应在 10 kΩ 以上。

压在散热板上的三个正极管子是相反方向导电的，测试结果与负极管子相反，如图 3 - 42(b)所示。若正、反向测试时，电阻值均为零，则二极管短路；若电阻值均为无穷大，则二极管断路。短路和断路的二极管均应更换。

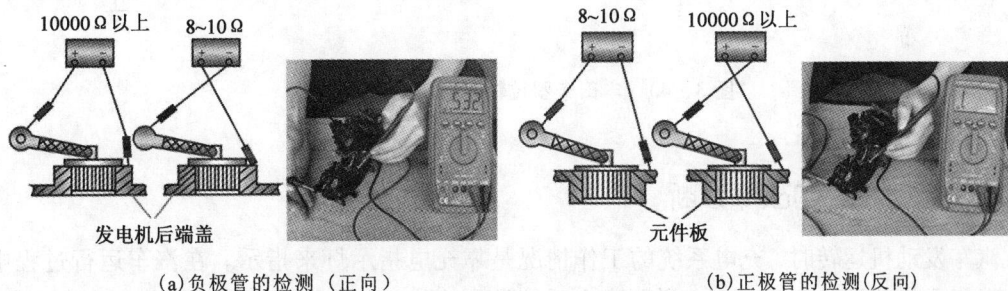

(a)负极管的检测 (正向)　　　　　　　　　　(b)正极管的检测(反向)

图 3 - 42　二级管是否断路的测量

项目实施

一、丰田卡罗拉轿车电源系统电路的识读与分析

图 3 - 1 所示为丰田卡罗拉汽车电源系统电路图，当点火开关闭合时，电路分析如下：

充电指示灯电路：点火开关(IG)→7.5 A METER 保险丝→组合仪表充电指示灯→发电机 B_4(L)端子，此电路控制充电指示灯的亮与灭。

电压调节器供电电路：点火开关→点火开关 IG1→10 A ECU IG 保险丝→发电机 B_2(IG) 端子。

蓄电池端电压检测电路：蓄电池电压→60 A MAIN 熔断丝→7.5 A ACT – S 熔断丝→发电机 B_1(S) 端子。

充电电路：发电机 A_1(B)插接器是交流发电机的输出端，发电机 A_1→并经过 100 A 的 ALT 熔断丝→蓄电池，给其他用电设备供电和给蓄电池充电。

丰田卡罗拉汽车是内装集成电路调节器(检测蓄电池电压)4 接线柱整体式交流发电机，其内部电路原理图如图 3 – 43 所示。

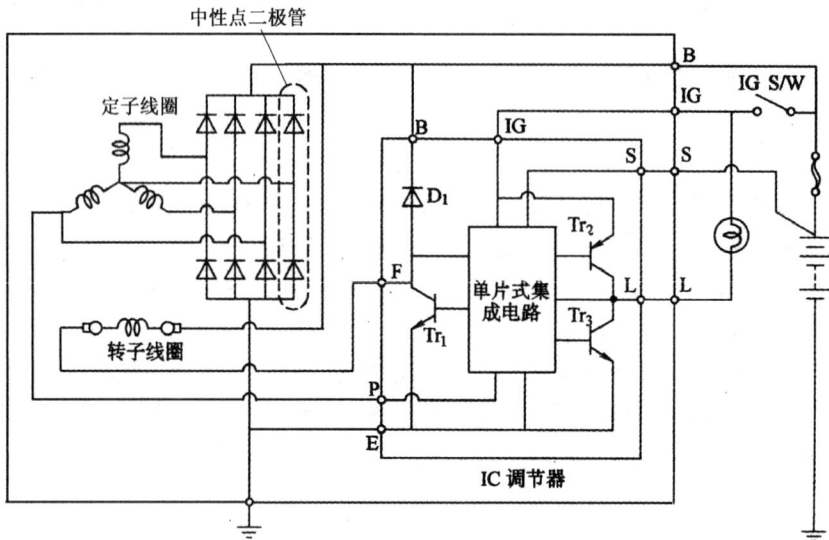

图 3 – 43　丰田卡罗拉轿车电源电路原理图

二、充电系统的故障诊断

汽车发动机运转时，充电系统的工作情况是靠充电指示灯来指示。在汽车运行过程中，当充电指示灯指示出现异常时，说明充电系统发生故障，应该及时诊断并排除。汽车充电系统故障诊断流程如图 3 – 44 所示。

三、发电机的整体拆卸与解体

1. 发电机的整体拆卸

交流发电机拆卸安装图如图 3 – 45 所示。

(1)断开蓄电池负极电缆。

(2)拆卸驱动皮带。

(3)断开发电机接头。

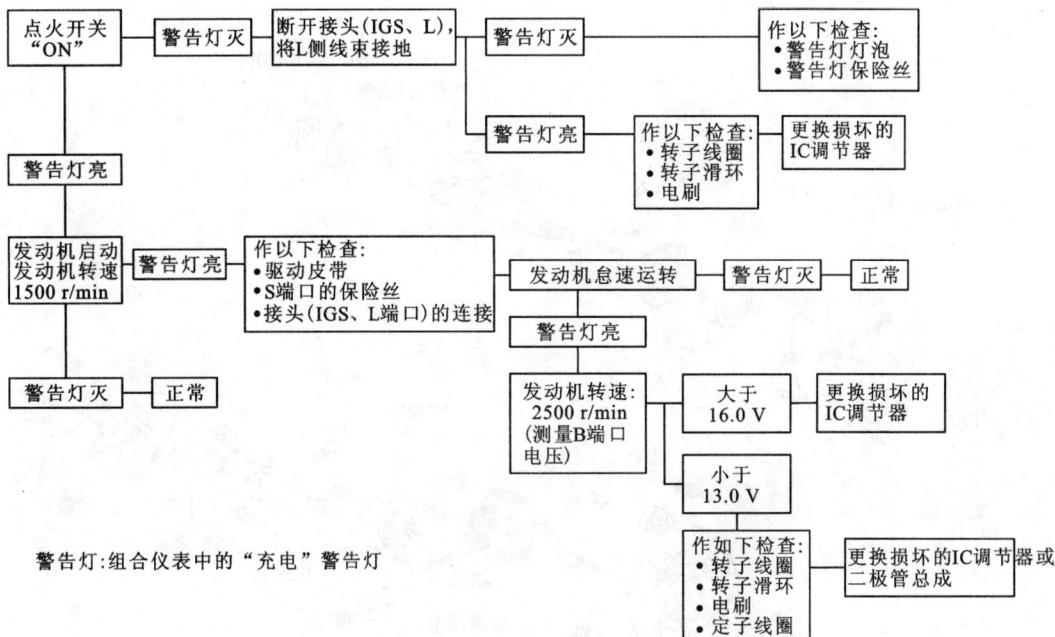

图3-44　丰田卡罗拉汽车充电系统故障诊断流程

（4）拆下发电机固定螺栓。

（5）将发电机总成拆下。

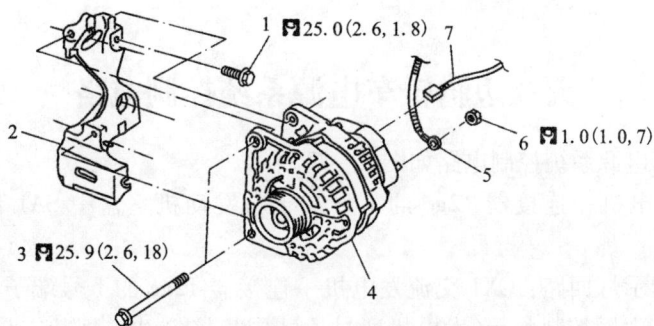

图3-45　交流发电机拆卸安装图

1—发电机支架安装螺栓；2—发电机支架；3—发电机安装螺栓；
4—交流发电机；5—B端口线束；6—B端口螺母；7—发电机接头

2. 发电机的解体

交流发电机零件分解图如图3-46所示。硅整流发电机每运转750 h（相当于30 000 km）后，应拆开检修一次。解体检测主要检查电刷和轴承的状况。新电刷的高度是14 mm，磨损至7~8 mm时应更换。轴承如有显著松动，应更换。硅整流发电机若不发电，其主要原因多是硅二极管损坏，磁场绕组或定子绕组有断路、短路和搭铁(绝缘不良)等故障所致。

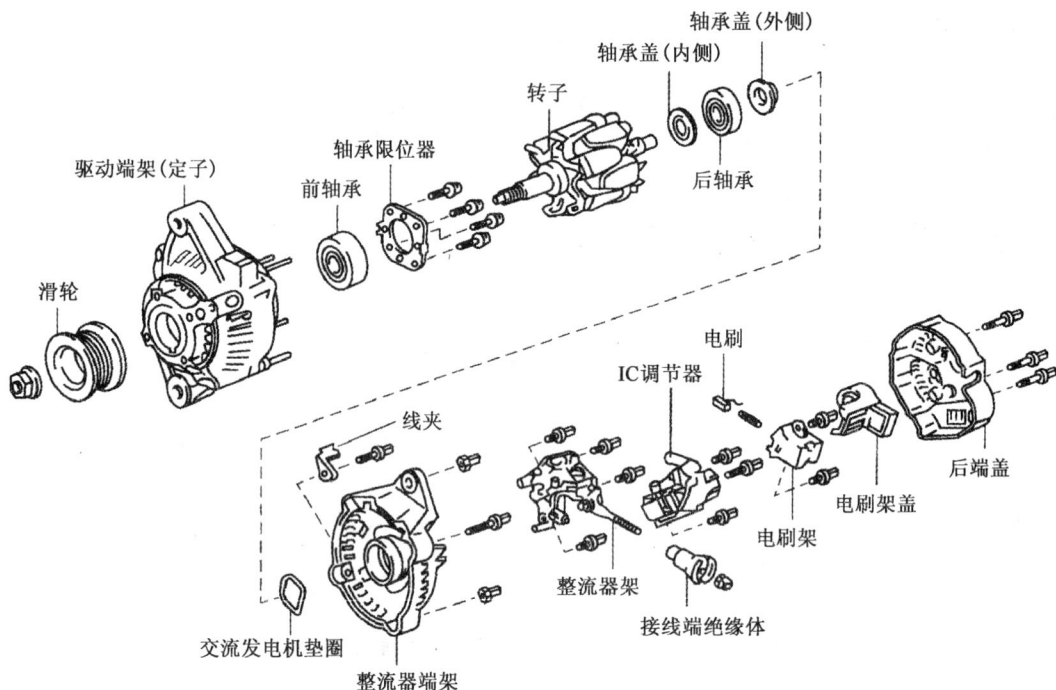

图 3 – 46　交流发电机零件分解图

项目拓展

大众迈腾轿车电源系统控制电路

大众迈腾轿车电源系统控制电路如图 3 – 47 所示。

充电回路：发电机→连接器 T2ge 的 1 号端子→发动机室盒中 SA1 保险丝 200 A→蓄电池。

发电机充电指示灯回路：CX1 交流发电机→连接器 T2ge 的 1 号端子→连接器 T4a 的 2 号端子→J519 车载电网控制单元(发电机通过比特同步接口 BSS 把状态信息发送到 J519 车载电网控制单元，后发送到 CAN 舒适便捷网络，J533 数据诊断接口将信息传给仪表控制单元，读取来自 CAN 的信息控制发电机指示灯)。

调节控制回路：J623 发动机控制单元→连接器 T4a 的 1 号端子→连接器 T2ge 的 2 号端子→CX1 交流发电机。

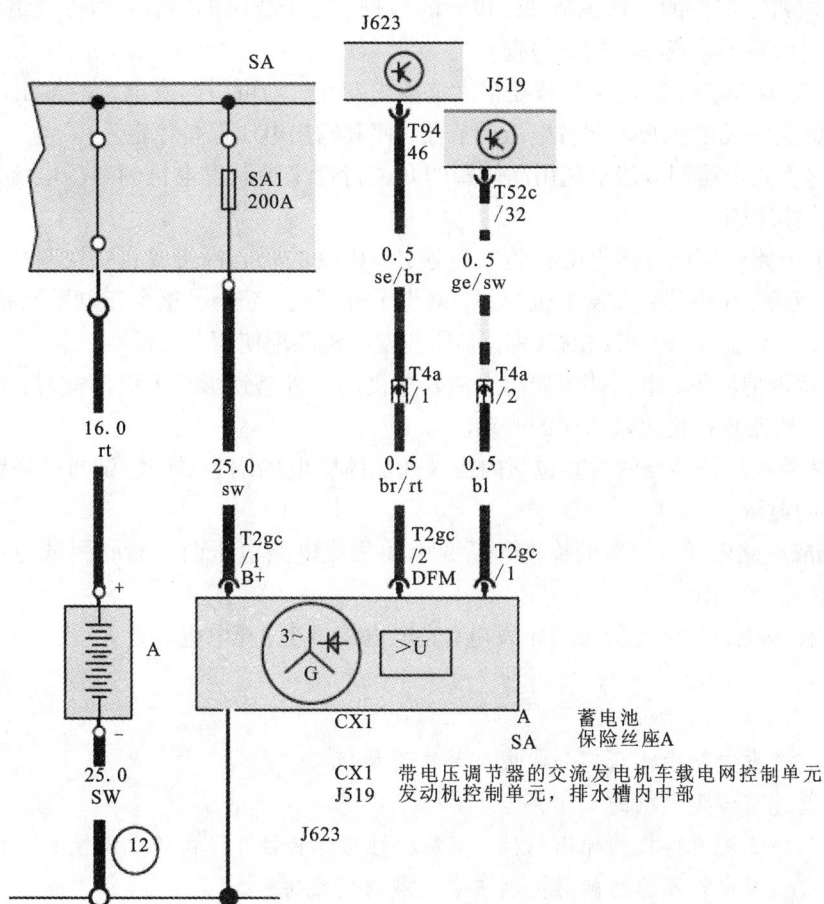

图 3 - 47　大众迈腾轿车电源系统控制电路图

项目小结

（1）交流发电机由转子、定子、整流器、端盖与电刷总成等部分组成。

（2）交流发电机的转子为一旋转磁场，磁力线与定子绕组之间产生相对运动，产生交流电动势，然后通过三相桥式整流电路，把交流电转化为直流电，供给汽车上的用电设备。

交流发动机输出电压的平均值为：

$$U = 2.34U_\Phi$$

式中：U——输出直流电压平均值，V；

U_Φ——发电机相电压有效值，V。

交流发电机的整流有的采用了 6 管整流，有的采用了 8 管整流，有的采用了 9 管整流，有的采用了 11 管整流，工作原理大同小异。

（3）交流发电机的特性有空载特性、输出特性和外特性，其中以输出特性最为重要。

（4）交流发电机的维护包括单机静态测试与交流发电机零部件的检查。

单机静态测试包括各接线柱间阻值测量、试验台动态试验与交流发电机的就车检验。

交流发电机零部件的检查包括硅二极管的检查、定子绕组的检查、励磁绕组的检查、转子轴的检查、滑环的检查与电刷的检查。

（5）交流发电机转子转速及负载在很大范围内变化，均可引起发电机的输出电压发生较大变化，因此交流发电机必须配备电压调节器，使其输出电压保持稳定。

（6）晶体管式电压调节器是利用晶体管的开关特性来控制发电机的磁场电流，使发电机的输出电压保持恒定。

（7）集成电路电压调节器将所有的二极管、三极管的管心都集成在一块基片上，实现了调节器的小型化，并将其装在发电机内部，减少了外部线，缩小了整个充电系统的体积。

（8）电压调节器有内外搭铁的区别，必须与发电机匹配使用。

在某种特殊情境下，电压调节器与交流发电机的内外搭铁形式不能匹配时，可以临时替代使用，但其线路连接也应做相应的改动。

（9）晶体管电压调节器的检查包括内搭铁式晶体管电压调节器的测试与外搭铁式晶体管电压调节器的测试。

（10）集成电路电压调节器的检查包括 3 引线集成电路电压调节器的测试与 4 引线集成电路电压调节器的测试。

（11）交流发电机的常见故障有不发电、充电电流过小、充电电流过大、充电不稳等故障。

习　题

3 - 1　交流发电机由哪几部分组成？其作用如何？

3 - 2　简述交流发电机的工作原理。

3 - 3　何谓交流发电机的输出特性、空载特性与外特性？了解这些特性有何指导意义？

3 - 4　交流发电机高速运转时突然失去负载有何危害？

3 - 5　交流发电机的中性点输出有何功用？

3 - 6　简述无刷交流发电机的种类、结构特点。

3 - 7　交流发电机用双级式电压调节器是如何工作的？

3 - 8　电子式调节器有何优点？

3 - 9　试分析 JFT106 型晶体管电压调节器的工作原理，并说明各主要电子元件的作用。

3 - 10　交流发电机与电压调节器在使用中应注意哪些事项？

3 - 11　如何对晶体管电压调节器搭铁形式及好坏进行测试？

3 - 12　内搭铁式发电机使用外搭铁式电压调节器时应做哪些相应的改动？

3 - 13　如何用万用表检查发电机故障？

3 - 14　分析丰田卡罗拉汽车电源系统电路。

3 - 15　分析大众众迈腾汽车电源系统电路。

汽车启动系统的结构与维修

能力目标

通过对本项目的学习，你应能够：

1. 认知和拆装汽车起动机控制装置；
2. 正确检测起动机的性能；
3. 正确识读汽车启动系统电路图；
4. 对启动系统常见故障进行诊断与排除；
5. 会分析启动系统电气线路常见故障原因并掌握排除方法。

案例引入

顾客陈述启动时起动机毫无反应，根本不转动，但在车上短接电磁开关端子 30 和端子 C 时，起动机运转正常，请帮助检修。

项目描述

丰田卡罗拉汽车启动系统电路图如图 4 - 1 所示，请分析相关电气元件和电路的原理：

1. 丰田卡罗拉 A/T 型汽车启动的条件；
2. 分析丰田卡罗拉 A/T 型汽车起动机控制电路；
3. 分析丰田卡罗拉 A/T 型汽车起动机主电路；
4. 丰田卡罗拉汽车启动系统的检测与维修。

项目内容

第一节 起动机的结构及类型

一、起动机的结构

车用起动机一般由串励直流电动机、传动机构和操纵机构三个部分组成，如图 4 - 2 所示。

1. 串励直流电动机

现代汽车都是依靠起动机带动发动机旋转进行启动的，而起动机的主要部件就是直流电动机。起动机正是依靠蓄电池向直流电动机供电而带动曲轴旋转，启动发动机的。

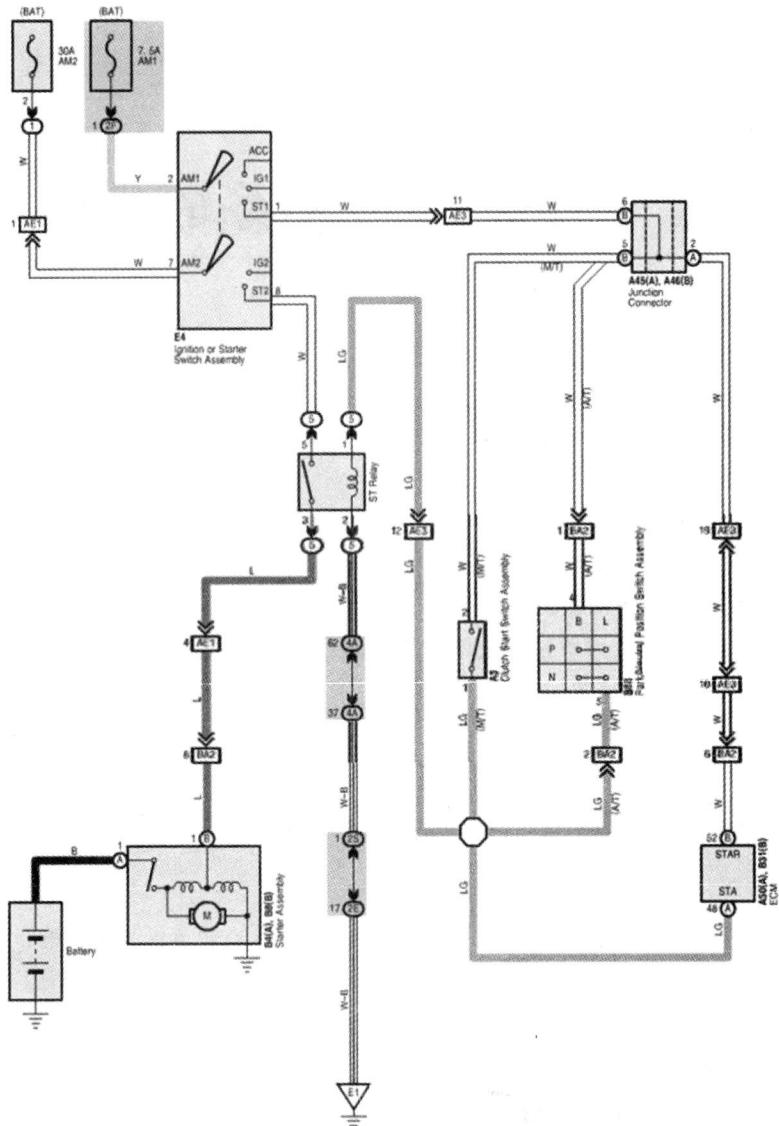

图 4 - 1　丰田卡罗拉汽车启动系统电路图

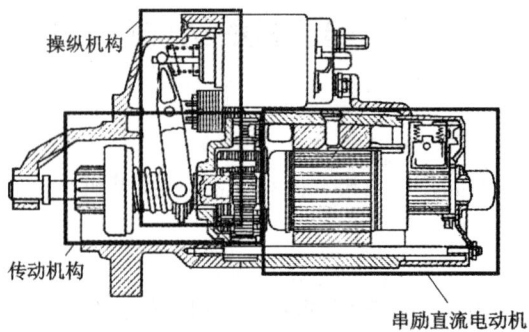

图 4 - 2　起动机整体构造

汽车起动机用的直流电动机由磁极、电枢、换向器等组成，如图 4-3 所示，它的电枢绕组与磁场绕组串联，所以它属于串励式直流电动机。

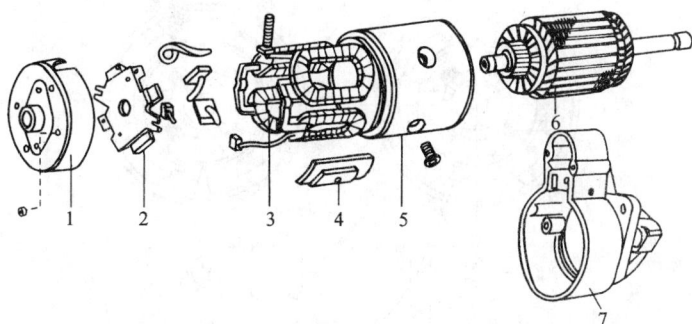

图 4-3 直流电动机的组成

1—端盖；2—电刷和刷架；3—磁场绕组；4—磁极铁芯；5—机壳；6—电枢；7—后端盖

1）机壳

起动机机壳的一端有 4 个检查窗口，中部只有一个电流输入接线柱，并在内部与励磁绕组的一端相连。端盖分前、后两个，前端盖由钢板压制而成，后端盖由灰铸铁浇制而成，呈缺口杯状。它们的中心均压装着青铜石墨轴承套或铁基含油轴承套，外围有 2 个或 4 个组装螺孔。电刷装在前端盖内，后端盖上有拨叉座，盖口有凸缘和安装螺孔，还有拧紧中间轴承板的螺钉孔。

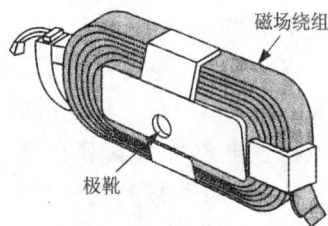

图 4-4 磁场绕组

2）磁场绕组

磁场绕组由绕在极靴上的线圈构成，如图 4-4 所示。磁场绕组固定到起动机外壳里面，如图 4-5 所示。用铸钢制造的极靴和起动机外壳连接在一起，可增加磁场绕组的磁场强度，如图 4-6 所示。

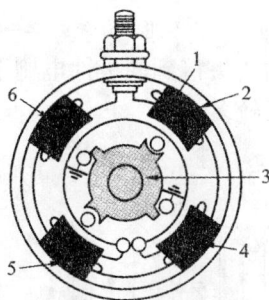

图 4-5 磁场绕组与机壳的组装

1、4、5、6—磁场绕组；2—外壳；3—电枢

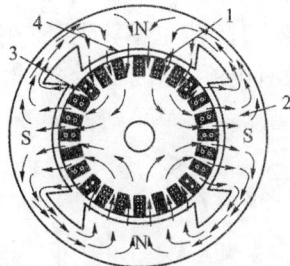

图 4-6 4 磁场绕组形成的磁场

1—电枢绕组；2—极靴；3—电枢；4—气隙

当电流流过磁场绕组时，便建立强大的、静止的电磁场，磁场根据绕组围绕在极靴的方向分为 S 极和 N 极。磁场绕组的极性对调，便产生相反的磁场。

磁场绕组与电枢绕组的接法有两种，一种是串联，一种是既有串联也有并联的复式接法。如图 4-7 所示，复式接法可以在绕组铜条截面尺寸相同的情况下增大启动电流，从而增大转矩。

大多数起动机采用 4 个磁场绕组。功率大于 7.35 kW 的起动机有采用 6 个磁场绕组的。

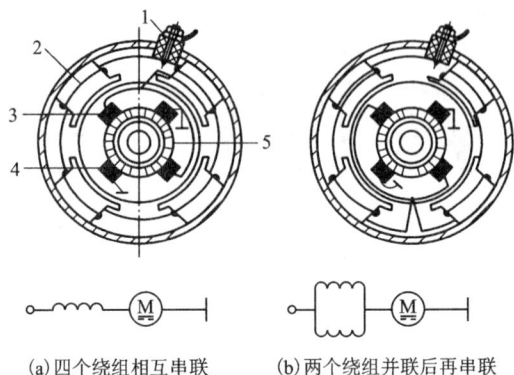

(a)四个绕组相互串联　　　(b)两个绕组并联后再串联

图 4-7　磁场绕组的连接方式

1—接线柱；2—磁场绕组；3—绝缘电刷；4—搭铁电刷；5—换向器

3）电枢

电枢由若干薄的、外圆带槽的硅钢片叠成的铁芯和电枢绕组组成。铁芯的叠片结构可以减小涡流电流。电枢绕组安装在叠片外径边缘的槽内，绕组线匝分别接到换向器铜片，电枢安装在电枢轴上。图 4-8 所示为电枢总成。

电枢绕组有两种绕法：叠绕法和波绕法。叠绕法即绕组的两端线头分别接相邻的两个换向器铜片，如图 4-9 所示。采用这种绕法时，在一对正、负电刷之间的导线电流方向一致。波绕法即绕组一端线头接的换向器铜片与另一端线头接的换向器铜片相隔 90°或 180°，如图 4-10 所示。

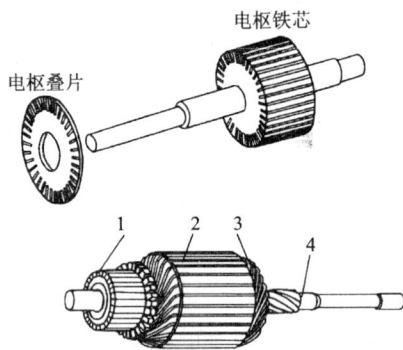

图 4-8　电枢总成

1—换向器；2—铁芯；3—绕组；4—电枢轴

采用这种绕法时，当电枢转到某一位置，因为某些绕组两端线头接到同极性电刷上，会造成一些绕组没有电流。由于波绕法的绕组电阻较低，所以采用较多。

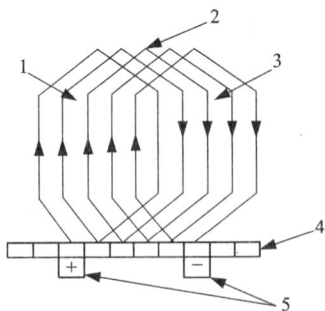

图 4-9　叠绕法展开示意图

1—N 极；2—绕组；3—S 极；4—换向器；5—电刷

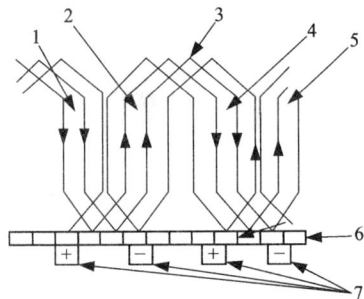

图 4-10　波绕法展开示意图

1、4—N 极；2、5—S 极；3—绕组；
6—换向器；7—电刷

4)换向器及电刷

换向器由许多换向片组成,换向片的内侧制成燕尾形,嵌装在轴套上,其外圆车成圆形。换向片与换向片之间均用云母绝缘。电刷架一般为框式结构,其中正极刷架与端盖绝缘安装,负极刷架直接搭铁。刷架上装有弹性较好的盘形弹簧。电刷由铜粉与石墨粉压制而成,呈棕红色,装在端盖上的电刷架中,通过电刷弹簧保持与换向片之间具有适当的压力。电刷与电刷架的组合如图4-11所示。

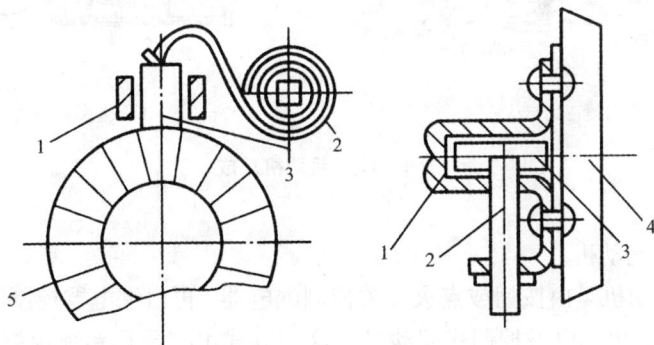

图4-11 电刷与电刷架
1—框式电刷架;2—盘形弹簧;3—电刷;4—前端盖;5—换向器

电刷和装在电枢轴上的换向器用来连接磁场绕组和电枢绕组的电路,并使电枢轴上产生的电磁力矩保持固定方向。

2.传动机构

传动机构的作用是在发动机启动时,将直流电动机的转矩传递给发动机曲轴;在发动机启动后而与飞轮啮合的小齿轮没有及时回位的情况下,保护起动机不被飞轮反拖。传动机构主要由单向离合器、减速机构(有些起动机不具有减速机构)等组成。

3.操纵机构

操纵机构的作用是通过控制启动电磁开关及杠杆机构(或其他某种装置)来实现起动机传动机构与飞轮齿圈的啮合与分离,并接通和断开电动机与蓄电池之间的电路,同时还能接入和切断点火线圈的附加电阻(传统点火装置)。

二、起动机的分类

起动机的种类有很多,在各种起动机的三个组成部分中,电动机部分有励磁式和永磁式两种(图4-12),但一般没有本质的差别。而起动机的传动机构和操纵机构则有很大差异,因此起动机主要是按传动机构和操纵机构的不同来分类的。

1.按操纵机构分类

1)直接操纵式起动机

直接操纵式起动机是由脚踏或手拉杠杆联动机构直接控制起动机的主电路开关来接通或切断主电路,也称机械式起动机。这种方式虽然结构简单,但操作不便,目前基本被淘汰。

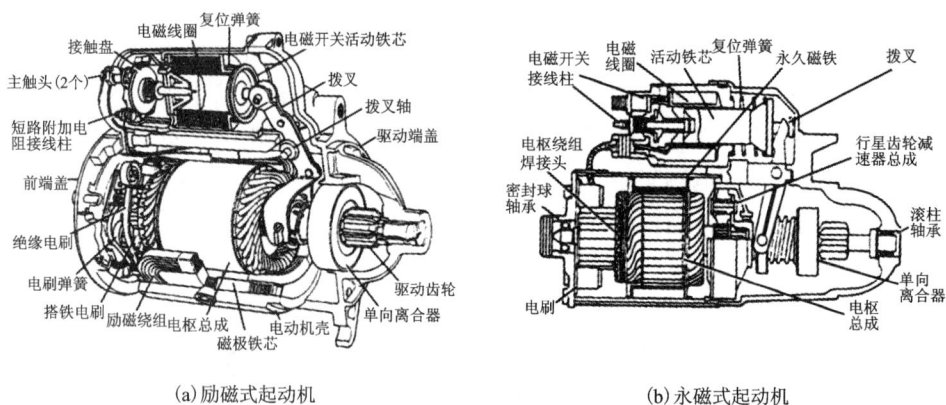

(a) 励磁式起动机   (b) 永磁式起动机

图 4-12　起动机总成

2）电磁操纵式起动机

电磁操纵式起动机是由按钮或点火开关控制继电器，再由继电器控制起动机的主开关来接通或切断主电路，也称电磁控制式起动机。这种方式可实现远距离控制，操作方便，目前被广泛采用。

2. 按传动机构的啮合方式分类

1）惯性啮合式起动机

这种起动机旋转时，其啮合小齿轮靠惯性力自动啮入飞轮齿圈。启动后，小齿轮又借惯性力自动与飞轮齿圈脱离。这种啮合机构结构简单，但不能传递较大的转矩，而且可靠性较差，所以目前已很少被采用。

2）强制啮合式起动机

它是靠人力或电磁力拉动杠杆强制小齿轮啮入飞轮齿圈的。这种啮合机构结构简单、动作可靠、操作方便，目前被普遍采用。

3）电枢移动式起动机

它是靠起动机磁极磁通的吸力，使电枢沿轴向移动而使小齿轮啮入飞轮齿圈的，启动后再由回位弹簧使电枢回位，让驱动齿轮退出飞轮齿圈。这种啮合机构多用于大功率的柴油发动机上。

4）减速式起动机

减速起动机的结构特点是在电枢和驱动齿轮之间装有一级减速齿轮（一般减速比为 3～4），它的优点是：可采用小型高速低转矩的电动机，使起动机的体积减小、质量轻，并便于安装；提高了起动机的启动转矩，有利于发动机的启动。减速齿轮的结构简单、效率高，保证了良好的机械性能，同时拆装维修方便。

减速起动机减速机构根据结构可分为外啮合式、内啮合式和行星齿轮啮合式三种类型。

外啮合式减速机构在电枢轴和起动机驱动齿轮之间利用惰轮作中间传动，且电磁开关铁芯与驱动齿轮同轴心，直接推动驱动齿轮进入啮合，无须拨叉，一般用在小功率的起动机上。如图 4-13 所示是丰田系列汽车用外啮合式减速起动机。

内啮合式减速机构传动中心距小，可有较大的减速比，故适用于较大功率的起动机。

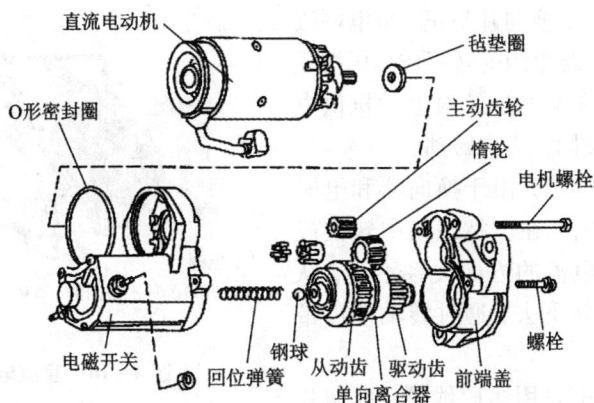

图4-13 外啮合式减速起动机

行星齿轮式减速起动机具有结构紧凑、传动比大、效率高等优点。由于输出轴与电枢轴同心、同旋向，电枢轴无径向载荷，可使整机尺寸减小。此外，由于行星齿轮啮合式减速起动机的轴向位置结构与普通起动机相同，因此配件可通用。

三、起动机的型号

根据我国行业标准 QC/T 73—1993《汽车电气设备产品型号编制方法》的规定，起动机的型号由以下五部分组成：

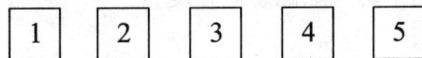

1 2 3 4 5

第1部分为产品代号：起动机的产品代号 QD、QDJ、QDY 分别表示起动机、减速起动机及永磁起动机。

第2部分为电压等级代号：1 代表 12 V；2 代表 24 V；3 代表 36 V。

第3部分为功率等级代号："1"代表 0~1 kW，"2"代表 1~2 kW，…，"9"代表 8~9 kW。

第4部分为设计序号。

第5部分为变型代号。

例如，QD27E 表示额定电压为 24 V、功率为 6~7 kW、第五次设计的起动机。

第二节 起动机的工作原理

一、直流电动机的工作原理

直流电动机利用磁场的相互作用将电能转化成机械能，在磁场内通电导线受到磁场力的作用，而产生移动的倾向。图 4-14 所示为直流电动机工作原理示意图。

在磁场中放置一个线圈，线圈的两点分别与两片换向片连接，两只电刷分别与两片换向片接触，并与蓄电池的正极或负极接通。电流方向为：蓄电池正极→磁场绕组→正电刷→换向片→电枢绕组→负电刷→蓄电池负极。按照电枢绕组中的电流方向，由左手定则可以确定电枢左边受向上的作用力，右边受向下的作用力，整个电枢线圈受到顺时针方向的转矩作用而转动。当电枢转过半周后，换向片与正、负电刷接触位置正好换位，电枢绕组因受转矩作用仍按顺时针方向转动。这样在电源连续对电动机供电时，其线圈就不停地按同一方向转动。

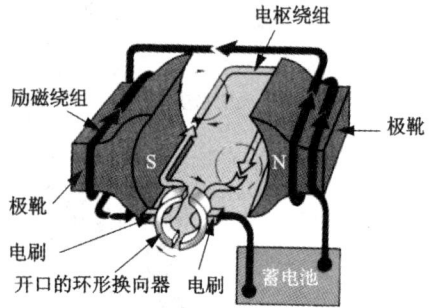

图 4－14　直流电动机原理图

从以上分析可以知道，由于换向器和电刷的作用，电源的直流电流在电枢绕组中转换成交流，保持了磁场与电流的方向关系不变，从而使得电枢能一直旋转下去，通过转轴便可带动其他工作机械。

实际电动机的电枢采用多匝线圈，换向片的数量也随线圈绕组匝数的增多而增多。

二、直流电动机的电磁转矩与反电动势

电磁转矩与反电动势是直流电动机运行中两个同时出现的非常重要的物理量。

1) 直流电动机的反电动势

当直流电动机转动时，电枢绕组切割磁力线，在绕组中产生感应电动势，该电动势的方向与电枢电流的方向相反，因而称为反电动势。根据电磁感应定律，电枢绕组一根导线的平均反电动势表达式为

$$e_a = B_a L v \tag{4-1}$$

式中：B_a——一个主磁极下的平均气隙磁感应强度；

L——导线的有效长度；

v——导线切割磁力线的线速度。

电刷间的反电动势 E_a 与每根导线中的平均反电动势 e_a 成正比，每极主磁通 Φ 与平均气隙磁感应强度 B_a 成正比，导线的有效长度 L 是一个常数，线速度 v 与电枢的转速 n 成正比，所以反电动势可用下式表示：

$$E_a = C_e \Phi n \tag{4-2}$$

式中：C_e——与电动机结构有关的常数，称为电动势常数。

磁通 Φ 的单位为 Wb，电动机转速 n 的单位为 r/min，反电动势的单位为 V。由式(4-2)可知，直流电机的感应电动势与电机结构、气隙磁通和电机转速有关。当电机制造好以后，电机结构常数 C_e 不再变化，因此电枢电动势仅与气隙磁通和电机转速有关，改变转速和磁通均可改变电枢电动势的大小。

根据基尔霍夫定律，在串励电动机稳定运行时，满足方程

$$U = E_a + I_a R_a + I_a R_f \tag{4-3}$$

式(4-3)称为直流电动机的电动势平衡方程式。

式中：U——加于电枢绕组两端的电压；

R_a——电枢电阻，其中包括电枢绕组的电阻和电枢与换向器的接触电阻；

R_f——励磁绕组等效电阻。

2) 直流电动机的电磁转矩

当电枢绕组中有电枢电流流过时，通电的电枢绕组在磁场中将受到电磁力，该力与电机

电枢铁芯半径之积称为电磁转矩。由电磁力定律可知,一根导体在磁场中所受电磁力的大小可用下式计算

$$F_a = B_a L i_a \qquad\qquad (4-4)$$

式中:B_a——一个主磁极下的平均气隙磁感应强度;

L——导线的有效长度;

i_a——导线中的电流。

对于给定的电动机,总的电磁转矩 T 与平均电磁力 F_a 成正比,每极主磁通 Φ 与平均气隙磁感应强度 B_a 成正比,导线的有效长度 L 是一个常数,电枢总电流 I_a 与一根电枢导体中流过的电流 i_a 成正比,所以总的电磁转矩用下式表示:

$$T = C_T \Phi I_a \qquad\qquad (4-5)$$

式中,C_T 是与电动机结构有关的常数,称为转矩常数。

由式(4-5)可知,电动机电磁转矩 T 与每极主磁通 Φ 和电枢电流 I_a 的乘积成正比。电磁转矩的方向由 Φ 与 I_a 的方向决定,只要改变其中一个量的方向,电磁转矩的方向也随之改变,从而电动机的转向也就改变。

三、直流电动机转矩自动调节过程

由式 $E_a = C_e \Phi n$ 和 $U = E_a + I_a R_a + I_a R_f$ 可知,在直流电动机刚接通电源的瞬间,电枢转速 n 为零,电枢反电动势 E_a 也为零。此时,电枢绕组中的电流达到最大值,即 $I_{amax} = U/(R_a + R_f)$;由式 $T = C_T \Phi I_a$ 可知,将相应产生最大电磁转矩 T_{max},若此时的电磁转矩大于电动机的阻力矩 T_L,电枢开始加速转动。随着电枢转速的上升,E_a 增大,I_a 下降,电磁转矩 T 也就随之下降。当 T 下降至与 T_L 相平衡($T = T_L$)时,电枢就以此转速运转。如果直流电动机在工作过程中负载发生变化,就会出现如下的变化:

工作负载增大时,$T < T_L \rightarrow n\downarrow \rightarrow E_a\downarrow \rightarrow I_a\uparrow \rightarrow T\uparrow \rightarrow T = T_L$,达到新的平衡;

工作负载减小时,$T > T_L \rightarrow n\uparrow \rightarrow E_a\uparrow \rightarrow I_a\downarrow \rightarrow T\downarrow \rightarrow T = T_L$,达到新的平衡。

可见,当负载变化时,电动机能通过转速、电流和转矩的自动变化来满足负载的需要,使之能在新的转速下稳定工作。因此直流电动机具有自动调节转矩功能。

四、直流电动机的励磁方式

直流电动机的主磁场由励磁绕组中的励磁电流产生,根据不同的励磁方式,直流电动机可分为他励电动机、并励电动机、串励电动机和复励电动机,如图 4-15 所示。

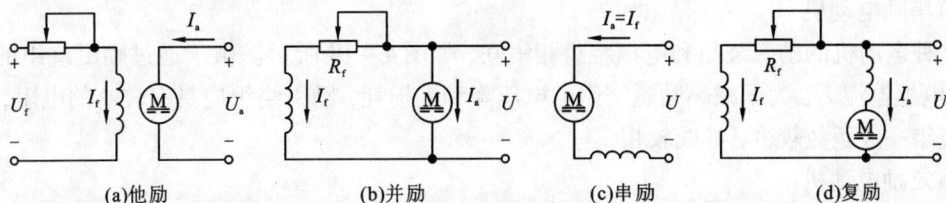

(a)他励   (b)并励   (c)串励   (d)复励

图 4-15 直流电动机的分类

直流电动机的性能与它的励磁方式有密切的关系，励磁方式不同，电动机的运行特性有很大差异。直流电动机按励磁方式可分为以下几类：

1）他励电动机

励磁绕组与电枢绕组由不同的直流电源供电，两者不相连接，如图4-16所示。图中变阻器 R_f 用来调节励磁电流的大小，励磁电流 I_f 仅取决于他励电源的电动势和励磁电路的总电阻，而不受电枢端电压的影响。

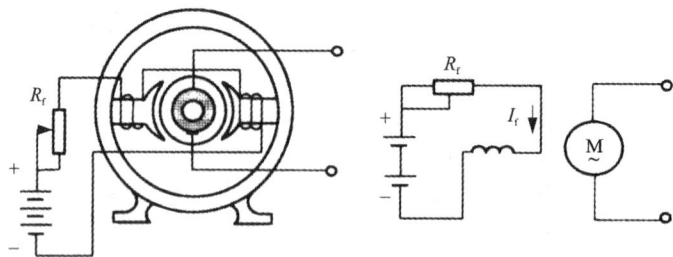

图4-16 他励直流电动机

2）并励电动机

这种电动机的励磁绕组和电枢绕组相并联，如图4-17所示。由图可见，并励电动机的励磁电流 I_f 不仅与励磁回路的电阻有关，而且还受电枢端电压的影响。由于励磁绕组承受着电枢两端的全部电压，其值较高，为了减小励磁绕组的铜损耗，励磁绕组必须具有较大的电阻，所以励磁绕组匝数较多，导线较细。

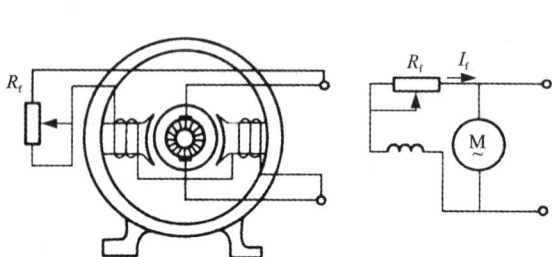

图4-17 并励直流电动机

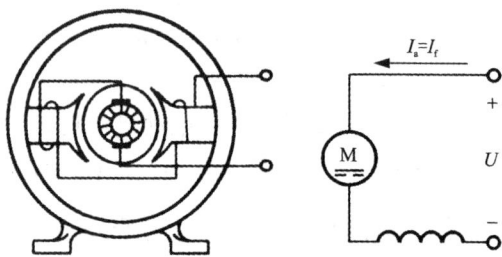

图4-18 串励直流电动机

3）串励电动机

这种电动机的励磁绕组和电枢绕组相串联，如图4-18所示。由于通过励磁绕组的电流 I_f 就是电枢电流 I_a，为了减小励磁绕组的电压降和铜损耗，励磁绕组应具有较小的电阻，因此励磁绕组一般匝数较少，导线较粗。

4）复励电动机

这种电动机的励磁绕组分成两部分，一部分与电枢绕组并联，称为并励绕组；另一部分与电枢绕组串联，称为串励绕组。当两部分励磁绕组产生的磁通方向相同时，称为积复励电动机；方向相反时则称为差复励电动机，如图4-19所示。

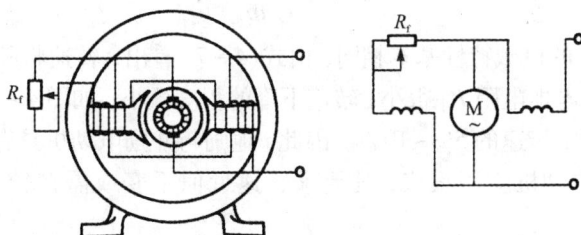

图 4 – 19 复励直流电动机

五、直流电动机的机械特性

电动机拖动机械负载旋转，对于机械负载来说，最重要的是驱动它的转矩和转速，即电动机的电磁转矩 T 和转速 n。直流电动机的机械特性是指在电枢电压 U、电枢回路电阻 R_a、励磁回路电阻 R_f 为恒值的条件下，电动机转速 n 与电磁转矩 T 的关系曲线 $n = f(T)$。由于转速和转矩都是机械量，所以把它称为机械特性。电动机的机械特性对分析电力拖动系统的启动、调速、制动等运行性能是十分重要的。

1. 他励或并励直流电动机的机械特性

图 4 – 20 是他励直流电动机电路原理图，他励直流电动机的机械特性方程式，可由他励直流电动机的基本方程式导出。

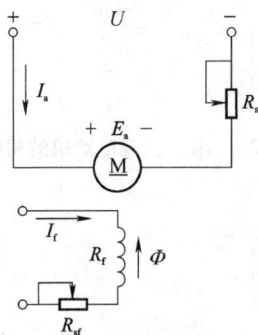

图 4 – 20 他励直流电动机电路原理图

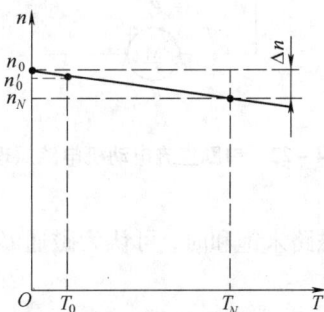

图 4 – 21 他励直流电动机的机械特性

由式 $E_a = C_e \Phi n$ 和 $U = E_a + I_a R_a$ 得

$$n = \frac{U - I_a R_a}{C_e \Phi} \tag{4-6}$$

再由 $T = C_T \Phi I_a$ 可求得他励直流电动机的机械特性方程式

$$n = \frac{U}{C_e \Phi} - \frac{R_a}{C_e C_T \Phi^2} T \tag{4-7}$$

当 $U =$ 常数，$R_a =$ 常数，$\Phi =$ 常数时，机械特性如图 4 – 21 所示，是一条向下倾斜的直线，这说明加大电动机的负载，会使转速下降。特性曲线与纵轴的交点为 $T = 0$ 时的转速 n_0，称为理想空载转速。

$$n_0 = \frac{U}{C_e \Phi} \tag{4-8}$$

他励与并励电动机的机械特性基本相同,由式(4-7)看出,转速将随转矩的增加而近似地按线性规律下降,但因电枢电阻 R_0 很小,转速下降的程度微小,如图4-21所示。从空载到满载,转速的降低仅为额定转速的5%~10%。因此,他励与并励电动机具有硬机械特性。

并励或他励直流电动机应用很广,凡要求转速近似不变或需在较大范围调速的生产机械,都可采用。

必须注意,并励或他励电动机运转时,切不可断开励磁绕组。否则,励磁电流为零,磁极上仅有微弱的剩磁,反电动势很小,电动机的电流和转速都将急剧增大,以致超过安全限度,发生"飞车"现象。所以并励或他励电动机运转时一般要设置失磁保护,当电动机的励磁消失时,能自动跳闸,切断电源,使电动机停止运转。

2. 串励直流电动机的机械特性

图4-22是串励直流电动机电路原理图,因为串励电动机的励磁绕组与电枢电路串联,所以电枢电流 I_a 即为励磁电流 I_f,电枢电流 I_a(即负载)的变化将引起主磁通 Φ 变化。

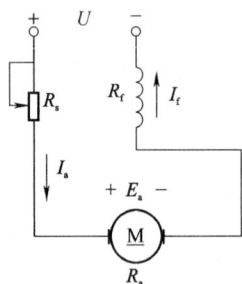

图4-22 串励直流电动机电路原理图

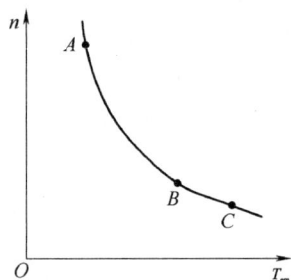

图4-23 串励直流电动机的机械特性

当磁路未饱和时,可认为磁通 Φ 与电枢电流 I_a 成正比,即

$$\Phi = K I_a \tag{4-9}$$

式中: K——比例常数。

电磁转矩为

$$T = C_T \Phi I_a = C_T \Phi I_a^2 \tag{4-10}$$

由式 $E_a = C_e \Phi n$ 和 $U = E_a + I_a R_a + I_a R_f$ 得

$$n = \frac{U - I_a R_a - I_a R_f}{C_e \Phi} \tag{4-11}$$

由串励电动机的转速公式看出,转速 n 却随 I_a、Φ 和 T 的增加而急剧下降。

将 $\Phi \propto I_a \propto \sqrt{T}$ 的比例关系代入式(4-11)中得到在轻载磁路不饱和时串励直流电动机的机械特性

$$n = \frac{K_1}{\sqrt{T}} - K_2 \tag{4-12}$$

K_1、K_2 表示式中出现的一些常数的组合。式(4-12)就是串励电动机 $n = f(T)$ 关系式,

该式表明转速 n 与 $\sqrt{T}$ 成反比，其机械特性如图 4 – 23 中 AB 段。

当 I_a 较大，磁路饱和时，Φ 基本保持不变，此时机械特性与他励直流电动机的机械特性相似，为较"硬"的直线特性，如图 4 – 23 中 BC 段。

由机械特性曲线可以看出：

(1)特性为非线性"软"，负载增大(减小)时，转速自动减小(增大)，保持功率基本不变，牵引性能好。

(2)理想空载转速为无穷大，实际上由于有剩磁磁通存在，n_0 一般可达 $(5 \sim 6)n_N$，空载运行会出现"飞车"现象。因此，串励电动机是不允许空载或轻载运行或用皮带传动的。

(3)由于 T 与 I_a 的平方成正比，因此串励电动机的启动转矩大，过载能力强。

第三节　传动机构工作原理

起动机的传动机构是起动机的主要组成部件，由单向离合器和减速机构组成(有的起动机不具有减速机构)。

单向离合器是起动机传动机构的重要组成部分，其作用是将电动机的转矩传递给发动机的飞轮齿圈，并使发动机迅速启动，同时又能在发动机启动后自动打滑，防止起动机不被飞轮反拖，保护起动机不致飞散损坏。

传动机构中的单向离合器分滚柱式单向离合器、摩擦片式单向离合器、弹簧式单向离合器等几种。

一、滚柱式单向离合器

滚柱式单向离合器的结构如图 4 – 24 所示。

其中，驱动齿轮与外壳连成一体。外壳内装有十字块，十字块与外壳形成了 4 个楔形槽，槽内装有 4 套滚柱及弹簧。十字块与花键套固定连接，壳底与外壳相互折合密封。花键套筒的外面装有缓冲弹簧、拨环及卡环。单向离合器总成利用花键套与起动机轴的花键形成动配合，可以作轴向移动和随轴移动。

滚柱式单向离合器的工作原理如图 4 – 25 所示。

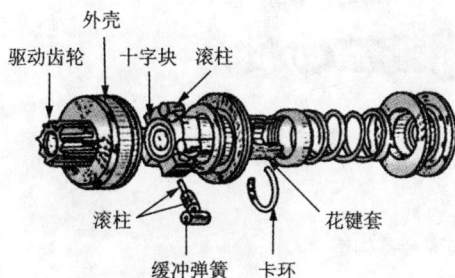

图 4 – 24　滚柱式单向离合器构造

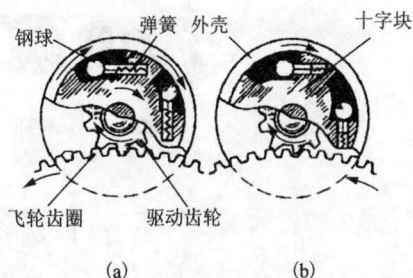

图 4 – 25　滚柱式单向离合器工作原理图

发动机启动时，经拨叉将单向离合器沿电枢花键轴推出，驱动齿轮啮入发动机飞轮齿圈。由于十字块处于主动状态，随电动机电枢一起旋转，促使 4 个滚柱进入楔形槽的窄端，将十字块与外壳挤紧，于是电动机电枢的转矩就可由十字块经滚柱、外壳传给驱动齿轮，从而达到驱动发动机飞轮齿圈旋转、启动发动机运转的目的，如图4-25(a)所示。

当发动机启动后，飞轮齿圈的转速高于驱动齿轮，十字块处于被动状态，外壳与滚柱的摩擦力使滚柱进入楔形槽的宽端而自由滚动，只有驱动齿轮及外壳随飞轮齿圈作高速旋转，而起动机空转(启动电路并未及时断开)，如图4-25(b)所示。这种单向离合器的打滑功能，防止了电枢超速飞散的危险。启动完毕，由于拨叉回位弹簧的作用，经拨环使单向离合器退回，驱动齿轮完全脱离飞轮齿圈。

滚柱式单向离合器具有结构简单、体积小、质量轻、工作可靠等优点，是目前国内外汽车起动机中使用最多的一种。但因传递转矩的能力有限，故不能用于大功率起动机上，主要用于中、小功率的起动机。

二、摩擦片式单向离合器

摩擦片式单向离合器的驱动齿轮与外接合鼓做成一个整体，其结构如图4-26所示。在外接合鼓的内壁有4道轴向槽沟，装有钢质从动摩擦片。在花键套筒的一端表面亦有3条螺旋花键，与内接合鼓内的3条螺旋花键配合。内接合鼓的表面也有4条轴向槽沟，装有钢或青铜制造的主动摩擦片。主动摩擦片和从动摩擦片彼此相间地排列组装。内接合鼓的外面装有缓冲弹簧，端部固装着拨环。

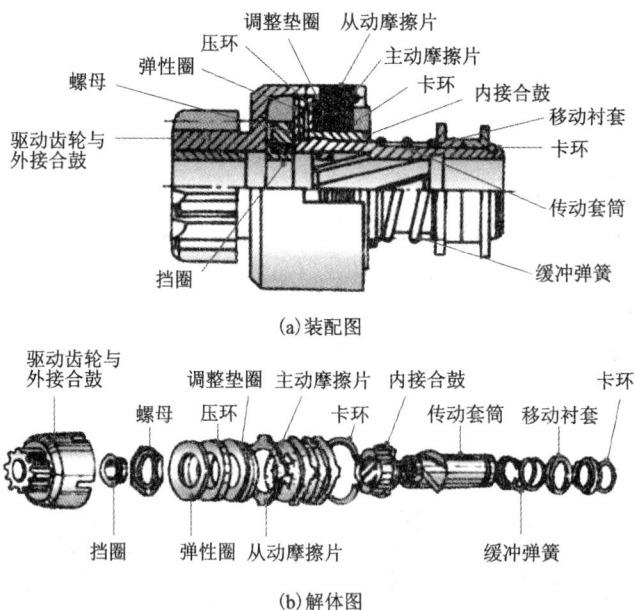

图4-26　摩擦片式单向离合器构造

发动机启动时，拨叉推动拨环使内接合鼓沿3条螺旋花键向外移动，由于螺旋花键的作用，主动和从动摩擦片被相互压紧，具有了摩擦力。当驱动齿轮啮入飞轮齿圈后，电动机的转矩使主、从动片压得更紧，摩擦力更大，起动机的转矩通过摩擦片传给飞轮齿圈，驱动曲轴旋转。发动机启动后，驱动齿轮被飞轮齿圈带动高速旋转，从动摩擦片到主动摩擦片的摩擦力带动内花键毂转动，使内花键毂与螺旋花键旋松，于是主动和被动摩擦片之间的摩擦力消失而打滑，防止了电枢超速飞散的危险。

摩擦片式离合器具有传递转矩大、防止超载损坏起动机的优点，多用在大功率起动机上。但由于摩擦片容易磨损而影响启动性能，因此需要经常检查、调整或更换。

三、弹簧式单向离合器

弹簧式单向离合器的结构如图 4-27 所示，传动套装在电枢轴的花键上，驱动齿轮套装在电枢轴前端的光滑部分，在驱动齿轮与传动套外圆上装有扭力弹簧，扭力弹簧的内径略大于两套筒的外径。启动发动机时，传动叉拨动拨环，并压缩缓冲弹簧，推动单向离合器移向飞轮齿圈一端，使小齿轮啮入飞轮齿圈。电枢旋转时带动传动套筒旋转，在摩擦力的作用下，扭力弹簧被扭紧，将两个套筒抱死，起动机转矩便经扭力弹簧传给驱动齿轮再传给飞轮。起动机启动后，驱动齿轮飞轮齿圈拖动，同时驱动齿轮与传动套的主、从动关系也发生改变，这种变化使扭力弹簧被旋松而打滑，从而使电枢轴避免了超速运转的危险。

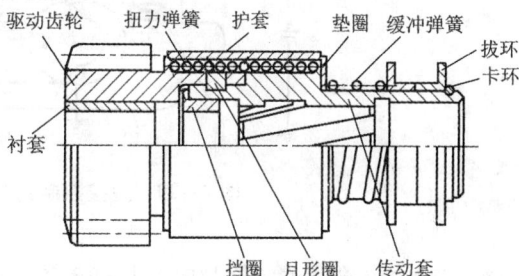

图 4-27　弹簧式单向离合器

弹簧式离合器具有结构简单、制造工艺简单、成本低等优点，但由于驱动弹簧所需圈数较多，其轴向尺寸较大。

第四节　操纵机构工作原理

起动机的操纵机构(或称为控制机构)主要由启动电磁开关、拨叉、拨环等组成。起动机的工作主要受电磁开关的控制，而电磁开关又受别的装置控制。如果电磁开关直接受点火开关的控制，则称为直接控制式电磁开关；如果在电磁开关的控制回路中加入继电器控制回路，则称为带启动继电器式电磁开关。

一、起动机控制端子的识别

以丰田车系起动机为例，其起动机控制端子如图 4-28 所示。其中 50 号端子接点火开关，30 号端子接蓄电池，端子 C 是起动机励磁绕组接线柱。

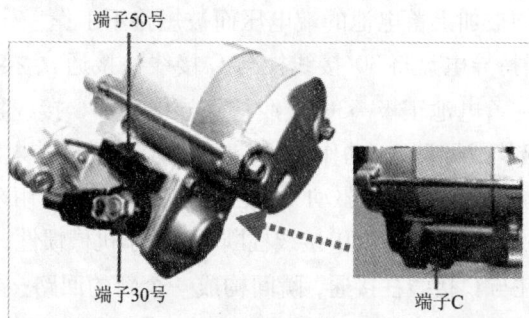

图 4-28　丰田威驰轿车起动机控制端子说明图

二、直接控制式电磁开关

直接控制式电磁开关的控制电路如图 4 - 29 所示。通过电磁开关推动起动机驱动齿轮强制啮入飞轮齿圈。

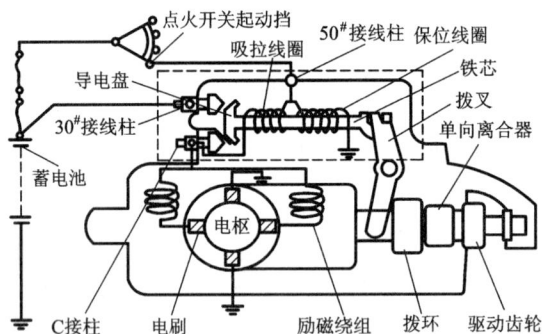

图 4 - 29   直接控制式电磁开关控制电路

直接控制式电磁开关的控制电路共有 3 条工作回路,其工作过程如下:

(1)启动时,将点火开关打到启动挡,在点火开关打到启动挡的一瞬间,接通了 2 条回路,实现了 2 个动作。

▶ 回路1:

蓄电池正极→点火开关→50#接线柱→吸拉线圈→C接线柱→起动机励磁绕组→电枢→搭铁→蓄电池负极

▶ 动作1:

流经励磁与电枢绕组中的小电流,起动机缓慢转动,保证驱动齿轮被强制啮入时与飞轮齿圈的顺利啮入

▶ 回路2:

蓄电池正极→点火开关→50#接线柱→保位线圈→搭铁→蓄电池负极

▶ 动作2:

磁场铁芯在吸拉线圈与保位线圈所产生的磁场共同作用下,向左移动,并同时通过拨叉推动起动机驱动齿轮向右移动,与飞轮齿圈啮合

磁场铁芯向左移动,致使导电盘接通电磁开关上的 30#接线柱与 C 接线柱,此时短路了回路1(吸拉线圈的两端均被加上蓄电池的端电压而被短路不工作,磁场铁芯依靠回路2保位线圈所产生磁场,继续保持导电盘将 30#接线柱与 C 接线柱接通)、接通了新的回路3,产生了新的动作3。即回路3:蓄电池正极→30#接线柱→导电盘→C 接线柱→起动机励磁绕组→电枢→搭铁→蓄电池负极构成回路3;动作3:回路3 中流经励磁与电枢绕组中的大电流使起动机产生大转矩,经起动机的传动机构驱动飞轮齿圈使曲轴旋转,用来启动发动机。

(2)发动机启动后,松开点火开关,50#接线柱断电,由于机械惯性,在松开点火开关的瞬间内,导电盘仍将 30#接线柱与 C 接线柱接通,瞬间构成一个新的回路:蓄电池正极→30#接线柱→导电盘→吸拉线圈→保位线圈→搭铁→蓄电池负极,吸拉线圈与保位线圈产生相反方向的磁

场而有效磁场大大削弱,磁场铁芯因失去磁场力而在回位弹簧的作用下迅速回位,导电盘与C接线柱与30#接线柱分开,回路3被断开,同时驱动齿轮通过拨叉被拉回位,启动完毕。

在上述的3条回路中,我们一般将回路1和回路2认作一条回路,即启动系统的开关电路(在没有启动继电器的控制电路中,也可以认作控制电路);而回路3则被称为启动系统的主电路。

在传统点火系统中,图4-29中30#接线柱和C接线柱之间还有一旁通接线柱,是用来在启动时短路点火线圈上附加电阻,从而改善启动时的点火性能。目前,汽车较多采用电子点火,点火系统已不再设置附加电阻,在这种类型的车上,起动机电磁开关也没有旁通接线柱。

三、启动继电器控制的电磁开关

图4-30是带有启动继电器控制电磁开关的启动系控制电路。我们可以将这种类型的启动系控制电路归纳为三条回路。

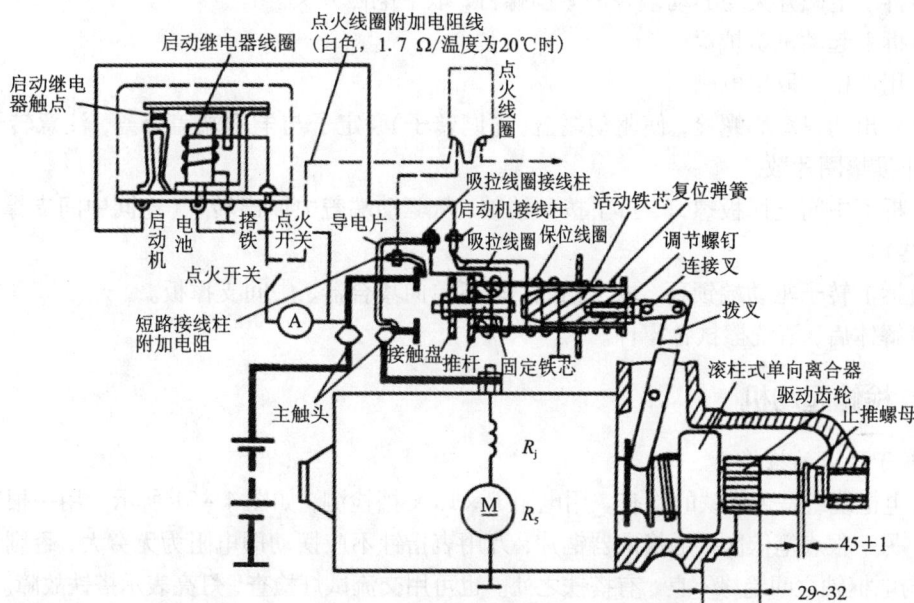

图4-30　带有启动继电器控制电磁开关的启动系控制电路

控制回路:蓄电池正极→主触头→电流表→点火开关→启动继电器线圈→搭铁→蓄电池负极。

(电磁)开关回路分两条回路:

第一条回路:蓄电池正极→主触头→继电器磁轭→继电器触点→起动机接线柱→保持线圈→搭铁→蓄电池负极。

第二条回路:蓄电池正极→主触头→继电器磁轭→继电器触点→起动机接线柱→吸拉线圈→吸拉线圈接线柱→导电片→主触头→励磁绕组→电枢→搭铁→蓄电池负极。

主回路:蓄电池正极→主触头→接触盘→主触头→励磁绕组→电枢→搭铁→蓄电池负极。

这三条回路的控制关系是：控制回路控制着开关回路，开关回路又控制着主回路。

发动机启动时，将点火开关旋至启动挡位，启动继电器通电后，吸下衔铁使触点闭合，接通了电磁开关回路，起动机投入工作。发动机启动后，松开点火开关，点火开关自动转回到点火工作挡位，启动继电器线圈断电而触点被断开，电磁开关回路也随即断开，起动机停止工作。

利用启动继电器来控制电磁开关回路，能减小通过点火开关启动触点的电流，避免了点火开关的烧蚀，延长了点火开关的使用寿命。

第五节　起动机零部件的检测

一、起动机的解体

（1）清除外部尘污和油垢。

（2）拆下电磁开关与电动机接线柱之间的连接钢片。

（3）拆下电磁开关与驱动端盖的紧固螺钉，取下电磁开关。

（4）拆下起动机防护罩。

（5）用电刷钩取出电刷。

（6）旋出两只穿心螺栓，使驱动端盖（连同转子）、定子与电刷端盖分离，注意转子换向器处的止推垫圈片数。

（7）拆下中间支撑板螺钉，拆下拨叉销轴，从驱动端盖中取出转子（连同中间支撑板、单向离合器）。

（8）拆下转子驱动端锁环，取下挡圈，取下单向离合器、中间支撑板。

（9）解体后，清洗擦拭各零件。

二、检修起动机

1. 转子总成的检修

（1）电枢绕组是否搭铁的检查。用电阻 $R \times 10\text{k}$ 挡检测，如图 4-31 所示。用一根表笔接触电枢，另一根表笔依次接触换向器铜片，万用表指针不应摆动即电阻为无穷大，否则说明电枢绕组与电枢轴之间绝缘不良，有搭铁之处。也可用交流试灯检查，灯亮表示搭铁故障。

用电阻 $R \times 1\,\Omega$ 挡检查换向器和电枢铁芯之间是否导通，如图 4-32 所示。如有导通现象，说明电枢绕组搭铁，应更换电枢。

图 4-31　检测电枢轴与电枢绕组之间的绝缘电阻
1—万用表；2—换向器；3—电枢轴

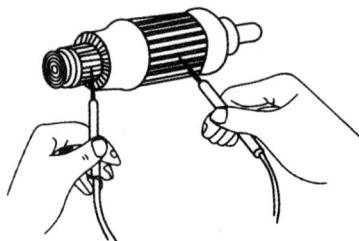

图 4-32　电枢绕组是否搭铁的检查

（2）电枢绕组是否短路的检查。如图 4-33 所示，把电枢放在短路检测仪上，接通电源，将薄钢片放在电枢上方的线槽上，并转动电枢。薄钢片应不振动，若薄钢片振动，表明电枢绕组短路。相邻两换向片间短路时，钢片会在四个槽中振动。当同一个槽中上下两层导线短路时，钢片在所有的槽中都振动。

（3）电枢绕组是否断路的检查。目测电枢绕组的导线是否甩出或脱焊。然后用电阻 $R \times 1\ \Omega$ 挡，将两个测试棒分别接触换向器相邻的铜片，如图 4-34 所示。测量每相邻两换向片间是否相通，如万用表指针指示"0"，说明电枢绕组无断路故障；若万用表指针在某处不摆动，即电阻值为无穷大，说明此处有断路故障，应更换电枢。

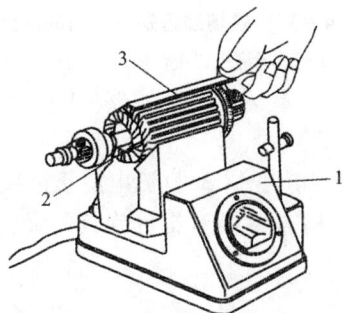

图 4-33 电枢绕组是否短路的检查

1—短路检测仪 2—电枢；3—薄钢片

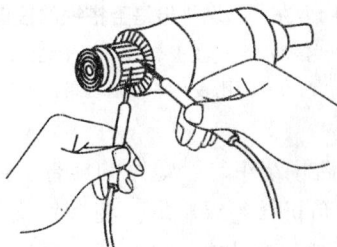

图 4-34 电枢绕组是否断路的检查

（4）电枢轴的检查。

①用游标卡尺检测轴颈外径与衬套内径的配合间隙，应与要求相符，若间隙过大应更换衬套并重新校正。

②如图 4-35 所示，用百分表检测电枢轴径向圆跳动，应与要求相符，否则应予以校正。

（5）换向器的检测。

①检查换向器表面有无烧蚀，若有轻微烧蚀用 00 号砂布打磨，严重时应车削。

②用百分表检测换向器圆度误差和外径，圆度误差大于 0.025 mm 时，应在车床上修整。

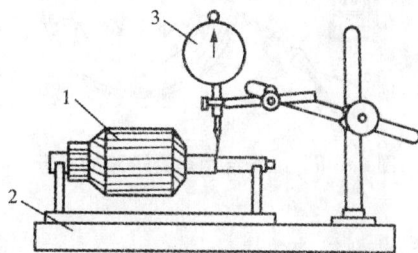

图 4-35 检测电枢轴径向圆跳动

1—电枢；2—V 形架；3—百分表

③换向器片的径向厚度不得小于 2 mm，否则应予更换。

④换向器的云母片应低于换向器铜片圆周表面 0.5 mm 左右。

⑤铜片和线头的焊接应牢固，不得松动。

2. 定子绕组的检修

（1）磁场绕组是否搭铁的检查。如图 4-36 所示，用万用表测量起动机接线柱和外壳间的电阻，阻值应为无穷大，否则为搭铁故障。也可用 220 V 的交流试灯检测。

（2）磁场绕组是否断路的检查。如图 4-37 所示，用万用表测量起动机接线柱和绝缘电刷间的电阻，阻值应很小，若为无穷大则为断路。

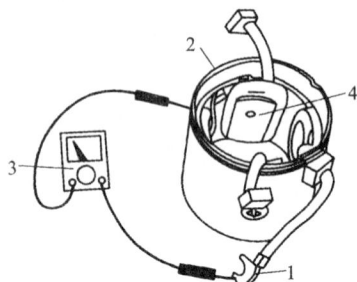

图4-36　磁场绕组是否搭铁的检查
1—磁场绕组的正极端；2—定子壳体；
3—万用表；4—磁场绕组

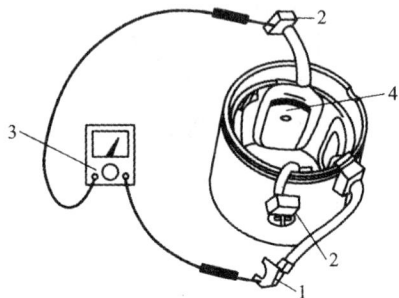

图4-37　磁场绕组是否断路的检查
1—磁场绕组的正极端；2—电刷；
3—万用表；4—磁场绕组

（3）磁场绕组是否短路的检查。如图4-38所示，用蓄电池12 V直流电源正极接起动机接线柱，负极接绝缘电刷。将螺钉旋具放在每个磁极上，检查磁极对螺钉旋具的吸力，应相同。若某磁极吸力弱，则为匝间短路。

磁场绕组有严重搭铁、短路或断路时，应更换。

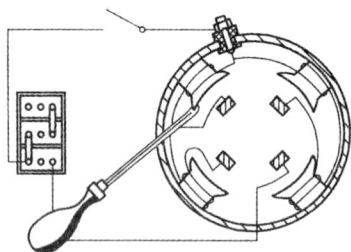

图4-38　磁场绕组是否短路的检查

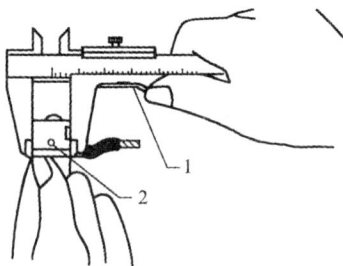

图4-39　起动机电刷磨损的检查
1—游标卡尺；2—电刷

3. 电刷组件的检修

（1）电刷外观检查。电刷在架内活动自如，无卡滞，不歪斜。

（2）电刷磨损的检查。如图4-39所示，测量电刷的高度，不应低于新电刷高度的2/3。电刷在电刷架内应活动自如，无卡滞现象。目测电刷与换向器的接触面积，应在75%以上，否则应进行磨修。

（3）电刷架的检查。如图4-40所示，用万用表测量两绝缘电刷架和后盖间的电阻，应为无穷大；用万用表测量两搭铁电刷架和后盖间的电阻，应为零。

（4）电刷弹簧的检查。在弹簧处于工作状态时，用弹簧秤检查电刷弹簧的压力，一般为11.7～14.7 N。若压力降低，可将弹簧向与螺旋方向相反处扳动或更换。

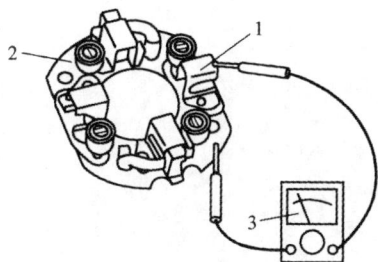

图 4 - 40　电刷架的检查

1—电刷架；2—电刷架底板；3—万用表

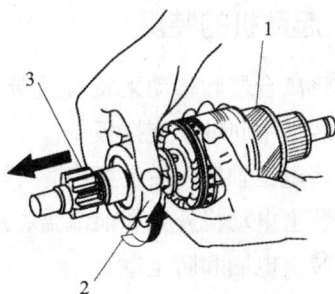

图 4 - 41　单向离合器总成的安装与检查

1—电枢；2—单向离合器；3—驱动齿轮

4. 单向离合器的检修

(1)单向离合器的安装与检查。如图 4 - 41 所示，将单向离合器及驱动齿轮总成装到电枢轴上，握住电枢 1，当转动单向离合器外座圈 2 时，驱动齿轮总成应能沿电枢轴自如滑动。

如图 4 - 42 所示，在确保驱动齿轮无损坏的情况下，握住外座圈，转动驱动齿轮，应能自由转动；反转时不应转动，否则就有故障，应更换单向离合器。

(2)离合器磨损的检查。目测离合器齿轮及离合器内花键槽有无严重磨损，若磨损严重，应予以焊修或更换。

(3)离合器最大转矩的测量。如图 4 - 43 所示，将单向离合器齿轮用布包好夹在台虎钳上，将扭力扳手的头插入啮合器的花键内，按其工作的方向扳转扭力扳手，应能承受制动试验时的最大转矩而不打滑。

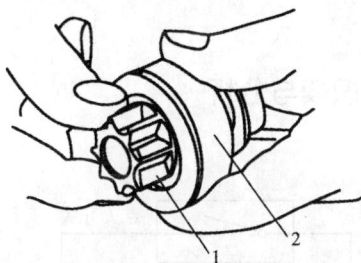

图 4 - 42　单向离合器的检查

1—驱动齿轮；2—单向离合器

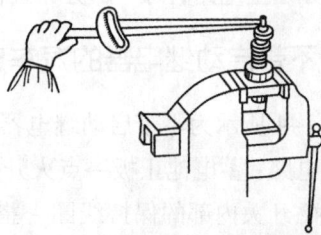

图 4 - 43　离合器最大转矩的测量

5. 电磁开关的检查

(1)检查触点、接触盘。目测触点、接触盘，若有轻微烧蚀可用细砂布打磨，启动时此处电压降不得超过 0.2 V。

(2)开关的检查。将万用表置于电阻挡，用万用表的两个测试棒分别接触起动机接线柱和接线柱，将活动铁芯推到底，使电磁开关接通，看开关是否导通，若导通，表明电磁开关正常。

三、起动机的装复

（1）将离合器和移动叉装入后端盖内。

（2）装入中间轴承支撑板。

（3）将电枢轴插入后端盖内。

（4）装上电动机外壳和前端盖，并用长螺栓固定紧。

（5）装上电刷和防尘罩。

（6）装上起动机开关。

起动机装复后应转动灵活，各摩擦部位涂润滑油润滑，电枢轴的轴向间隙应符合要求。

第六节　汽车启动系统控制电路

一般汽车启动的控制都是由点火开关 ST 挡来控制的，但由于起动机的电磁开关工作电流较大，若直接由点火开关控制起动机的电磁开关，点火开关会因此而经常烧坏。为此在一些汽车上的启动控制电路中加装了启动继电器，保护点火开关。此外，有的起动机控制电路还具有启动保护功能，可保证发动机启动后，起动机立刻自动停止工作，避免驱动齿轮随飞轮高速空转而增加磨损，而且启动系统还具有防止误操作的功能，即在发动机工作时，点火开关打到 ST 挡，起动机不能工作，以免打坏齿轮和飞轮齿圈。

由此可知汽车启动控制电路有三种形式：不带启动附加继电器的启动控制电路；带启动附加继电器的启动控制电路；带启动保护的启动控制电路。

无论何种形式的启动电路，我们在识读汽车启动控制电路时都可将启动电路分为两个部分，一部分是主电路，另一部分为控制电路。

一、不带启动继电器的汽车启动控制电路的识读与分析

图 4-44 所示为不带启动继电器的启动电路。

控制电路：蓄电池正极→点火开关后分两路：一路经电磁开关内部的保持线圈→搭铁→蓄电池负极；另一路经电磁开关内部的吸拉线圈→起动机励磁绕组→电枢绕组→起动机外壳→搭铁→蓄电池负极。此时电磁开关动作，一方面使启动主电路接通，另一方面使起动机小齿轮与飞轮接合，以达到使起动机带动发动机飞轮齿圈转动的目的。

主电路：在起动机工作时为起动机励磁线圈和电枢绕组提供电能（流）的电路。其电路连接路线是：蓄电池正极→主触头 1→起动机电磁开关内部的接触盘→主触头 2→起动机励磁绕组→电

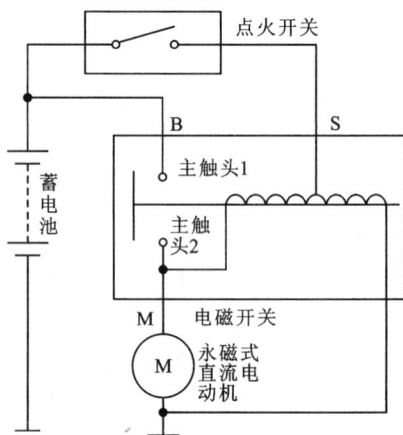

图 4-44　不带启动继电器的启动电路

枢绕组→起动机外壳→搭铁→蓄电池负极。

不带启动继电器的启动控制电路是通过点火开关直接控制起动机电磁开关工作,由于起动机电磁开关在工作时电流较大,容易使点火开关损坏,所以现在的汽车已很少采用。

二、有启动继电器的汽车启动控制电路的识读与分析

图4-45所示为带启动继电器的启动电路。该电路在主电路上与不带启动继电器的启动电路相同,不同之处在控制电路上。我们把控制电路分两级进行分析。

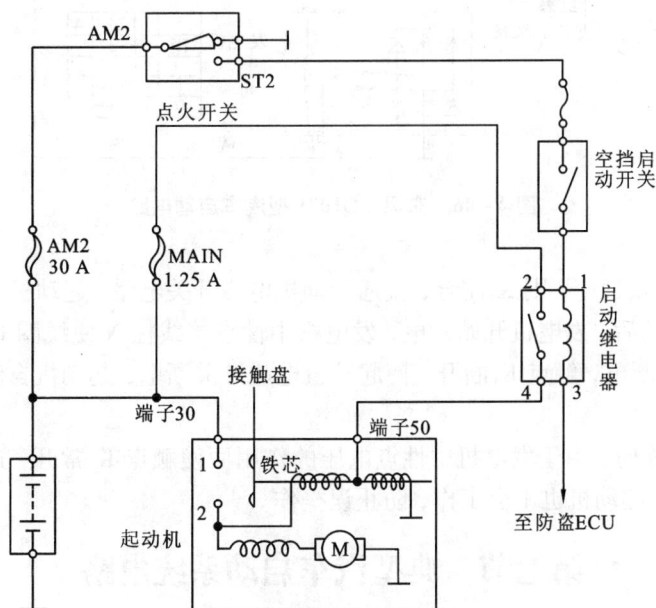

图4-45 带启动继电器的启动电路

第一级控制电路:当点火开关置于ST挡且空挡启动开关置于P/N挡时,蓄电池正极→AM2保险丝→点火开关→空挡启动开关→启动继电器1端→启动继电器3端→防盗ECU。防盗验证通过后,从防盗ECU输出搭铁信号,启动继电器线圈得电,此时启动继电器的2端与4端导通。

第二级控制:蓄电池正极→MAIN保险丝→启动继电器的2端→启动继电器的4端→起动机50#端子后接通起动机电磁开关电路,从而接通主电路,使起机工作。

三、带启动保护的汽车启动控制电路的识读与分析

如图4-46所示为东风EQ1091汽车起动机控制电路,该电路带启动保护装置。

启动继电器的触点K_1常开,充电指示灯继电器的触点K_2常闭。其工作原理如下:

(1)启动时,点火开关打到Ⅱ挡,复合继电器中的启动继电器磁化线圈L1通电,其电路如下:

蓄电池正极→起动机主接线柱→熔断器→电流表→点火开关→启动组合继电器S接线柱

→磁化线圈 L_1→触点 K_2→搭铁。

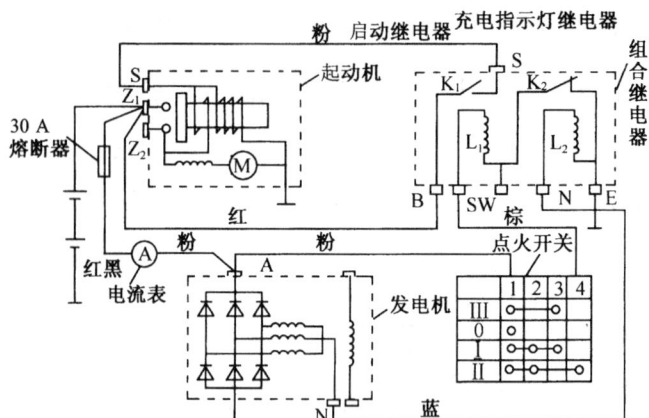

图 4-46　东风 EQ1091 型汽车启动电路

　　由于磁化线圈 L_1 通电，则 K_1 闭合，接通起动机电磁开关电路，起动机正常工作。

　　(2)发动机启动后，发电机开始发电，发电机中性点接线柱 N 使线圈 L_2 有电流通过，K_2 断开，磁化线圈 L_1 断电，触点 K_1 断开，使起动机电磁开关断电，起动机自动停止工作，同时充电指示灯熄灭。

　　(3)发动机工作时，由于发电机中性点电压的作用而使触点 K_2 常开，这时，即使将点火开关误打到 ST 挡，起动机也不会工作，防止误操作。

第七节　典型汽车启动系统电路

一、丰田车系启动系统电路的分析

　　丰田花冠汽车的启动电路如图 4-47 所示。该电路的主电路与丰田威驰汽车的主电路相同，不同之处主要在控制电路上，花冠轿车的启动控制电路上多了一个防盗继电器，具体电路分析如下：

　　第一级控制电路：当点火开关置于 ST 挡且空挡启动开关置于 P 或 N 挡时，蓄电池正极→FL MAIN 熔断丝→30 A AM2 熔断丝→点火开关 5→点火开关 4→7.5 A ST 熔断丝→空挡启动开关→启动继电器线圈→防盗继电器的常闭触点 2→防盗继电器的常闭触点 4→IG 搭铁→蓄电池负极。此时，启动继电器线圈得电，其端子 5 与 3 导通。

　　第二级控制电路：蓄电池正极→FL MAIN 熔断丝→30 A AM2 熔断丝→启动继电器端子 5→启动继电器端子 3→起动机内部电磁开关电路。

　　当电磁开关闭合时，主电路接通，起动机工作。

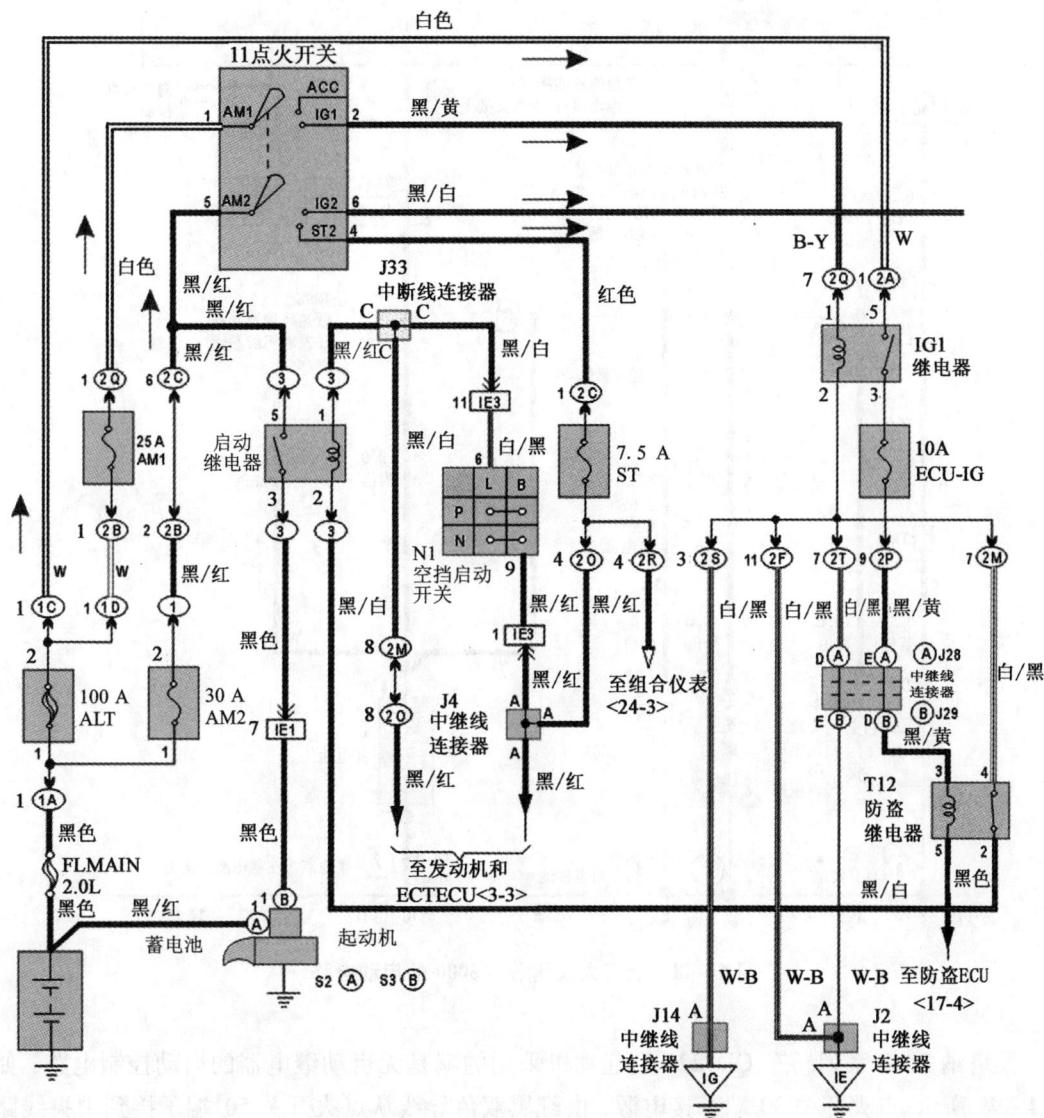

图 4 – 47 丰田花冠汽车的启动电路

二、大众车系启动系统电路的分析

图 4 – 48 所示为上海大众桑塔纳 3000 启动系统电路。线路编号 5、6 的细实线表示起动机自身内部搭铁，起动机 50# 端子通过两插接器与启动锁止继电器 J226 的 8 号脚相连。当自动变速器处于 P/N 挡且点火开关打到启动位置时，锁止继电器闭合，与 30# 线相通的 D/50 线通过继电器触点与起动机 50# 接点连接，组成起动机电磁开关的控制电路，50# 端子得电起动机便工作，起动机的 30# 接点用粗线直接与蓄电池正极相连。

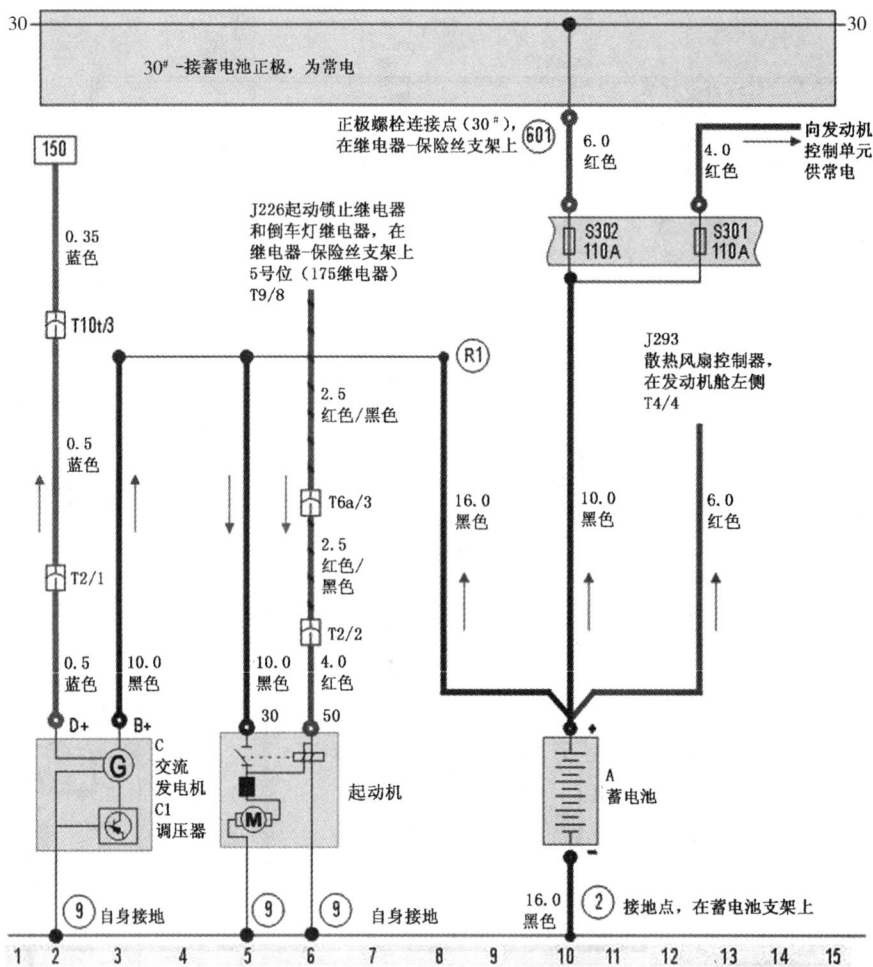

图 4 - 48   上海大众桑塔纳 3000 的启动电路

桑塔纳 2000 系列轿车 QD1225 型起动机采用的就是无启动继电器的启动控制电路，如图 4 - 49 所示。点火开关 30 端子接电源，由红黑双色导线从点火开关 50# 端子接到中央线路板 B8 插孔，通过中央线路板内部电路接至其 C18 插孔，再接到起动机电磁开关 50# 端子。用黑色导线连接蓄电池正极与起动机 30 端子。

QD1225 型起动机的工作过程如下：

点火开关旋到第 2 挡，其 30# 端子与 50# 端子接通，起动机的电磁开关通电，起动机进入工作状态。其电流路径为：蓄电池 " + " →中央线路板 P 端子→中央线路板内部电路→中央线路板 P 端子→红色导线→点火开关 30# 端子→点火开关 50# 端子→红黑双色导线→中央线路板 B8 端子→中央线路板内部电路→中央线路板 C18 端子→起动机 50 端子→电磁开关（吸引线圈、保持线圈）→搭铁→蓄电池 " - "。吸拉线圈和保位线圈通电流后产生同向的磁场，接通起动机的主电路，电动机开始工作，此时电流路径为：蓄电池 " + " →起动机电磁开关 30# 端子→电磁开关接触盘→直流电动机→搭铁→蓄电池 " - "。

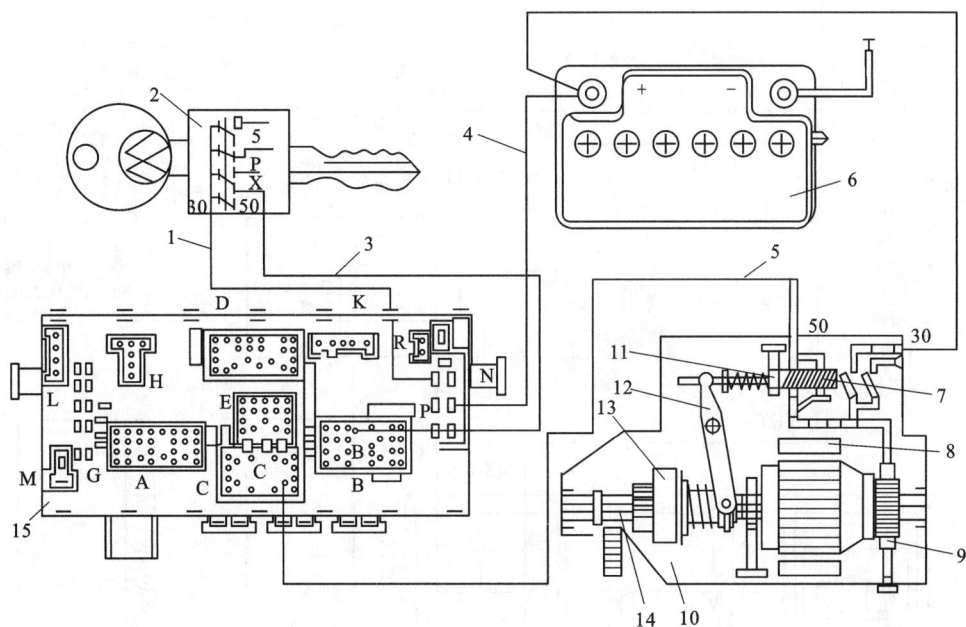

图4-49　桑塔纳系列轿车启动系统线路

1、4、5—红色导线；2—点火开关；3—红黑双色导线；6—蓄电池；7—电磁开关；8—磁极；
9—电枢；10—起动机总成；11—复位弹簧；12—拨叉；13—单向离合器；14—驱动齿轮；15—中央线路板

三、本田车系启动系统电路的分析

广州本田雅阁汽车的启动系统电路如图4-50所示。

1）装有自动变速器（A/T）的本田雅阁汽车

（1）起动机第一控制电路。当点火开关转到启动挡（ST）且A/T挡位开关（自动变速器）置空挡位置时，电路中电流由蓄电池正极→发动机盖下熔丝/继电器盒中的熔丝22（100 A）→熔丝23（50 A）→点火开关→起动机断电器线圈→自动变速器A/T挡位开关→G101搭铁→蓄电池负极。此时起动机断电继电器磁场线圈得电。

（2）起动机第二控制电路。起动机断电继电器磁场线圈通电而产生磁场，使其触点闭合，电路中的电流为：蓄电池正极→发动机盖下熔丝/继电器盒中的熔丝22（100 A）→熔丝23（50 A）→点火开关→起动机断电继电器触点→起动机接线柱S→电磁线圈→搭铁→蓄电池负极。此时起动机电磁阀触点通电而吸合。

（3）起动机主电路。起动机电路中的电流为：蓄电池正极→起动机电磁接线柱B→开关触点→电磁接线柱M→起动机→搭铁→蓄电池负极。起动机进入工作状态带动发动机飞轮转动。

2）装有手动变速器（MT）的本田雅阁汽车

当点火开关转到启动挡（ST）且踏板踩下时，电路中电流由蓄电池正极→发动机盖下熔丝/继电器盒中的熔丝22（100 A）→熔丝23（50 A）→点火开关→起动机断电器线圈→离合器联锁开关（踏板踩下时接通）→G101搭铁→蓄电池负极。余下工作情况与装有自动变速器的轿车启动情况相同。

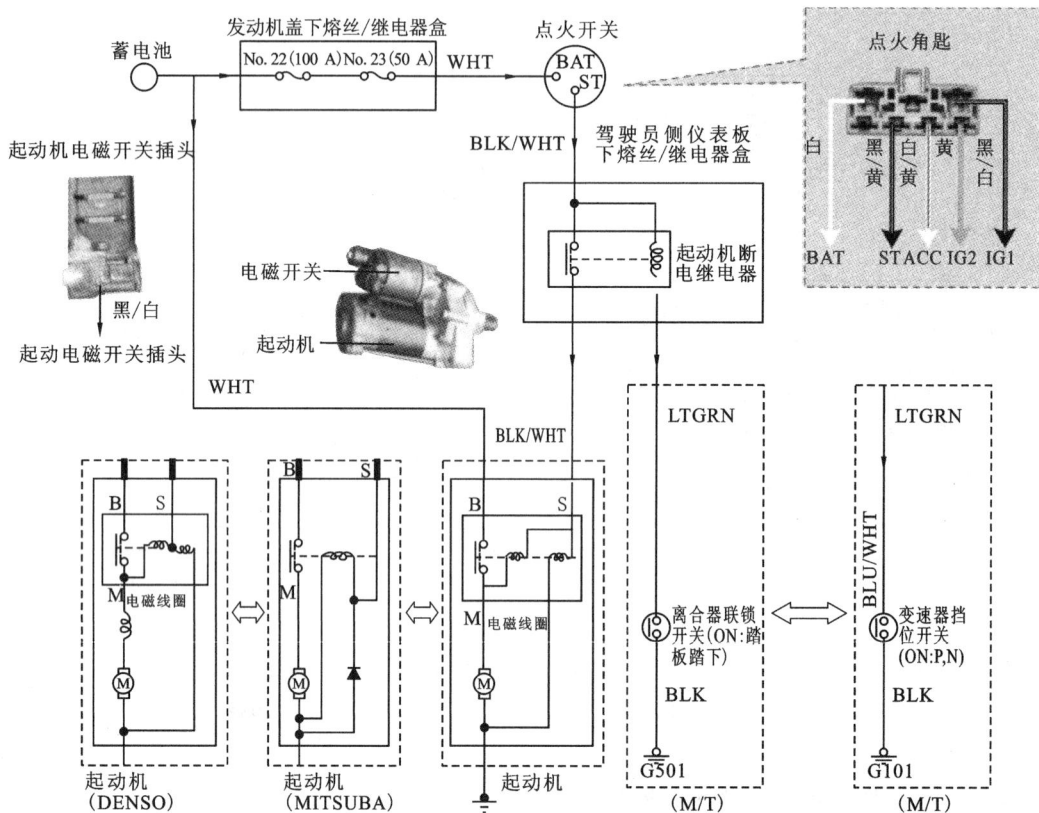

图 4-50　本田雅阁 K20A7/K20A8/K24A4 的启动电路

四、通用车系启动系统电路的分析

图 4-51 所示为通用别克君威 2.5 L(LB8)和 3.0 L(LW9)启动电路。

第一级控制电路：当点火开关转为 ON(接通)或者 START(启动)位置时：蓄电池电压→40 A 点火主 1 保险丝→点火开关→保险丝盒内的 10 A PCM BCM U/H 继电器保险丝→机罩下附件导线接线盒 C2 端子→曲轴继电器的线圈→动力系控制模块(PCM)76 端子。此时蓄电池正电压作用在曲轴继电器的线圈。同时当点火开关转为 START 启动位置时，蓄电池电压→40 A 点火主 1 保险丝→点火开关→保险丝盒内的 10 A 曲轴信号保险丝→动力系控制模块(PCM)23 端子。此时启动信号输入到动力系控制模块 PCM。当驻车/空挡位置(PNP)开关处于驻车 PARK 或者空挡位置并且防盗系统允许发动机启动时，动力系控制模块使曲轴继电器电路接地，曲轴继电器线圈得电，其触点闭合。

第二级控制电路：常电源→40 A 曲轴信号保险丝→曲轴继电器触点→驻车/空挡位置开关→起动机电磁线圈 S 端子后分两路：一路经保位线圈接地；另一路经吸拉线圈→起动机马达→接地。当两个电磁线圈均接通，两个绕组通过磁力一同工作以拉进和保持冲杆。冲杆移动换挡杆，由于起动机驱动总成与发动机飞轮齿圈啮合，该运动导致起动机驱动总成转动。同时，冲杆闭合起动机电磁线圈的电磁开关触点。

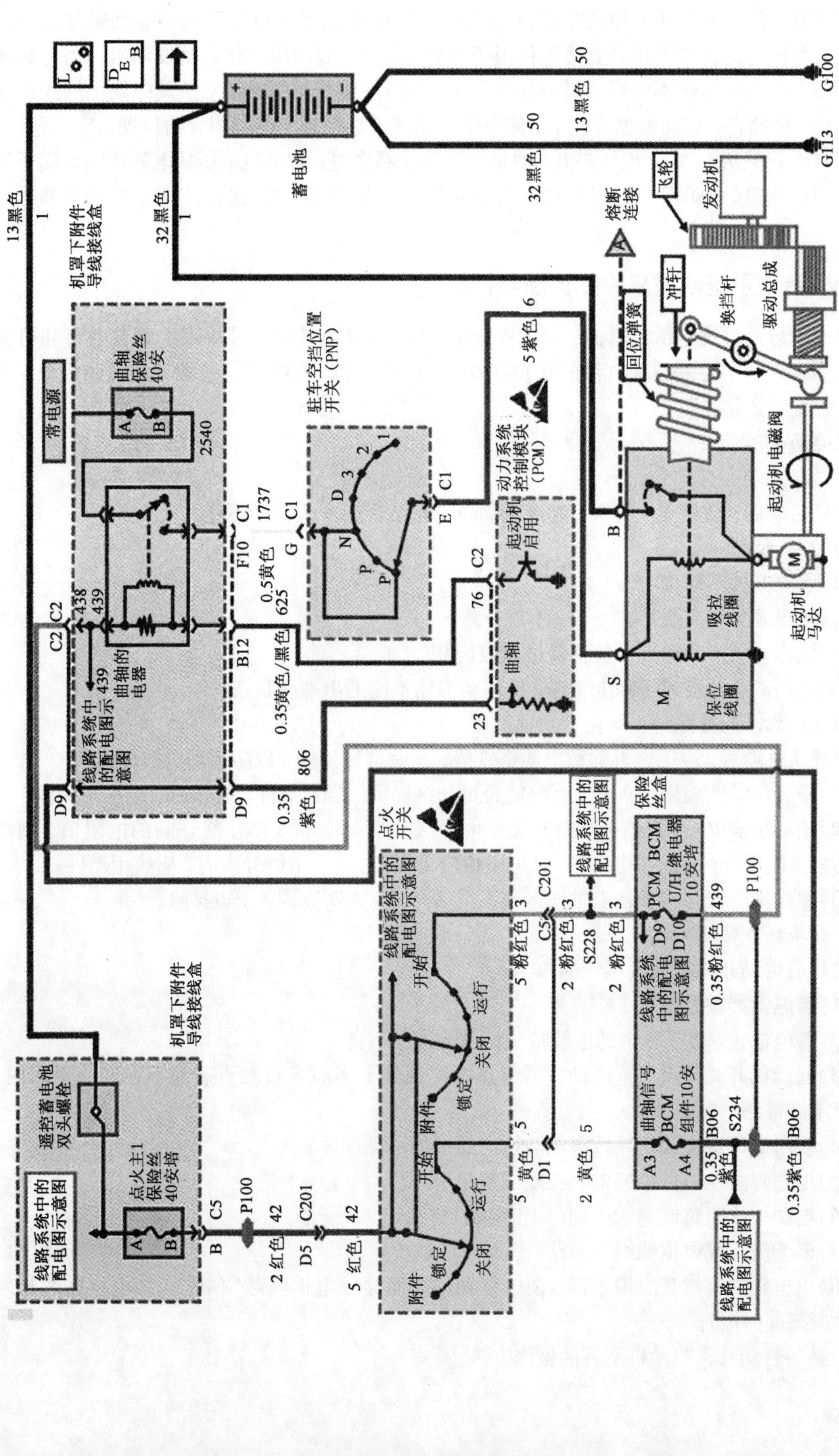

图4-51　别克君威2.5 L(LB8)和3.0 L(LW9)的启动电路

主电路：蓄电池电压→电磁线圈的电磁开关触点 B 端子→电磁开关→起动机马达→接地。此时蓄电池的全部电压就直接地作用于起动机马达，起动机马达启动发动机。当电磁线圈开关触点闭合时电压不再通过吸拉线圈作用，保持线圈仍然保持啮合，其磁场足够大以保持住冲杆、换挡杆、起动机总成，并且使电磁线圈开关触点处于继续闭合的位置。

当点火开关从 START 位置松开，曲轴继电器线圈失电，蓄电池电压从电磁线圈 S 端子清除。在回位弹簧的协助下，起动机驱动总成断开并使电磁线圈开关触点打开，起动机马达停止运转。

五、启动系统常见故障的诊断与排除

汽车的启动系统包括蓄电池、起动机、继电器、连接导线等，其故障主要有电气和机械两个方面。现在主要以桑塔纳和东风 EQ1091 型汽车为例，介绍启动系常见故障的现象、原因、诊断及排除方法。

1. 起动机不能停转

1）故障现象

车辆启动后，放松点火开关，起动机仍与飞轮结合在一起转动不停。

2）故障原因

（1）点火开关不回位。

（2）电磁开关触点烧结在一起，不能分离。

（3）电磁开关活动触点回位弹簧过软或折断。

（4）单向离合器在转子轴上卡滞，使驱动齿轮不能退出啮合状态。

3）故障诊断与排除

出现此故障时，应迅速拆除蓄电池搭铁线，然后进行检修，以防起动机被烧坏。

（1）检查启动挡放松点火开关后，能否自动跳回第二挡，不符合要求时，应换用新件。

（2）用万用表 $R \times 1$ 挡检查电磁开关蓄电池接线柱与激磁线圈接线柱间的电阻值，判断其活动触点能否分离（非启动状态，其电阻值应为无穷大）。不能分离时，应换用新件。

（3）单向离合器在转子轴上轴向运动不灵活时，应查明原因，予以排除。

2. 起动机不转动

1）接通启动开关起动机不转的原因

（1）蓄电池严重亏电。

（2）蓄电池正、负极柱上的电缆接头松动或接触不良。

（3）起动机开关触点严重烧蚀或两触点高度调整不当而导致触点表面不在同一平面内，使触盘不能将两个触点接通。

（4）换向器严重烧蚀而导致电刷与换向器接触不良。

（5）电刷弹簧压力过小或电刷在电刷架中卡死。

（6）电刷引线断路或绝缘电刷（即正电刷）搭铁。

（7）磁场绕组或电枢绕组有断路、短路或搭铁故障。

（8）电枢轴的铜衬套磨损过甚，使电枢轴偏心而导致电枢铁芯"扫膛"（即电枢铁芯与磁极发生摩擦或碰撞）。

2）接通启动开关起动机不转的检修方法

接通启动开关,起动机不转

按下扬声器按钮,扬声器是否发响

不响 → 扬声器不响声音微弱

响 → 电动机、电磁开关或线路故障

扬声器不响声音微弱 →
1. 蓄电池搭铁线搭铁不良
2. 蓄电池极柱与电缆端子接触不良
3. 蓄电池存电不足

电动机、电磁开关或线路故障 → 用旋具短接"30"端子与"C"端子,起动机是否转动

不转 → 电动机故障

转动 → 电磁开关或控制电路故障

电动机故障 → 短接时有无火花

没有 →
1. 磁场与电枢绕组断路
2. 电刷引线断路
3. 电刷搭铁不良

有 →
电动机内部短路或搭铁

电磁开关或控制电路故障 → 将蓄电池正极与电磁开关"50"端子接通时,起动机是否转动

不转 →
1. 电磁开关线圈断路
2. 开关接触盘与触点接触不良
3. 电磁开关处存在机械故障

转动 →
1. 蓄电池点火开关、中央线路板至电磁开关"50"端子间断路
2. 点火开关故障
3. 中央线路板B8或C18端子接触不良

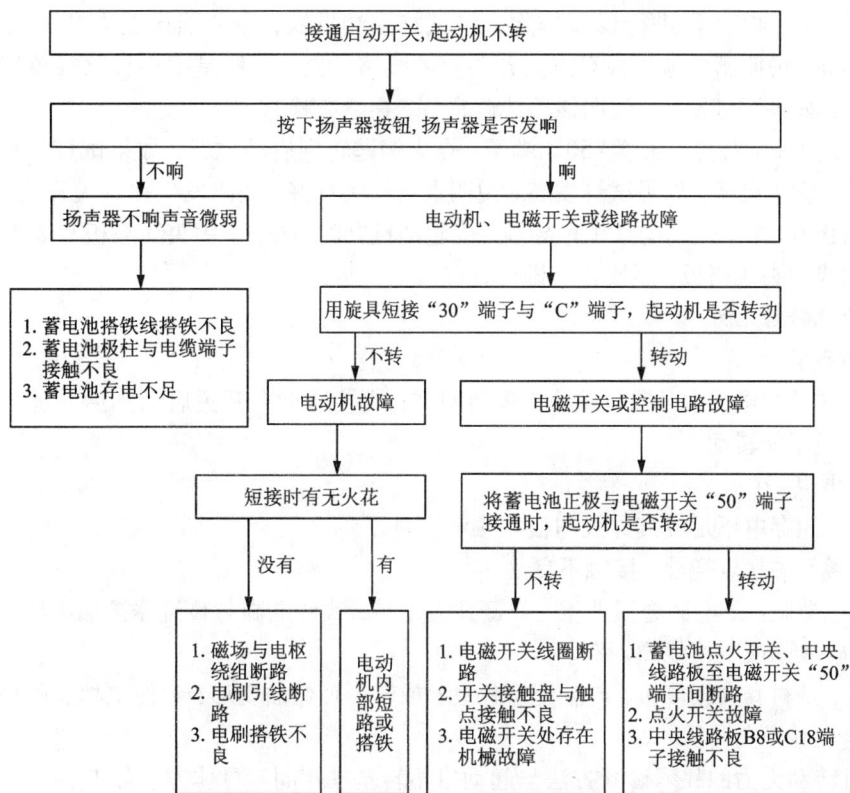

图4-52 起动机不转故障诊断图

接通启动开关起动机不转时,可按如图4-52所示故障诊断与排除程序进行排除。首先应检查蓄电池存电情况和导线特别是蓄电池搭铁线和正极线的连接情况,然后再检查起动机和开关。故障的检查与判断流程如下:

(1)接通汽车前照灯或扬声器,若大灯发亮或扬声器响,说明蓄电池存电较足,故障不在蓄电池;若大灯不亮或扬声器不响,说明蓄电池或电源线路有故障,应检查蓄电池搭铁线和正极线的连接有无松动以及蓄电池存电是否充足。

(2)若大灯亮或扬声器响,说明故障发生在起动机、开关或控制电路。可用旋具将起动机"30#"端子与"C"端子接通,使起动机空转。若起动机不转,则电动机有故障;若起动机空转正常,说明电磁开关或控制电路有故障。

(3)诊断直流电动机故障时,可根据旋具搭接"30#"端子与"C"端子时产生火花的强弱来辨别。若搭接时无火花,说明磁场绕组、电枢绕组或电刷引线等有断路故障;若搭接时有强烈火花而起动机不转,说明起动机内部有短路或搭铁故障,须拆下起动机进一步检修。

(4)诊断是电磁开关还是控制电路故障时,可用导线将蓄电池正极与电磁开关"50#"端子接通(时间不超过3~5 s),如果接通时起动机不转,说明电磁开关故障,应拆下检修或更换电磁开关;如果接通时起动机转动,说明"50#"端子至蓄电池正极之间线路断路或点火开关有故障。

(5)排除电磁开关"50#"端子至蓄电池正极之间线路或点火开关故障时，可用 12 V/2 W 试灯并参考图 4 – 49 逐段进行诊断排除。将试灯一端搭铁，另一端接点火开关"30#"端子，如果试灯不亮，说明蓄电池正极至点火开关间的线路断路，一般是中央线路板单端子插座 P 处插头松脱；如果试灯发亮，说明该段线路良好，需继续检查。

(6)将试灯一端接点火开关"50#"端子，点火钥匙转到启动位置，如果试灯不亮，说明点火开关故障，应予更换；如果试灯发亮，说明点火开关良好，故障发生在点火开关"50#"端子至中央线路板 B8 端子之间的红黑色导线，或起动机"50#"端子至中央线路板 C18 端子之间的红黑色导线或中央线路板，逐段检查即可排除。

3. 起动机转动无力

1)故障现象

起动机转动缓慢无力，带动发动机运转困难；或接通点火开关启动挡后，起动机会发出"咔嗒"声，但不能转动。

2)故障原因

(1)蓄电池存电不足或其导线与极柱接触不良。

(2)电磁开关触点烧蚀，接触不良。

(3)整流器脏污、电刷磨损严重、弹簧弹力不足，致使电刷与整流器接触不良。

(4)励磁线圈或电枢线圈短路。

(5)转子轴衬套磨损严重，与轴配合松动；或转子轴弯曲变形，致使电枢与磁极相碰。

3)故障的诊断与排除

起动机转动无力的故障诊断方法与起动机不转基本相同。具体方法如下：

(1)开大灯及按扬声器检查，若蓄电池存电量不足或出现连接松动，应对蓄电池进行充电及检修，并连接好导线。

(2)用起子或导线连接起动机蓄电池接线柱与励磁线圈接线柱，此时，若起动机转动良好，表明电磁开关接触不良，应更换电磁开关或起动机总成。

(3)连接电磁开关蓄电池接线柱与励磁绕组接线柱后，若起动机仍转动无力，表明故障在起动机内部，应对起动机进行解体检修或换用新件。

项目实施

一、丰田卡罗拉 A/T 型汽车启动的条件

(1)处于驻车挡/空挡位置，此时 A/T 指示灯开关闭合。

(2)防盗报警 ECU 不动作(有 TVSS)，也即汽车属于正常启动。

二、丰田卡罗拉 A/T 型汽车起动机控制电路

当汽车处于驻车挡/空挡，点火开关闭合时：

控制电路：电源→AM1 熔丝 7.5A→火开关 AM1 闭合，此时，电路经线束节点→A/T 指示灯开关闭合→起动机继电器 1 号端子，当汽车不在驻车挡/空挡位起动时该线路断开，汽车无法启动；起动机继电器 2 号端子→搭铁，起动机继电器动作，闭合起动机继电器的 5 号和 3 号触点电路。蓄电池电源→主熔丝→AM2 熔丝→点火开关 AM2 闭合→起动机继电器的 5 号

端子→起动机继电器的 3 号端子→起动机 B1 端子,起动机工作,汽车启动。

启动电路监测:电源→AM1 熔丝 7.5A→点火开关 AM1 闭合,此时,电路经线束节点→发动机的 B52 端子,点火开关的 ST 启动位置信号发送给发动机电脑。发动机电脑 A48 端子→起动机继电器 1 号端子→起动机继电器 2 号端子→搭铁。发动机电脑会根据该线路上电压变化监测启动电路。

三、丰田卡罗拉 A/T 型汽车起动机主电路

启动电路:蓄电池电源→起动机 A1 端子。

四、丰田卡罗拉汽车启动系统的检测与维修

根据故障排除从易到难的一般原则,首先应检查蓄电池储电情况和蓄电池搭铁线、正极线的连接是否有松动,然后再做进一步的检查。故障诊断与排除程序如下:

(1)打开前照灯开关或按下喇叭按钮,若灯光较亮或喇叭声音宏亮,说明蓄电池存电较足,故障不在蓄电池;若灯光很暗或喇叭声音很小,说明蓄电池容量严重不足;若灯不亮或喇叭不响,说明蓄电池或电源线路有故障,应检查蓄电池火线及搭铁电缆的连接有无松动以及蓄电池储电是否充足。

(2)若灯亮或喇叭响,说明故障发生在起动机、电磁开关或控制电路。可用螺丝刀将电磁开关的 30# 接线柱与 C 接线柱接通。若起动机不转,则起动机有故障;若起动机空转正常,说明电磁开关或控制电路有故障。

(3)诊断起动机故障时,可用螺丝刀短接 30# 接线柱与 C 接线柱时产生火花的强弱来辨别。若短接时无火花,说明磁场绕组、电枢绕组或电刷引线等有断路故障;若短接时有强烈火花而起动机不转,说明起动机内部有短路或搭铁故障,须拆下起动机进一步检修。

(4)诊断电磁开关或控制电路故障时,可用导线将蓄电池正极与电磁开关 50# 接线柱接通(时间不超过 3~5 s),如接通时起动机不转,说明电磁开关故障,应拆下检修或更换电磁开关;如接通时起动机转动,说明开关回路或控制回路有断路故障。

(5)排除是开关回路还是控制回路故障时,可以根据是否有启动继电器吸合的响声来判断。若有继电器吸合的响声,说明是开关回路有断路故障;若无继电器吸合的响声,说明是控制回路有断路故障。

(6)排除线路的断路故障,可用万用表或试灯逐段检查排除。

项目拓展

大众迈腾轿车启动系统控制电路分析

大众迈腾轿车启动系统控制电路如图 4-53 所示。

(1)启动继电器线圈电路(配备防盗系统的 DSG 车):①J682 启动继电器 1:仪表台左侧保险丝盒中 SC10→J682 启动继电器 1 的 1 号端子→J682 启动继电器线圈→J623 发动机控制单元的 T94/9 号端子(控制 682 启动继电器 1 线圈工作)。②J710 启动继电器 2:仪表台左侧保险丝盒中 SC10→J710 启动继电器 2 的 1 号端子→J710 启动继电器线圈→J623 发动机控制单元的 T94/31 号端子(控制 J710 启动继电器 2 线圈工作)。

SC

SC10
5A

J623

/7

/10a

4.0
sw

0.5
sw/ws

0.5
sw/ws

4.0
sw

0.5
rt/sw

T94
/74

30 5

1 3 6
D

J682

2 5

J710

0.5
br/rt

0.35
sw

0.5
br/rt

T94
/9

T94
/31

J623

J623

4.0
rt

J623 发动机控制单元，排水槽内中部
　　A　蓄电池
　　B　起动马达
J682 供电继电器，总线端50
J710 供电继电器2
　　T1v 1芯插头连接

A

30

B

T1v

25.0
sw

1.2

7   8   9   10   11   12   13   14

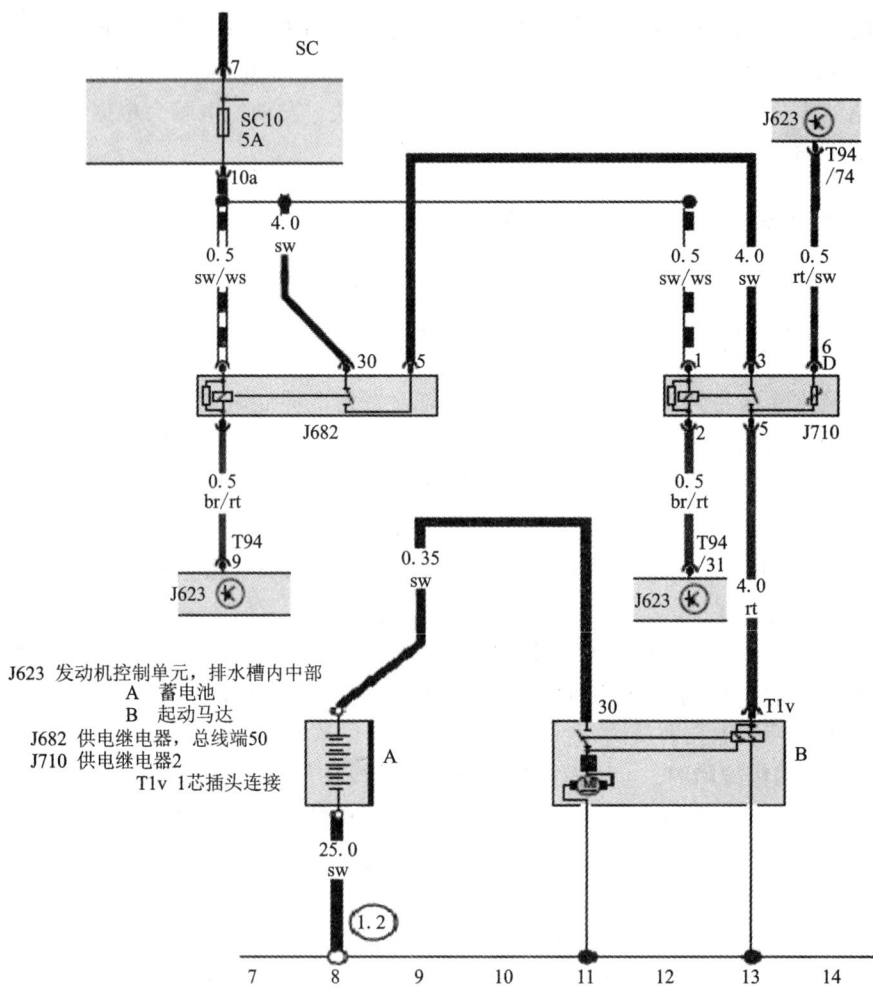

图 4-53　大众迈腾轿车启动系统控制电路分析

(2)启动继电器开关电路：仪表台左侧保险丝盒中 SC10→J682 启动继电器 1 的 3 号端子→J682 启动继电器触点→J682 启动继电器 1 的 5 号端子→J710 启动继电器 2 的 3 号端子→J710 启动继电器触点→①J710 启动继电器 2 的 5 号端子→B 启动马达；保位线圈和吸拉线圈→②J710 启动继电器 2 的 6 号端子→J623 发动机控制单元(起动反馈信号输入)。

(3)主回路：蓄电池→B 启动马达的 30 号端子→起动机电磁开关触点→电机→搭铁。

项目小结

(1)起动机由串励直流电动机、传动机构和操纵机构三个部分组成。

(2)起动机按操纵机构分为直接操纵式起动机和电磁操纵式起动机。按传动机构的啮合方式分为惯性啮合式起动机、强制啮合式起动机、电枢移动式起动机、减速式起动机。而减速式起动机又有外啮合式、内啮合式和行星齿轮啮合式三种类型。

(3)串励直流电动机由电枢、磁极、换向器等主要部件构成。

（4）串励直流电动机的特点是启动转矩大，机械特性软。

（5）起动机由于其轻载或空载时转速很高，容易造成"飞散"事故，故对于功率较大的串励直流电动机，不允许在轻载或空载下长时间运行。

（6）电枢电流接近制动电流的一半时，电动机输出功率最大。最大功率作为额定功率。

（7）起动机的传动机构由单向离合器和减速机构。单向离合器具有防止起动机不被飞轮反拖的作用，可分为滚柱式、摩擦片式、弹簧式几种。

（8）起动机的电路可归纳为三条回路，即主回路、开关回路、控制回路。其控制关系是：控制回路控制开关回路，开关回路控制主回路。

（9）起动机每次启动时间不超过 5 s，再次启动时应停止 2 min。如果有连续第三次启动，应在检查与排除故障的基础上停歇 15 min 以后进行。

（10）发动机启动后，必须立即切断起动机控制电路，使起动机停止工作。

（11）起动机性能可通过空载试验和全制动试验来检验。它也是故障诊断的基本方法。

（12）启动系常见的故障有：起动机不运转、启动运转无力、启动异响等故障。

习　题

4－1　起动机由哪些部分组成？各组成部分的作用是什么？

4－2　汽车上为何采用直流串激式电动机？

4－3　电磁操纵强制啮合式起动机的主电路接通前后，吸拉、保位线圈中的电流方向有无变化？为什么？

4－4　起动机如何分类？

4－5　改变蓄电池的搭铁极性，起动机的旋转方向是否改变？为什么？

4－6　起动机单向离合器有哪些？单向离合器的作用是什么？

4－7　简述带启动继电器的启动控制电路的工作过程。

4－8　复合继电器控制电路为何对起动机具有保护功能？

4－9　启动系常见的故障有哪些？

4－10　起动机需要调整的内容有哪些？

4－11　起动机的实验项目有哪些？如何判断其技术状况？

4－12　分析丰田卡罗拉汽车启动系统电路。

4－13　分析大众迈腾汽车启动系统控制电路。

项目五 汽车照明与信号系统的结构与维修

能力目标

通过对本项目的学习，你应能够：

1. 描述照明与信号系统的组成与结构原理；

2. 掌握照明与信号系统的分类及控制电路；

3. 会分析照明系统常见故障原因及排除方法；

4. 正确拆装照明与信号系统装置，能对照明与信号系统各零部件及总成进行正确的检查和检测；

5. 正确检查照明与信号系统的工作线路，并能对常见故障进行检修。

案例引入

顾客陈述丰田卡罗拉轿车前大灯不亮，该车配置自动灯控制、普通卤素灯泡，请帮忙检修。

项目描述

丰田卡罗拉轿车大灯照明电路如图 5-1 所示，请分析相关电气元件和电路的原理：

1. 识读点火开关、车灯开关、变光开关；

2. 分析远光控制回路；

3. 分析近光控制回路；

4. 分析超车警示回路；

5. 大灯不亮故障的诊断与维修。

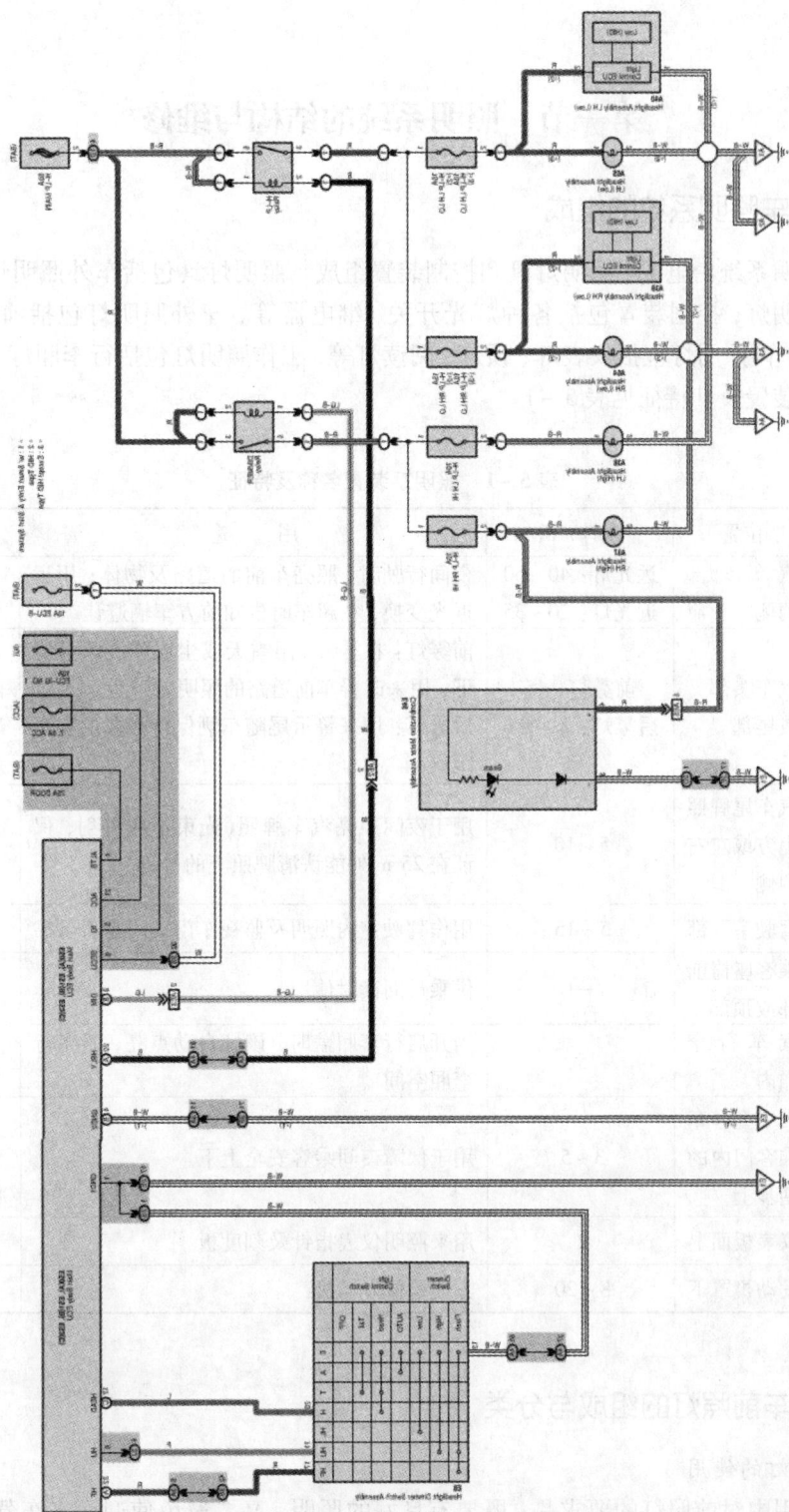

图 5 − 1　丰田卡罗拉汽车大灯照明电路图

项目内容

第一节　照明系统的结构与维修

一、汽车照明系统的组成

汽车照明系统由电源、照明灯具和控制装置组成。照明灯具包括车外照明灯、车内照明灯和工作照明灯，控制装置包括各种灯光开关、继电器等。车外照明灯包括前照灯、雾灯、牌照灯等，车内照明灯包括仪表灯、顶灯、阅读灯等，工作照明灯包括行李厢灯、发动机罩灯等。各照明装置及其特征见表5－1。

表5－1　照明系装置名称及特征

名称	位置	功率/W	用　途	光色
前照灯	汽车头部两侧	远光灯：40～60 近光灯：20～35	夜间行驶时，照亮车前的道路及物体；用远近光变换，在超车时告知前方车辆避让	白色
雾灯	汽车头部或尾部	前雾灯：45 后雾灯：21或6	前雾灯：在雾天、雨雪天或尘埃弥漫等情况下，用来改善车前道路的照明 后雾灯：用来警示尾随车辆保持必要的安全距离	前雾灯：黄色 后雾灯：红色
牌照灯	汽车尾牌照上方或左右两侧	5～10	用于夜间照亮汽车牌照（光束不应外射，保证在25 m外能认清牌照上的号码）	白色
顶灯	驾驶室顶部	5～15	用作驾驶室内照明及监视车门关闭是否可靠	白色
阅读灯	乘客座椅前部或顶部	—	供乘员阅读时使用	白色
行李厢灯	汽车行李厢内	5	当开启行李厢盖时，该灯自动点亮，照亮行李厢空间	白色
踏步灯	大中型客车乘客门内的踏步上	3～5	用于保障夜间乘客安全上下	白色
仪表照明灯	仪表板面上	2	用来照明仪表指针及刻度板	白色
工作灯	发动机罩下	8～20	方便检修发动机	白色

二、汽车前照灯的组成与分类

1. 前照灯的使用

汽车使用中对前照灯的要求是：既要有良好的照明，又要避免使迎面来车驾驶员产生炫目，因此使用前照灯时应注意以下几点：

（1）保持前照灯配光镜清洁，尤其在雨雪天气行驶时，泥尘等污垢会使前照灯的照明性能降低50%。有的车型装有前照灯刮水器和喷水器。

（2）夜间两车会车时，要关闭前照灯远光，换用近光，以保证行车安全。

（3）为保证前照灯的各项性能，在更换前照灯后或汽车每行驶10 000 km后，应对前照灯光束进行检查调整。

（4）定期检查灯泡和线路插座以及搭铁有无氧化和松动现象，保证插接件接触性能良好，搭铁可靠。如果接点松动，在接通前照灯时，会因电路的通断产生电流冲击，从而烧坏灯丝，如果接点氧化，则会因接点压降增大而使灯泡亮度降低。

2.汽车前照灯的组成

大灯（也称前照灯、头灯）主要用于夜间行车道路照明，有些车型也兼作超车信号。灯光为白色，有两灯制和四灯制两种配置方式，功率一般为40～60 W。前照灯有较特殊的光学结构，因为它既要保证夜间车前道路100 m以上有明亮而均匀的照明，又要具有防炫目装置。避免夜间两车交会时造成对方驾驶员炫目而发生事故。

前照灯主要由灯泡、反射镜和配光镜三部分组成。

1）反射镜

反射镜一般用薄钢板冲压而成，近年来已有用热固性塑料制成的反射镜。反射镜的表面形状呈旋转抛物面。其内表面镀银、镀铝或镀铬，然后抛光。

反射镜的作用就是将灯泡的光线聚合并导向前方。灯丝位于焦点 F 上，灯丝的绝大部分光线（ω 范围内），经反射镜反射后变成平行光束射向远方，亮度增强几百倍甚至上千倍，使车前150 m，甚至400 m内的路面照得足够清楚。其余少部分光线向两侧和上、下方散射，如图5-2所示。

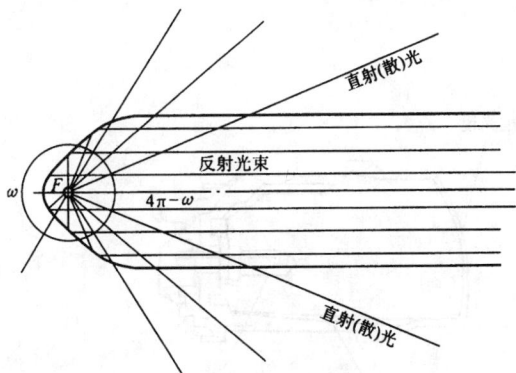

图5-2　放射镜的聚光示意图

2）配光镜

配光镜又称散光玻璃，用透光玻璃压制而成，是很多特殊棱镜和透镜的组合体。外形一般为圆形或矩形。配光镜的作用是将反射镜反射出的平行光束进行折射，以扩大光线的照射范围。

3）灯泡

灯泡有充气灯泡、卤钨灯泡和新型高压放电氙灯等几种类型，如图5-3所示。

充气灯泡是从玻璃泡内抽出空气，再充以氩和氮的混合惰性气体制成的，可以减少钨的蒸发，延长灯泡的使用寿命。

卤钨灯泡就是在充入灯泡的气体中掺入某一卤族元素，如氟、氯、溴、碘等。

新型高压放电氙灯由弧光灯组件、电子控制器和升压器三大部件组成，光色和日光灯非常相似，灯泡里没有灯丝，取而代之的是装在石英管内的两个电极，管内充有氙气及微量金属。亮度是目前卤素灯泡的3倍左右，克服了传统钨灯的缺陷，完全满足汽车夜间高速行驶的需要。

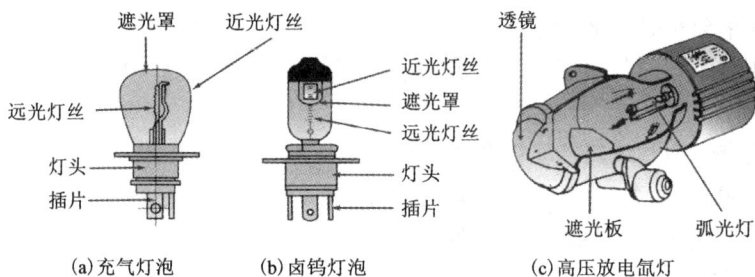

图5-3　前照灯的灯泡构造

3.汽车前照灯的分类

当代汽车前照灯的类型有可拆式前照灯、半封闭式前照灯、封闭式前照灯、投射式前照灯和 HID 氙气式前照灯。各种类型前照灯及其结构如图5-4所示。

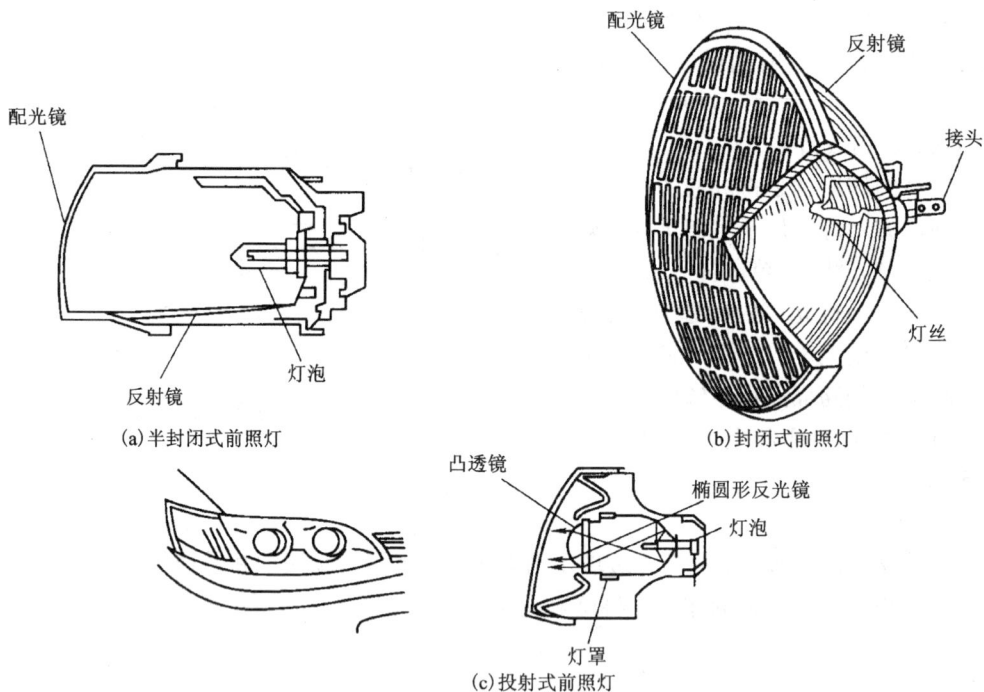

图5-4　各种类型前照灯及其结构

1）可拆式前照灯

由于气密性差，反射镜易受湿气和尘埃污染而降低反射能力，目前已很少采用。

2）半封闭式前照灯

半封闭式前照灯的配光镜靠卷曲反射镜边缘上的牙齿而紧固在反射镜上，两者之间垫有橡皮密封圈，灯泡可从反射镜后端拆装，维修方便，是目前汽车上前照灯应用最为广泛的一种。

3）封闭式前照灯

封闭式前照灯又称真空灯，反射镜和配光镜玻璃制成一体，形成灯泡，里面充以惰性气体。灯丝焊在反射镜底座上。封闭式前照灯完全避免了反射镜被污染以及遭受大气的影响，因此反射效率高，照明效果好，使用寿命长，但当灯丝损坏后，需要更换整个总成，成本高。

4）投射式前照灯

装有很厚的无刻纹的凸形散光镜，由于反射镜是近似圆形的，所以外径很小。投射式前照灯采用卤素灯泡，它的反射镜有两个焦点。在第一焦点处放置灯泡，第二焦点在灯光中形成。凸形散光镜的焦点与第二焦点是一致的。来自灯泡的光利用反射镜聚成第二焦点，再通过散光镜将聚集的光投射到前方。在第二焦点附近设有遮光板，可遮挡向上的光线，形成明暗分明的配光。

5）HID 氙气式前照灯

HID（high intensity discharge, HID）是高强度气体放电式灯的缩写。它利用配套电子镇流器，将汽车电池 12 V 电压瞬间提升到 23 kV 以上的触发电压，将氙气大灯中的氙气电离形成电弧放电并使之稳定发光，提供稳定的汽车大灯照明系统。氙气灯具使光照范围更广，光照强度更大，大大地改善了驾驶的安全性和舒适性。

三、汽车前照灯的检测与调整

1. 前照灯光束照射位置及发光强度的要求

前照灯在距离屏幕 10 m 处，近光灯光束明暗截止线转角或中心的高度应为 $(0.6 \sim 0.8)H$（H 为前照灯基准中心的高度）；在水平方向上，光束向左向右偏均不能超过 100 mm。四灯制前照灯其远光单光束要求在屏幕上光束中心离地高度应为 $(0.85 \sim 0.90)H$，水平位置要求左灯向左偏不得大于 100 mm，向右偏不得大于 170 mm；右灯向右向左偏均不得大于 170 mm。前照灯远光光束的发光强度（前照灯的发光强度是指光源在给定方向上所能发出的光线强度，单位为坎，单位符号用 cd 表示），两灯制光束的发光强度在 12 000 cd 以上，四灯制光束的发光强度在 10 000 cd 以上。

2. 前照灯的检测

1）屏幕法检测

屏幕法检测前照灯时，需将车辆垂直于屏幕停放，并使前照灯基准中心距屏幕 10 m，然后在屏幕上确定与前照灯基准中心离地面距离 H 等高的水平基准线，及以车辆纵向中心平面在屏幕上的投影线为基准确定的左、右前照灯基准中心位置线。分别测量左、右远近光束的水平和垂直照射方位的偏移量，如果不符合要求，可通过前照灯的调整螺钉分别进行左、右前照灯的调整。

屏幕法检测前照灯如图 5-5 所示，需要调整时，将左、右前照灯的光束分别对准 a、b 两点即可。

2）前照灯检测仪检测

屏幕法检测前照灯受场地的局限，且不能检测前照灯的光照强度，因此现代汽车基本上都采用前照灯检测仪来检验与调整前照灯。前照灯检测仪根据其结构与原理的不同，可分为聚光式、屏幕式、投影式及自动追踪光轴式等四种类型。聚光式又有移动反射镜式、移动光电池式和移动透镜式三种不同的形式。

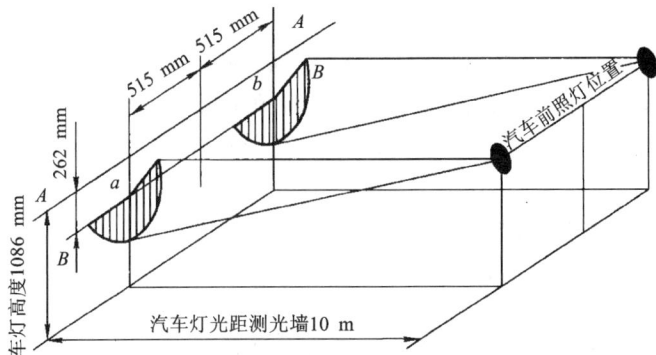

图5-5　屏幕法检测前照灯

用前照灯检测仪检验时，将被检验的车辆按规定距离与前照灯检验仪对准，从前照灯检验仪的显示仪表或屏幕上分别测量左、右远近光束的发光强度及水平和垂直照射方位的偏移值或光偏角。国内的机动车辆安全技术检测线一般采用自动追踪光轴式前照灯检验仪，这种前照灯检验仪有利于计算机进行数据采集。

3. 前照灯光束照射位置的调整

当前照灯的光束照射位置有偏移时，就需要通过前照灯的光束调整机构对其进行调整。前照灯的调整部位一般分外侧调整式和内侧调整式两种，如图5-6所示。需要调整时，转动前照灯灯座上的左右及上下调整螺钉(或旋钮)，通过改变前照灯光轴的方向，就可使前照灯光束的照射位置符合标准。

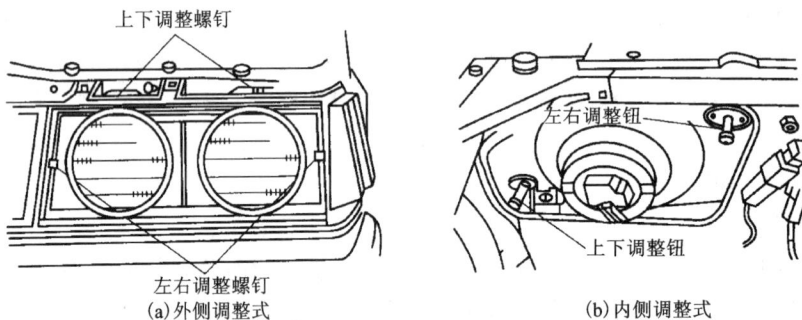

图5-6　前照灯的调整部位

四、灯光的控制系统

1. 前照灯昏暗自动发光器

这种昏暗自动发光器的作用是在汽车行驶过程中(并非夜间行驶)，当汽车前方自然光的强度减低到一定程度时(如汽车通过高架桥、林荫道或突然乌云密布等)，发光器便自动将前照灯电路接通，开灯行驶以确保行车安全。

该装置一般都装在汽车仪表板上，主要由光电传感器和晶体管放大器两大部分组成，其电路工作原理如图5-7所示。光电传感器由光敏元件、延时电路、控制开关等组成。在安装光电传感器时，应注意将其感光面朝上，用以接收从汽车风窗玻璃射进来的自然光。其光通量的大小可由传感器前面的光阀进行调整，以适应各种情况(包括季节)的变化。晶体管放大器主要由晶体三极管 VT_1 和 VT_2、二极管 VD_1 和 VD_2、电阻 $R_1 \sim R_9$、电容 C_1 和 C_2 以及灵敏继电器 J_1 和功率继电器 J_2 等组成。

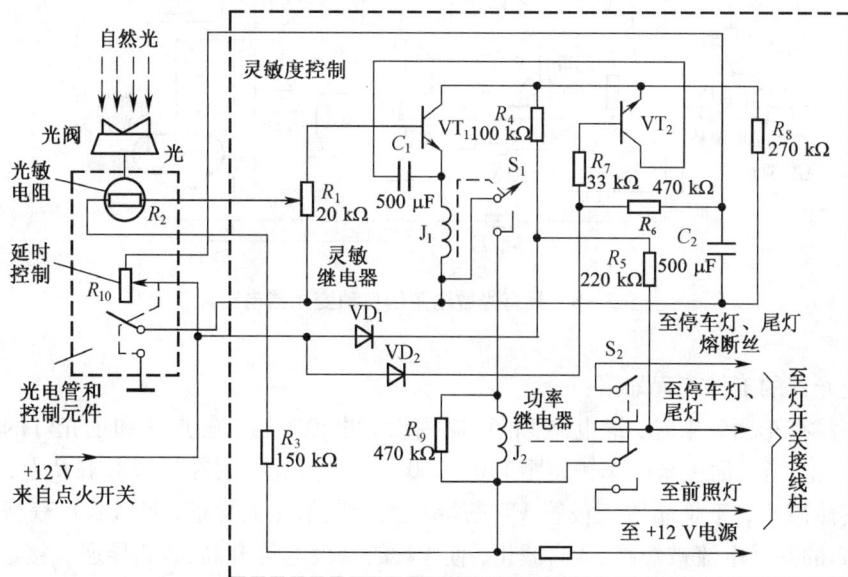

图 5-7　前照灯自动发光器电路

这种自动发光器的工作原理如下：

(1)汽车行驶时，当自然光的强度降低至某一程度而被光电传感器接收时，传感器中光敏电阻 R_2 的阻值减小到一定数值，它便以需要发光的电压(信号)输出送往晶体管放大器。

(2)当晶体管放大器接收到光电传感器的输出信号后，晶体三极管 VT_1 的基极导通，灵敏继电器 J_1 线圈电路被接通。

(3)当继电器 J_1 电路接通后，它便产生电磁吸力使其触点 S_1 闭合；当 S_1 闭合后，功率继电器 J_2 的电路也被接通，故开关 S_2 也被吸合，将接至前照灯的电路接通，前照灯即被点亮。

电路中晶体三极管 VT_2 主要作用是延时，即当点火开关切断时，VT_2 使 VT_1 管保持导通，直到电容器 C_2 上的电压减小到不足使 VT_2 导通为止。VT_2 截止后，VT_1 亦截止，由于继电器 J_2 和 J_1 的作用，故使触点 S_1 和开关 S_2 均打开，以使前照灯自动熄灭。其延时时间的长短可由电位器 R_{10} 进行调节。

2. 前照灯自动变光器

汽车前照灯自动变光器是一种根据对方车辆灯光亮度自动变光为远光或近光的自动控制装置。在夜间两车相对行驶到相距 $150 \sim 200$ m 时，对方的灯光照到自动变光器上，就立即自动变远光为近光，从而避免远光给对方驾驶员带来炫目，两车相会后，变光器又自动变近光为远光。

图 5-8 为具有光敏电阻的自动变光器的电路图。主要由电子电路、光敏电阻和继电器组成。为防止电子电路出故障后影响夜间行驶，还保留了脚踏变光开关，在一些新型的汽车上，变光开关多安装在转向柱上。

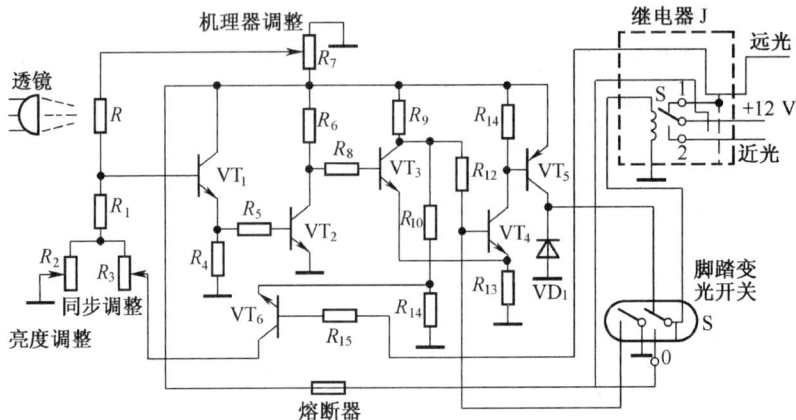

图 5-8　具有光敏电阻的自动变光器电路

自动变光器的工作工程如下：

在对面没有车辆驶来时，继电器 J 的线圈内没有电流通过，触点 S 和远光灯的接线柱接触，远光灯亮。当对面驶来的车辆相距 150～200 m 时，灯光照射在光敏电阻 R 上，使光敏电阻的阻值突然减小，于是晶体三极管 VT_1 获得较大的正偏压而导通，使 VT_2 也获得正向偏压也导通，VT_3 的基极电流被短路，VT_3 截止，使 VT_4 的基极电位升高，VT_4 导通。接通了 VT_5 的基极电流，VT_5 导通使继电器 J 的线圈内有电流通过，产生较大的电磁力，使触点和远光灯接线柱 1 断开，而和近光灯接线柱 2 接通，灯光由远光变为近光。

两车相会之后，作用到光敏电阻上的强光消失，电阻的阻值迅速增大，使三极管 VT_1 的正向偏压迅速降低，VT_1 截止，VT_2 的基极电流被断路，VT_2 也被截止。结果切断了 VT_5 的基极电流，VT_5 截止，继电器 J 线圈中的电流被切断，触点 S 和近光接线柱 2 断开，又和远光接线柱 1 接触，恢复远光灯的工作。

在近光状态时，VT_6 的基极电位为零，所以 VT_6 截止，并联电阻 R_3 被断路，因而使支路的电阻增大，灵敏度改变，使电路转换出现滞后现象，这样可以有效地防止杂散光的干扰。

如果电子控制部分出现故障或损坏，可以使用脚踏变光器变光。当踩下脚踏变光开关 S 时，S 就由"1"位置变到"0"位置，使继电器 J 的线圈获得电流，产生电磁力，使触点和接线柱 1 断开，与接线柱 2 接通，使前照灯由远光变为近光。松开脚踏变光开关时，S 由"0"位返回到"1"位。切断继电器线圈中的电流，触点又和接线柱"1"接触，变近光为远光。

3. 自适应前照灯控制系统

1）前照灯水平照射角度自动控制

随动转向前照灯系统（adaptive front lighting system，AFS）也称主动转向前照灯，它能够不断对前照灯进行动态调节，保持与汽车的当前行驶方向一致，以确保对前方道路提供最佳照明并对驾驶员提供最佳可见度，从而显著增强了黑暗中驾驶的安全性。是否有汽车随动转向前照灯系统（AFS）的比较如图 5-9 所示。

夜间行车汽车转弯时，转向盘转角传感器、车身横向加速度传感器及车速传感器将转向盘转动的角度与方向、车辆前部横向移动的速度以及车辆纵向行驶速度等参数转换为电信号并输送给 AFS 执行器。如图 5-10 所示，AFS 执行器对这些信号进行综合分析后，随即输出控制信号,对前照灯的照射角度进行控制。在车速较低、弯道不大的情况下,AFS 执行器通常只是使具有静态转向照明功能的前角灯或前雾灯点亮;如果汽车高速行驶,车辆前部转动角速度较大(弯道较大),AFS 执行器则会控制左、右前照灯照射角度调节伺服电动机工作,转动前照灯,使驾驶员对弯道的路况看得很清楚。

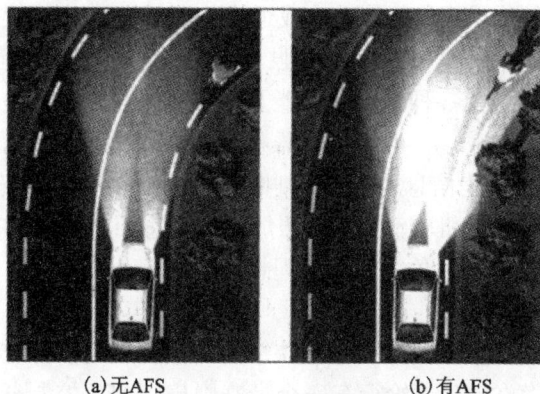

(a)无AFS　　　　(b)有AFS

图5-9　前照灯水平照射角度随动转向的作用

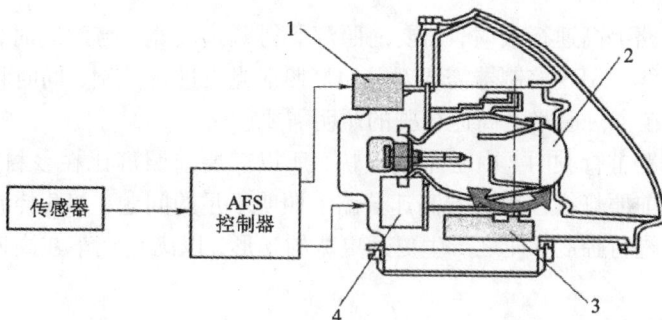

图5-10　AFS 执行器

1—调节高度伺服电动机;2—近光前照灯;3—调节照射角度伺服电动机;4—电动机控制电路

如图5-11所示,AFS 执行器进行前照灯水平照射角度控制时,左侧的偏转角度要大些,最大可达15°(有的外侧的偏转角最大可达17°),右侧的偏转角度则要小些,通常不超过7°。如此设置是为了能达到理想的弯路照明效果,同时不影响直道的照明度。

2)前照灯垂直照射角度自动控制

当汽车的载荷变化时,就会使前照灯的垂直照射角度发生改变,在轻载时容易引起近光灯照射距离过近,重载时则可能导致近光灯光束照射过高而造成迎面来车驾驶员炫目。为

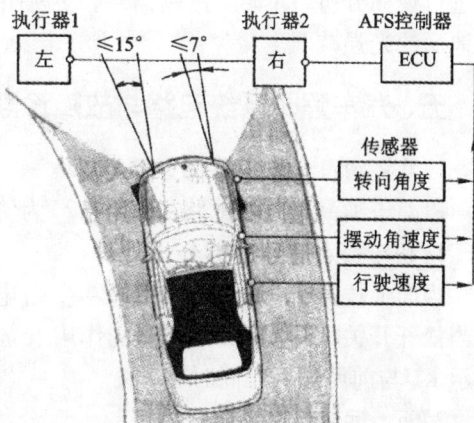

图5-11　前照灯水平照射角度控制原理

此，一些汽车上设有前照灯垂直照射角度调整装置，通常由调整旋钮、伺服电动机及电子控制模块等组成，驾驶员可通过调整旋钮调整前照灯的光束在上、下方向偏转，以使其光束照射角度保持在理想状态。

显然，这种手动的静态调节方式不可能适应汽车行驶中动态光束调整的需要。例如，汽车行驶中，制动时的车身"点头"也会造成近光灯光束照得过近而影响行车安全，尤其是在紧急制动时，因车头下沉较为严重，可能会造成近光灯照明距离完全丧失；而在加速时车身的后仰，则容易晃得对面车辆的驾驶员睁不开眼。因此，在有些汽车上已采用电子控制式前照灯垂直照射角度控制装置，在各种情况下均能及时将前照灯光束调整到最佳照射角度。这种控制装置由汽车前后轴重传感器、电子控制器和驱动电动机组成，电子控制器根据传感器的信号获取车辆前后轴重的变化信息，并分析判断前照灯光轴上、下偏斜情况，然后输出光轴调整电压信号，控制伺服电动机转动，使前照灯光束垂直照射角度向下或向上偏转一个适当的角度，及时将前照灯光束照射角度保持在理想状态。

3）前照灯照射范围自动控制

汽车在城市中无路灯照明、道路复杂且狭窄的区域行驶时，传统前照灯近光灯光形较狭长，对交叉路口的照明存在暗区，给行车安全带来隐患。AFS 控制器根据行驶的车速、周围道路环境等情况控制前角灯或前雾灯点亮，可使驾驶员能看清岔路中突然出现的行人和车辆，以避免发生交通事故。

车辆在乡村道路上高速行驶时，需要前照灯照得既远又宽，与此同时，还不能产生使会车驾驶员炫目的光线。AFS 控制器需要对前照灯照射光束进行控制，同时将前角灯或前雾灯点亮，以满足汽车在乡村道路上高速行驶的照明需要。

车辆在高速公路上行驶时，由于车速极快，所以需要前照灯比在乡村道路上照得更远，照得更宽。传统的前照灯往往存在着高速公路上照明不足的问题，AFS 控制器根据车速传感器的信号对前照灯进行控制，使之产生更远更宽的光形，以满足汽车在高速公路上高速行驶照明的需要。

4）下雨天前照灯照明自动控制

在雨天行驶时，地面的积水会将行驶车辆照射到地面上的光线反射至对面会车驾驶员的眼睛中，使其目眩而容易引发交通事故。AFS 控制器根据湿度传感器的信号对天气和路面情况进行模糊分析，并输出控制信号，使前照灯发出一种特殊的光形，使会车驾驶员产生炫目的地面的光强减弱。

五、汽车照明系统电路与故障诊断

1. 桑塔纳汽车照明系统电路

以桑塔纳汽车照明电路（图 5 - 12）为例，分析汽车照明控制电路的特点。

1）超车警示回路分析

当向上拨动组合开关柄接通 E4b，蓄电池电源直接接通大灯灯丝（经过保险 S9、S10），但当松开开关柄时，E4b 在弹簧的作用下立即自动切断电源。此时，位于组合仪表内的远光指示 K1 与前照灯远光同时亮、灭。

2）近、远光控制回路分析

大灯分左右各一只（L1 和 L2），每只大灯灯泡均由双丝灯泡组成，其中一根为近光，另

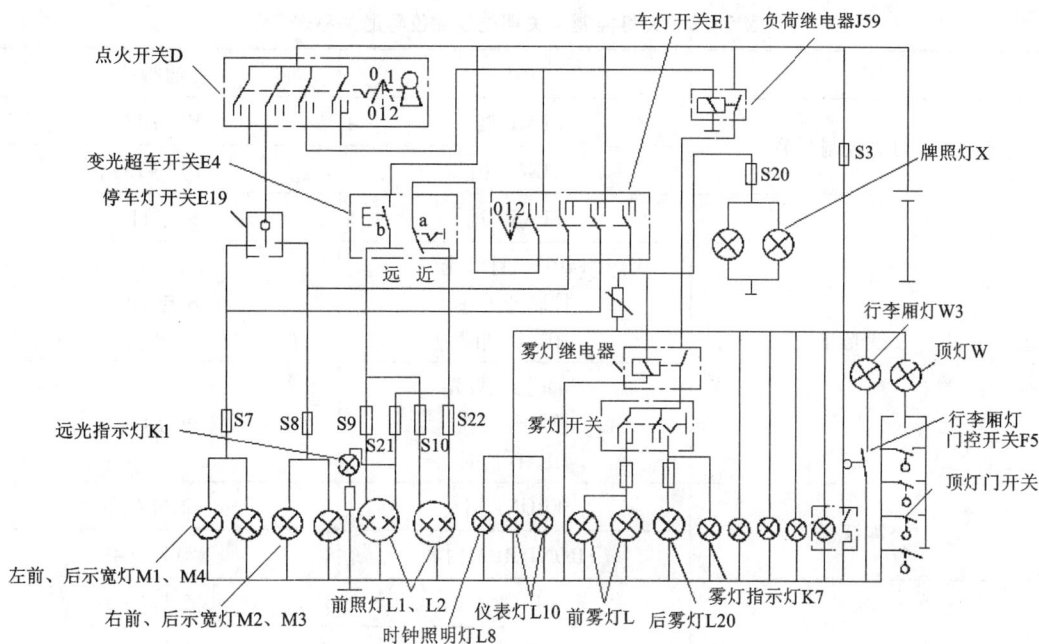

图 5 - 12　桑塔纳轿车照明电路

一根为远光。大灯受灯光开关 E1 和位于转向盘左边的转向组合开关操纵的 E4 控制。

当灯光开关 E1 处在 3 位时,蓄电池电源通过点火开关 D 第三掷、灯光开关 E1 第一掷引至远近光变换开关 E4a,向上拨动一下组合开关柄分别可依次接通近光灯丝(同时经过保险 S21、S22)或远光灯丝(同时经过保险 S9、S10)。在远光接通时,远光指示灯 K1 同时点亮。

3)雾灯控制回路分析

当灯光开关 E1 处在 2 位或 3 位时,负荷继电器电源通过雾灯继电器的触点送到雾灯开关。雾灯开关为二掷三位,开关处于 1 位时,雾灯不工作;开关处于 2 位时,电源经开关的第一掷、保险将两只前雾灯点亮;开关处于 3 位时,前雾灯仍然亮,此时开关的第二掷将电源经保险接通后雾灯 L20,同时位于仪表内的雾灯指示灯 K17 也亮。

2.丰田汽车照明系统电路

1)大灯控制开关的识图与分析

组合灯开关实物及内部电路如图 5 - 13 所示。其中组合开关中的灯光控制开关和变光开关控制大灯。组合灯开关挡位及脚位导通关系如表 5 - 2 所示。

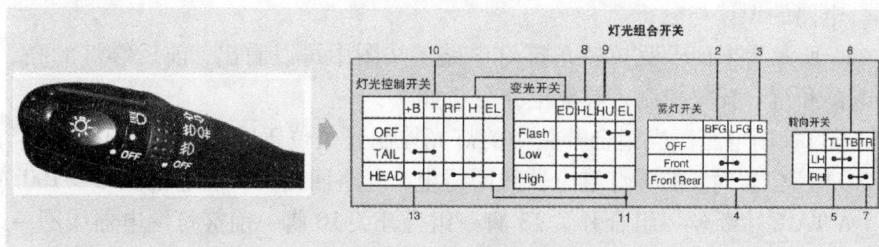

图 5 - 13　组合灯开关

表 5-2　大灯控制开关挡位及脚位导通关系表

名称		挡位	导通脚位
组合灯开关	灯光控制开关	TAIL 挡	10 与 13
		HEAD 挡	10 与 13
	变光开关	FLASH 挡	9 与 11
		LOW 挡且灯光控制开关在 HEAD 挡时	8 与 11
		High 挡且灯光控制开关在 HEAD 挡时	9 与 11
	雾灯开关	FRONT 挡	2 与 4
		FRONT REAR 挡	2 与 3 与 4
	转向开关	LH 挡	5 与 6
		RH 挡	6 与 7

2）小灯/尾灯/牌照灯/指示灯电路识读与分析

丰田轿车小灯/尾灯/牌照灯/指示灯电路如图 5-14 所示。

当灯光控制开关位于"TAIL"或"HEAD"挡时，蓄电池电压经熔断线和组合开关后，分别供电给小灯、尾灯、牌照灯、指示灯电路，点亮小灯、尾灯、牌照灯、指示灯。

具体回路如下：蓄电池正极→100 A ALT 熔断丝→7.5 A TAIL 熔断丝→组合开关 13 脚→组合开关 10 脚后分八路供电：

第一路供电给左前小灯→EB 或 EA 搭铁→蓄电池负极。

第二路供电给右前小灯→EA 或 EB 搭铁→蓄电池负极。

第三路供电给左后组合灯中的尾灯→EA 搭铁→蓄电池负极。

第四路供电给右后组合灯中的尾灯→EA 搭铁→蓄电池负极。

第五路供电给右牌照灯→EA 搭铁→蓄电池负极。

第六路供电给左牌照灯→EA 搭铁→蓄电池负极。

第七路供电给收音机和播放器指示灯→IC 搭铁→蓄电池负极。

第八路供电给 A/T 换挡杆指示灯→IA 搭铁→蓄电池负极。

3）雾灯电路的识读与分析

图 5-15 所示为丰田卡罗拉轿车雾灯电路。从图中可以看出，前后雾灯的亮、灭由前、后雾灯继电器和组合开关控制。具体电路分析如下：

（1）前雾灯控制电路。当组合开关中的灯光控制开关位于"TAIL"或"HEAD"挡，雾灯开关位于"FRONT"位置时，前雾灯继电器线圈得电，电路回路为：蓄电池正极→100 A ALT 熔断丝→7.5 A TAIL 熔断丝→组合开关 13 脚→组合开关 10 脚→前雾灯继电器线圈→组合开关 2 脚→组合开关 4 脚→IA 搭铁→蓄电池负极。此时前雾灯继电器触点闭合，接通前雾灯主电路。

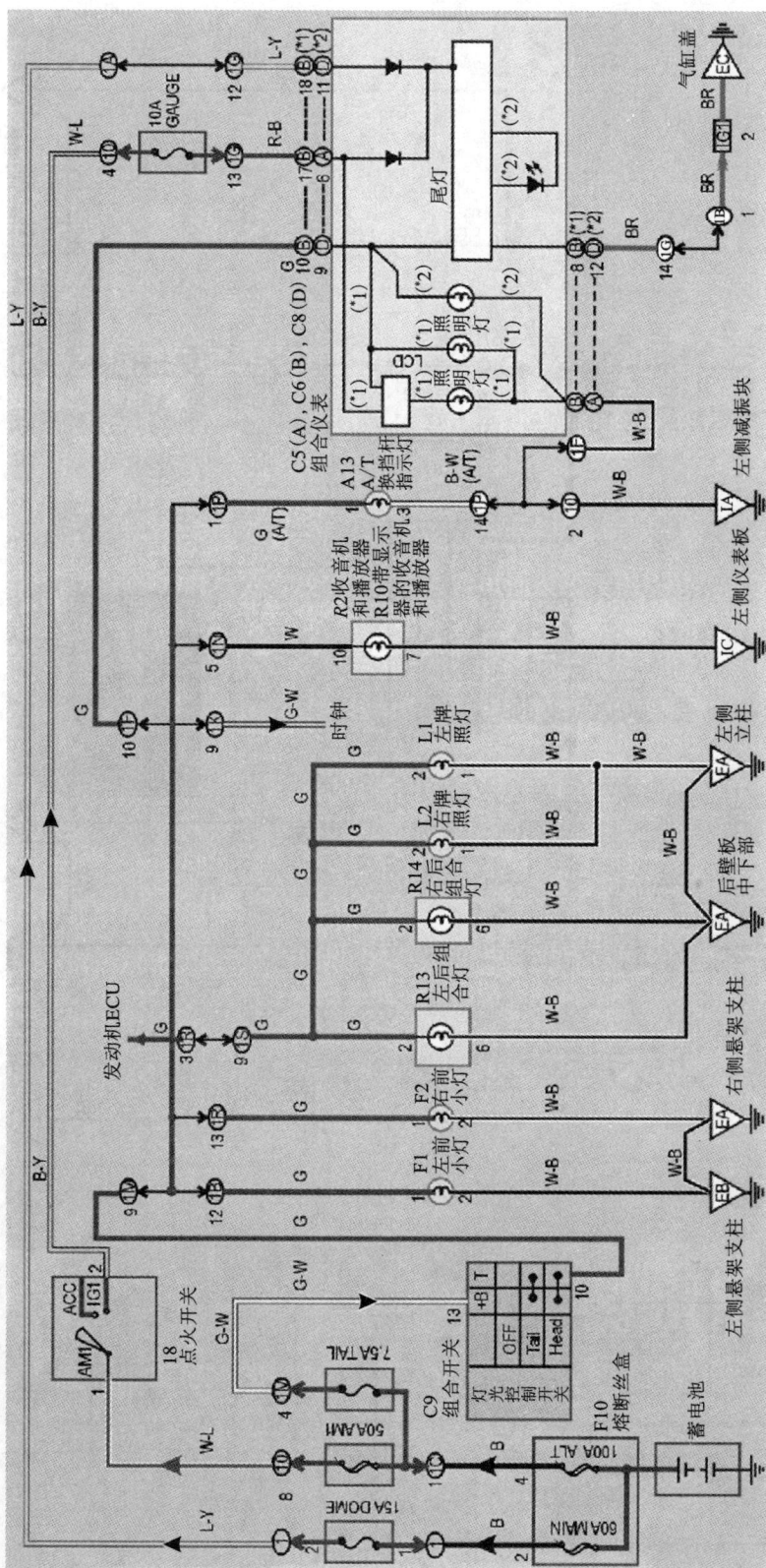

图5-14　丰田轿车小灯/尾灯/牌照灯/指示灯电路图

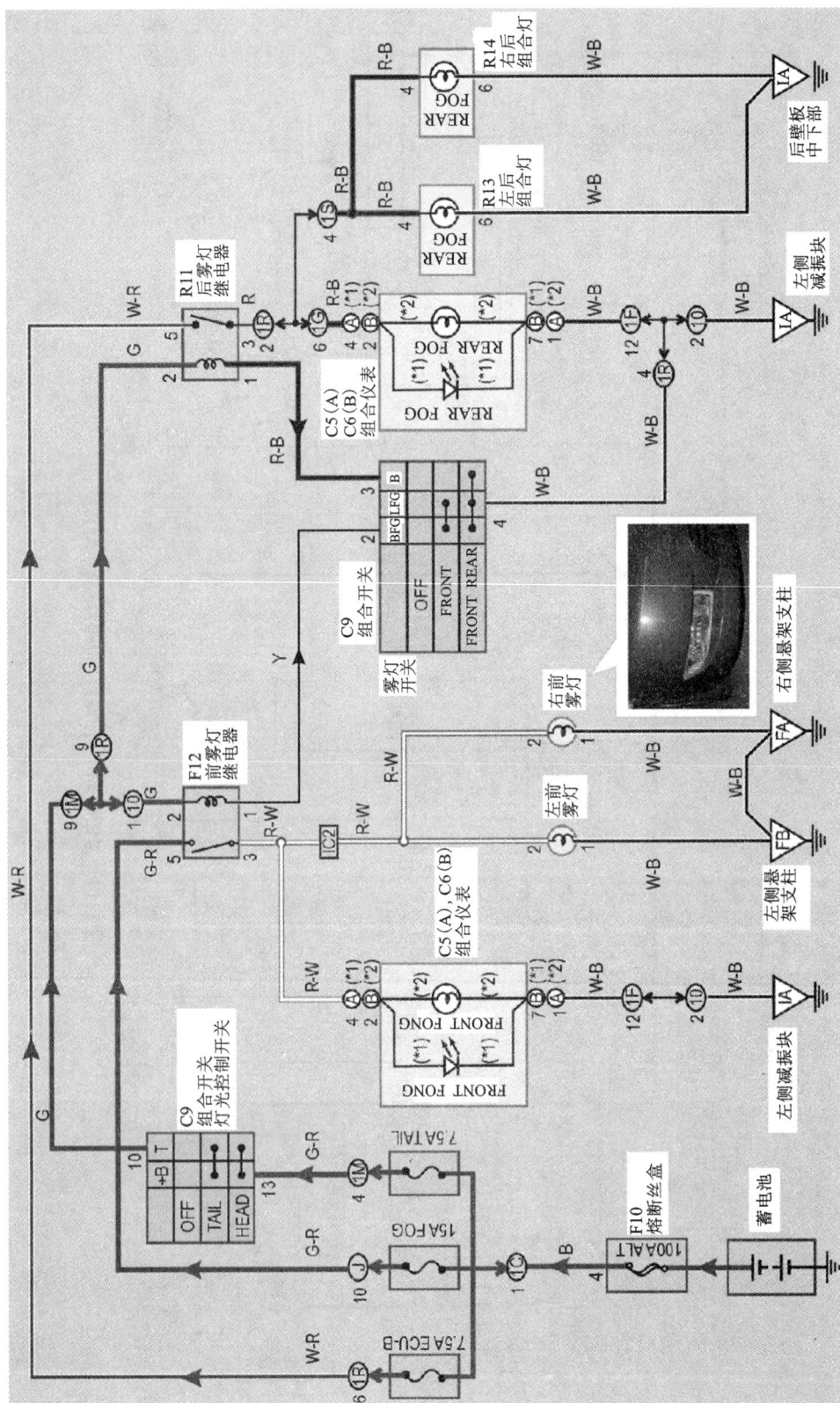

图5-15　丰田轿车前/后雾灯电路图

　　(2)前雾灯主电路。蓄电池正极→100 A ALT 熔断丝→7.5 A FOG 熔断丝→雾灯继电器5
脚→雾灯继电器3脚后分三路:第一路经右前雾灯→FA 或 FB 搭铁→蓄电池负极;第二路经
左前雾灯→FA 或 FB 搭铁→蓄电池负极;第三路经组合仪表内的前雾灯指示灯→IA 搭铁→
蓄电池负极。此时左、右前雾灯及仪表内的前雾灯指示灯点亮。

　　(3)后雾灯电路。当组合开关中的灯光控制开关位于"TAIL"或"HEAD"挡,雾灯开关位
于"FRONT REAR"位置时,组合开关的13脚与10脚导通、3脚与4脚导通,后雾灯继电器线
圈得电。电路具体分析与前雾灯电路相同。

第二节　信号系统的结构与维修

一、信号系统的组成

　　汽车信号系统主要由转向信号装置、倒车信号装置、制动信号装置和喇叭等组成。各信
号装置及其特征见表5－3。

表5－3　各信号装置的名称及特征

名称	位置	功率/W	用途	光色
转向灯、危险警告灯	汽车头部、尾部及两侧	21	使前后车辆及行人知晓车辆的行驶趋向;车辆遇到危险时作为危险报警灯发出警报信号	淡黄色光
倒车灯	汽车尾部	21	照明车辆后侧,同时警告后方的车辆及行人注意安全	白色光
制动灯	汽车尾部	21	向后方车辆及行人发出较醒目的安全警示信号,避免追尾碰撞	红色光
示位灯	汽车前面、后面和侧面	5	夜间标示车辆的存在及所处位置	前:白色或黄色 后:红色 侧:淡黄色
示廓灯	车身的前后左右四角	3~5	标示车辆轮廓	红色光
驻车灯	车头车尾和两侧	3	标示车辆形状位置,警示车辆及行人注意避让,以防碰撞	前:白色光 后:红色光
警示灯	汽车顶部	40~45	标示车辆特殊类型,消防车、警车为红色,救护车为蓝色	白色或黄色光
扬声器	发动机室内	—	发出声响,警告行人车辆,以确保行车安全	

　　目前,大多将前照灯、雾灯、前位灯等组合起来,称为组合前灯;将后位灯、后转向信号
灯、制动信号灯、倒车灯组合起来,称为组合后灯。

二、各信号装置的结构、原理和控制电路

1. 转向灯

1)转向信号装置的结构、原理

当汽车要转向时，需接通左侧或右侧转向信号灯；当遇有特别情况时，所有转向信号灯应同时闪烁，作为危险警告信号。转向信号装置主要包括开关、信号灯和闪光器，其中闪光器是主要器件。

（1）开关转向灯开关和危险警告灯开关外形如图 5-16 所示，左右拨动转向开关，可接通转向灯电路，标有红色△的开关为危险警告灯开关，当按下开关时，左右转向灯将同时闪烁。当转向灯受组合开关控制时，因转向盘回正，使组合开关中的转向灯开关的回正销拨动，从而自动切断转向灯电路，危险报警灯操纵装置不受点火开关及灯光组合开关的控制。

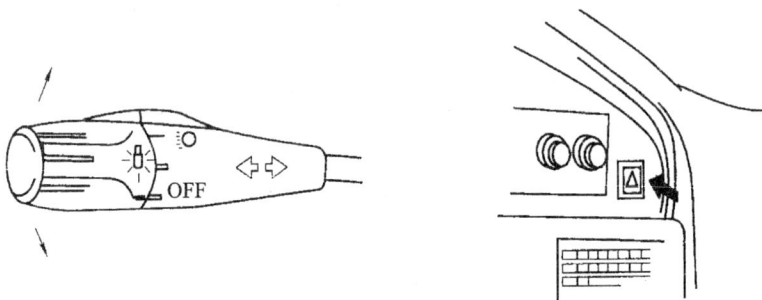

图 5-16　转向信号灯和危险警告灯开关

（2）闪光器转向灯的闪烁是由闪光器控制的，常见的闪光器有翼片式、电容式、晶体管式和集成电路式。其作用是串联在转向灯电路中，在汽车转弯（或变道）时，使转向灯发出明暗交替的闪烁光，以标示汽车的行驶趋向。

①电容式闪光器。电容式闪光器外形和结构原理图如图 5-17 所示。

工作原理：汽车转向时，接通转向开关，电流经蓄电池"＋"极→点火开关→接线柱 B→串联线圈→常闭触点→接线柱 L→转向开关→转向灯及转向指示灯（左或右）→搭铁→蓄电池"－"极，构成回路。

流经串联线圈的电流产生的吸力大于弹簧片的作用力时，将触点迅速打开，由于流过转向灯灯丝电流时间很短，故灯泡处于暗的状态（未来得及亮）。触点打开后，蓄电池开始向电容器 C 充电，回路为：蓄电池"＋"极→点火开关→接线柱 B→串联线圈→并联线圈→电容 C →转向开关→转向灯及转向指示灯（左或右）→搭铁→蓄电池"－"极。由于线圈丝电阻较大，充电电流较小，仍不足以使转向灯亮。同时，两线圈产生的电磁吸力方向相同，使触点维持打开，随着电容器 C 两端电压升高，充电电流逐渐减小，电磁吸力也减小，在弹簧片作用下，触点闭合。随后，电源通过串联线圈、触点、转向开关向转向灯供电，电容器经并联线圈、触点放电。由于此时两线圈磁力方向相反，产生的合成磁力不足以使触点打开，此时转向灯亮。随着 C 两端电压下降，流经并联线圈的电流减少，产生的磁力减弱，串联线圈产生的电磁吸力又将触点打开，转向灯变暗。如此反复，使转向灯以一定的频率闪烁。

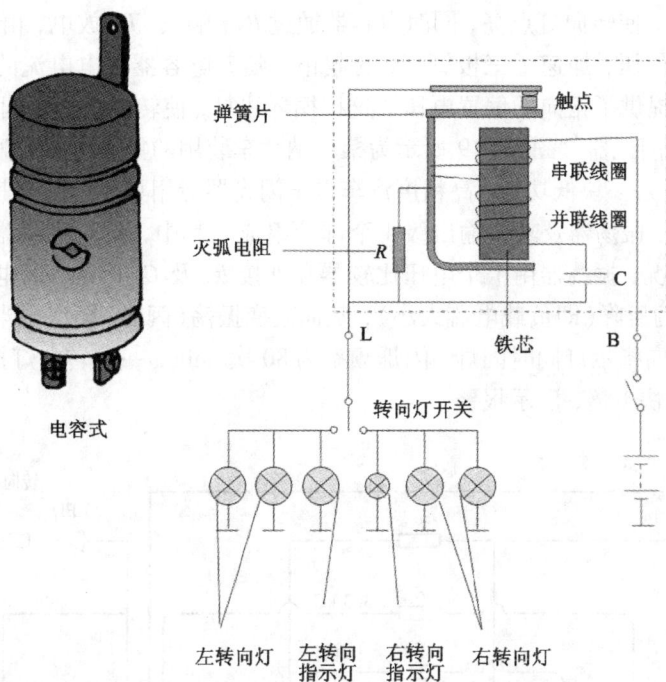

图 5 - 17　电容式闪光器外形和结构原理图

②晶体管式闪光器。图 5 - 18 所示为带继电器触点式晶体管闪光器外形和结构原理图，其触点为常闭合触点。

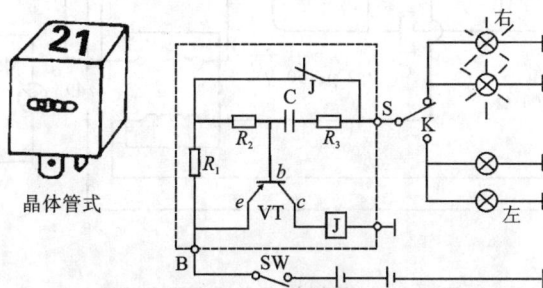

图 5 - 18　晶体管式闪光器外形和结构原理图

工作原理：当车辆转弯时，接通电源开关 SW 和转向开关 K，电流经蓄电池" + "极→电源开关 SW→接线柱 B→R_1→继电器 J 的触点→接线柱 S→转向开关 K→转向灯及转向指示灯（左或右）→搭铁→蓄电池" - "极，转向灯亮。由于 R_1 上的分压给三极管 VT 提供了偏置电压而使其导通，集电极电流流经继电器 J 的线圈，其上产生的吸力使触点断开。三极管 VT 导通后其基极电流向电容器充电，其回路为：蓄电池" + "极→电源开关 SW→接线柱 B→发射极、基极→电容器 C→R_3→转向灯开关→转向灯及转向指示灯（左或右）→搭铁→蓄电池" - "极。电容器 C 充电过程中，随着电容器两端电压上升，基极电流变小，使集电极电流也相应变小。当流经继电器 J 的线圈的电流不足造成吸力减小而释放常闭合触点时，继电器 J 的触点又重新闭合，使转向灯点亮，同时电容器通过 R_2、触点、R_3 放电，由于此时 R_2 向三极管 VT 提供了反向偏压，加速了三极管 VT 的截止。随着电容器放电电流的减小，R_1 上的压降又为三极管 VT 提供了正向的偏置电压。这样循环往复，使转向信号灯闪烁发光。

③集成电路式闪光器。图 5-19 所示为桑塔纳轿车装用的集成电路式闪光器电路图。它的核心器件 U243B 是一块低功耗、高精度汽车电子闪光器专用集成电路。其内电路由输入检测器、电压检测器、振荡器及功率输出级 4 个部分组成。其中，输入检测器用来检测转向灯开关 SW 的工作情况，振荡器由 1 个电压比较器和外接 R_4 及 C_1 构成，而电压检测器用来识别取样电阻 R_L 上的压降(即负载电流大小)，从而改变振荡(闪光)频率。当整个电路正常工作时，转向灯和转向指示灯同时闪烁，闪烁频率为 80 次/min。一旦转向灯损坏，则转向指示灯的闪光频率将加快 1 倍，以示报警。

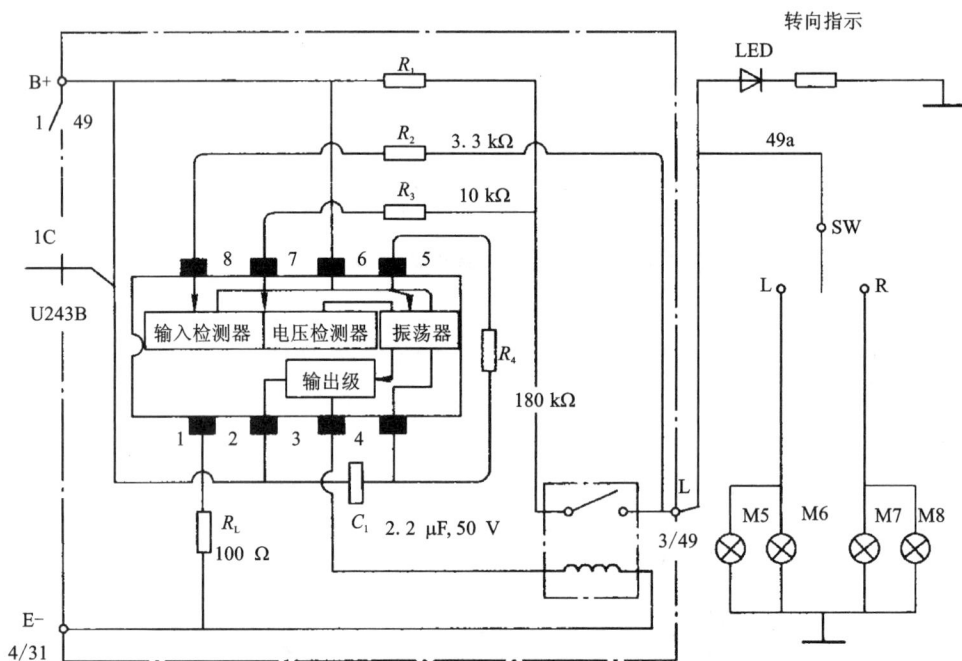

图 5-19　桑塔纳汽车闪光器电路图

2)转向灯、危险报警灯控制电路

转向灯及危险报警灯电路由转向灯、转向指示灯、转向灯开关、闪光器、报警开关等组成，转向灯的闪烁由闪光器控制。转向灯闪光器与危险报警灯闪光器可以共用(如天津夏利)也可单独设置(如北京切诺基)。转向灯与危险报警灯的控制装置和控制电路因车型不同而不尽相同，但基本结构及原理相似。常见的转向灯、危险报警灯控制电路如图 5-20 所示。

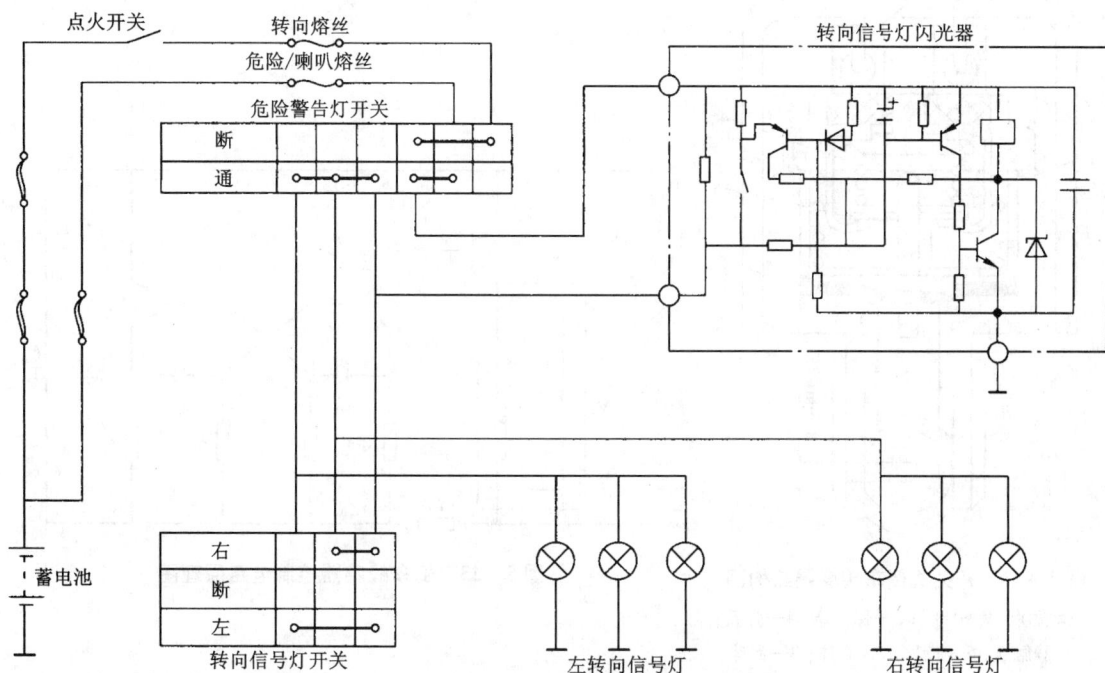

图 5 - 20　常见的转向灯、危险报警灯控制电路

2. 倒车信号装置

汽车倒车时，为了警告车后的行人及车辆注意避让，在汽车的尾部通常装有倒车信号装置，并由装在变速器上的倒车灯开关控制，如图 5 - 21 所示。倒车信号装置的报警方式有 3 种：第一种是倒车灯亮——光报警；第二种是蜂鸣器发出"嘟嘟"声——声报警；第三种是扬声器发出"请注意！倒车！"的报警——语音报警。具体的倒车装置可以采用 3 种报警方式的不同组

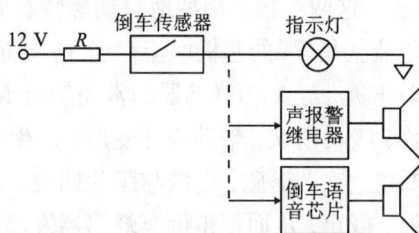

图 5 - 21　倒车报警系统

合。3 种报警方式都是由开关式倒车传感器提供信号的，其结构如图 5 - 22 所示。传感器的动触点是由弹性膜片和 2 个螺旋弹簧并联构成的。当变速杆把倒挡变速叉轴拨到倒挡位置时，倒挡叉轴上的凹槽就对准钢球，传感器中的钢球陷入凹槽而下降 1.8 mm，于是在弹簧组作用下动触点与静触点闭合(ON)，倒车灯亮；当变速杆拨到非倒车挡位时，钢球上升，使弹簧受到压缩，动触点与静触点断开(OFF)，则不产生倒车报警。

1)倒车蜂鸣器

倒车蜂鸣器是一种间歇发音的音响信号装置，其发音部分是一只功率较小的电喇叭，控制电路是一个由非稳态电路和反相器组成的开关电路。如图 5 - 23 所示是一般车型倒车蜂鸣器的控制电路。

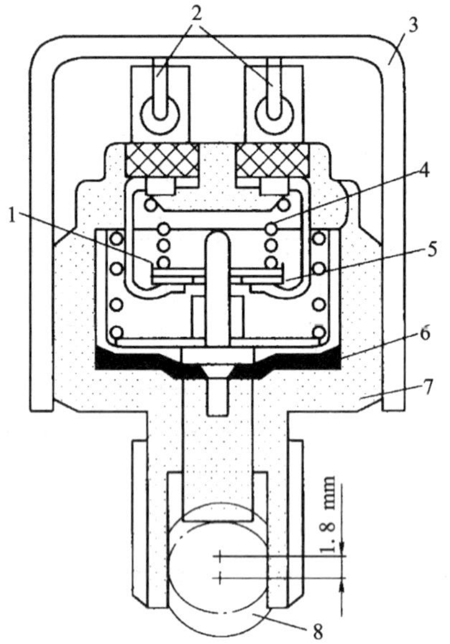

图 5－22　开关式倒车传感器结构图

1—动触点；2—导线；3—保护罩；4—弹簧；
5—静触点；6—膜片；7—壳体；8—铜球

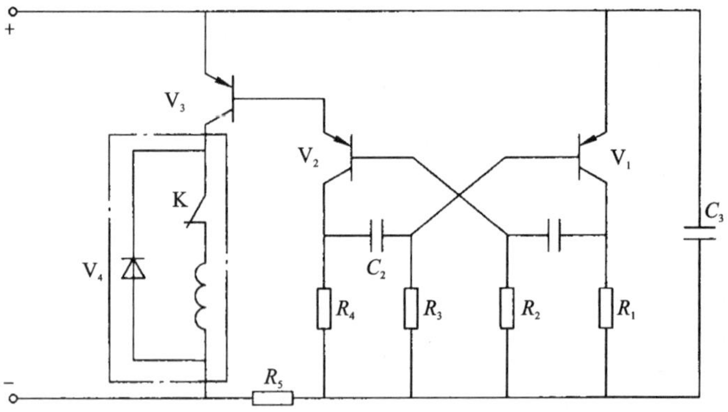

图 5－23　倒车蜂鸣器控制电路原理图

工作原理：三极管 V_1、V_2 组成一个无稳态电路（也叫多谐振荡器）。由于 V_1 和 V_2 之间采用电容器耦合，所以 V_1 与 V_2 只有两个暂时的稳定状态，或 V_1 导通，V_2 截止；或 V_1 截止，V_2 导通。这两个状态周期地自动翻转。V_3 在电路中起开关作用，它与 V_2 直接耦合，V_2 的发射极电流就是 V_3 的基极电流。当 V_2 导通时，V_3 基极有足够大的基极电流也导通。电流便从电源正极，经 V_3、蜂鸣器的常闭触点 K、线圈流回电源负极。线圈通电后，使线圈中的铁芯磁化，吸动衔铁，带动膜片变形，产生声音，当 V_2 截止时，V_3 因无基极电流而截止，于是线圈断电，铁芯退磁，衔铁与膜片回位。如此周而复始，V_3 按照无稳态电路的翻转频率不断地导通、截止，从而使得倒车蜂鸣器发出间歇性的鸣叫。

2）语音报警器

倒车语音报警器的典型电路如图 5－24 和图 5－25 所示。

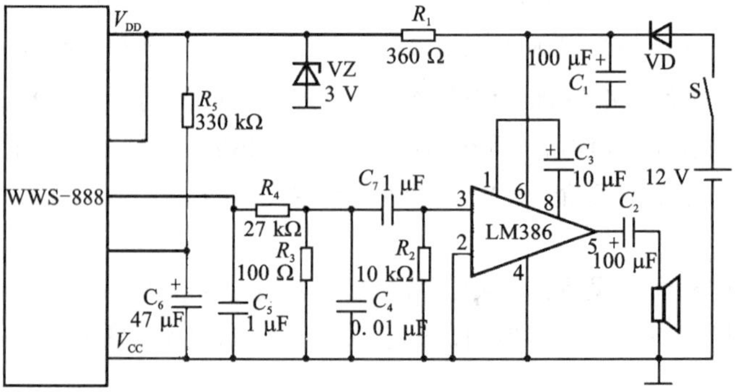

图 5－24　WWS－888 语音倒车警报器电路

图 5-24 所示为 WWS-888 语音倒车警报器电路。WWS-888 是专用语音集成芯片，从 WWS-888 芯片的语言输出端输出的信号，送至功率放大电路 LM386，推动扬声器发出"请注意倒车！请注意倒车！"的警告声。WWC-888 的工作电源电压为

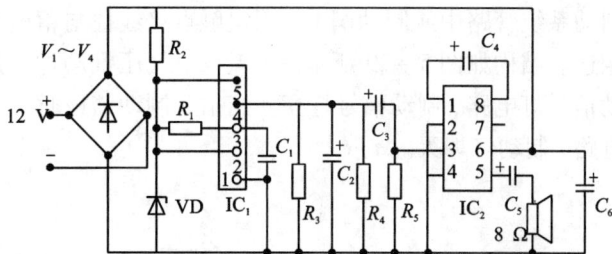

图 5-25 倒车语音报警器控制电路原理图

3 V，由 VZ 提供；电阻 R_5 和电容 C_6 组成振荡电路，为外接元件，可根据实际需要适当调整；VD 能防止因电源极性反接而损坏元件，起保护作用。

图 5-25 所示为另一种典型的倒车语音报警器的电路，汽车倒车时，能重复发出"请注意，倒车！"的声音。

IC_1 是储存有语音信号的集成电路，集成块 IC_2 是功率放大集成电路，稳压管 VD 用于稳定语音集成块 IC_1 的工作电压。为防止电源电压接反，在电源的输入端使用了四个二极管组成的桥式整流电路，这样无论它怎样接入 12 V 电源，均可保证电路正常工作。

3) 倒车声纳系统

声纳系统分主动式和被动式两类。主动式声纳系统是指能辐射出超声波并能接收其反射波的系统，如图 5-26 所示。

丰田汽车公司开发的声纳系统，倒车时能够觉察到汽车后方的障碍物，并用指示灯和蜂鸣器告诉驾驶员关于障碍物到汽车的距离和大致位置。其后保险杆里分别装入 2 个超声波脉冲发生器(T_1、T_2)和 2 个超声波传感器(R_1、R_2)，微型计算机装设在行李舱内，显示器装在后支撑托架上，如图 5-27 所示。40 kHz 的超声波脉冲发送器，以每秒 15 次的频率向车后发射超声波，若车后有障碍物，超声波在该处将被反射回来，因此根据超声波的往返时间，就能得出汽车到障碍物间的距离。

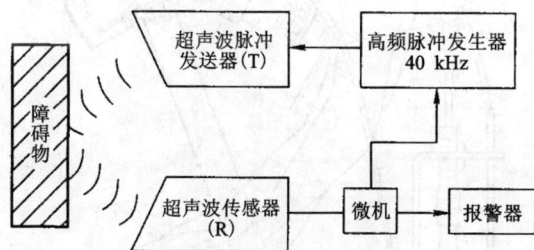

图 5-26 倒车声纳系统

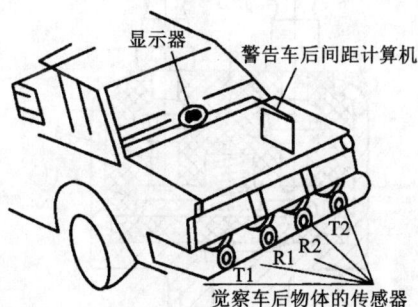

图 5-27 声纳系统在车上安装的位置

3. 制动信号灯

制动信号灯由制动开关控制，其电路如图 5-28 所示。制动开关分为气压式、液压式和机械式。

气压式制动信号灯开关，通常安装

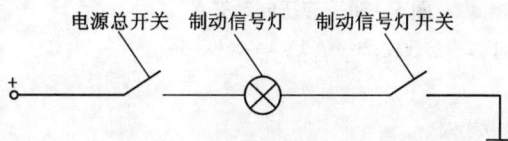

图 5-28 制动信号灯电路

在制动系统管路中或制动阀上，固定触点接线柱与蓄电池正极相连，活动触点接线柱与指示灯相连。结构如图 5-29 所示。制动时，气压推动橡皮膜向上拱曲，压缩弹簧，使触点接通制动信号灯电路，制动信号灯亮。当抬起制动踏板时，气压下降，橡皮膜复原，触点断开，切断电路，制动灯熄灭。

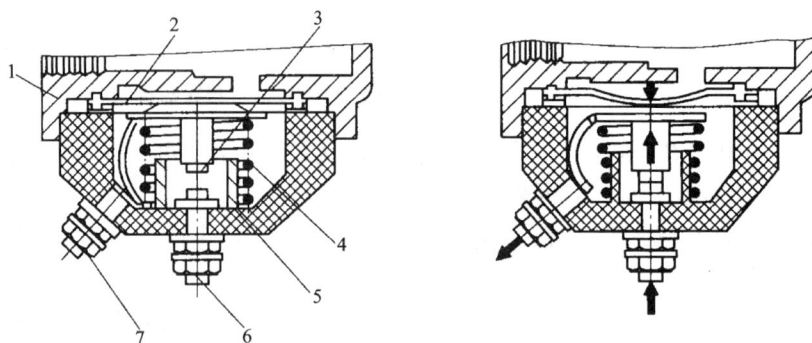

图 5-29　气压制动开关

1—制动阀壳；2—制动灯开关膜片；3—活动触点；4—活动触点弹簧；

5—开关壳；6—固定触点接线柱；7—活动触点接线柱

液压式制动信号灯开关，通常安装在制动总泵的前端。结构如图 5-30 所示。

机械式制动开关一般装于制动踏板下方，如图 5-31 所示。当踩下制动踏板时，制动开关内的活动触点便将两接线柱接通，使制动灯点亮；当松开踏板后，断开制动灯电路。

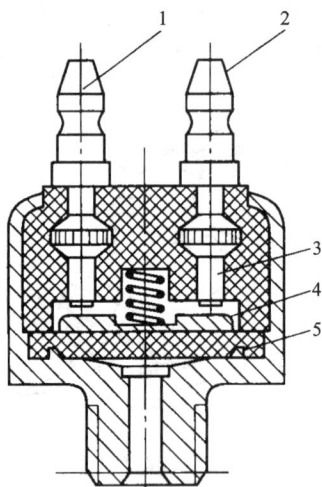

图 5-30　液压制动开关

1、2—接线柱；3—触头；4—触板；5—膜片

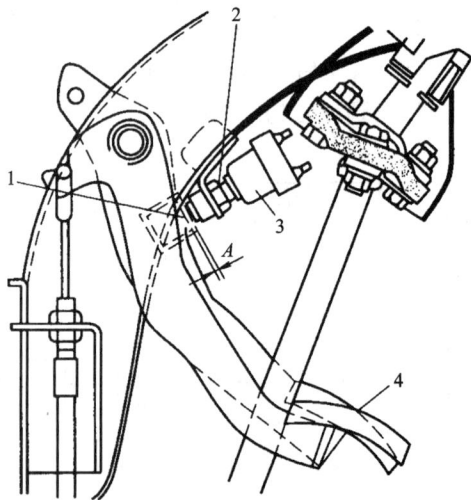

图 5-31　制动踏板下的制动开关

1—制动踏板限制块；2—调整螺母；

3—制动开关；4—制动踏板

4. 喇叭

现代轿车使用的多是电喇叭，电喇叭又可分为螺旋形电喇叭和盆形电喇叭。螺旋形电喇

叭的结构和内部电路如图 5 - 32 所示。

下面以盆形电喇叭为例,介绍普通电喇叭工作原理。

盆形电喇叭结构如图 5 - 33 所示,电磁铁采用螺管式结构,铁芯上绕有励磁线圈,上、下铁芯间的气隙在线圈中间,所以能产生较大的吸力。它无扬声筒,而是将上铁芯、膜片和共鸣板装在中心轴上。

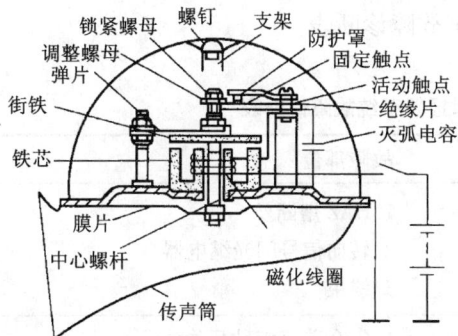

图 5 - 32　螺旋形电喇叭的结构

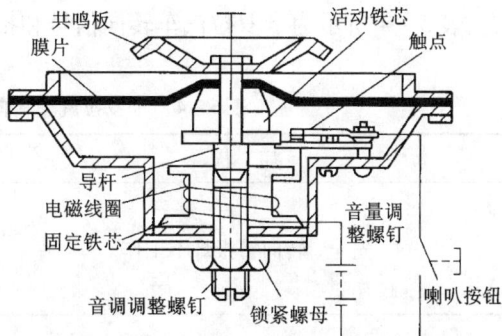

图 5 - 33　盆形电喇叭的结构

工作原理:当按下喇叭按钮时,喇叭线圈的供电电路为:蓄电池正极→喇叭线圈→触点→喇叭按钮→搭铁→蓄电池负极。喇叭线圈通电后产生电磁吸力,吸动上铁芯及衔铁下移,带动膜片向下变形,同时,衔铁下移将触点打开,线圈断电,电磁力消失,上铁芯及衔铁在膜片弹力的带动下复位,触点再次闭合。重复周期开始,使膜片与共鸣板产生共鸣发声。

为了得到较为和谐悦耳的声音,汽车上一般装有两个不同音频的喇叭,其耗用

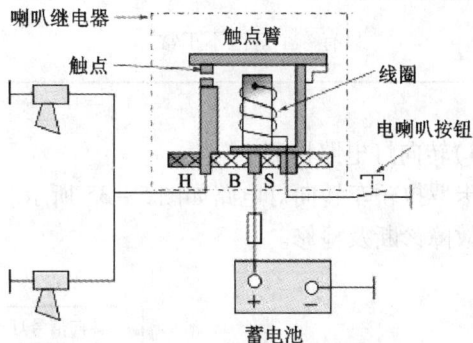

图 5 - 34　喇叭继电器电路

的电流较大(15 ~ 20 A),若用按钮直接控制,按钮容易烧坏。故常采用喇叭继电器控制,其结构与接线方法如图 5 - 34 所示。

工作原理:当按下电喇叭按钮时,线圈通电,产生的电磁力使触点闭合,接通电喇叭电路而使电喇叭发声。电喇叭电路为:蓄电池正极→熔丝→接线柱 B→触点臂→触点→接线柱 H→电喇叭→搭铁→蓄电池负极。电喇叭工作电流不经电喇叭按钮,从而保护了电喇叭按钮。

三、汽车信号系统电路与故障诊断

1. 转向灯电路的检修

1)常见故障

常见故障有转向信号灯均不亮、转向信号灯闪光频率不正常等

2）故障原因

故障原因包括：熔断器熔断；闪光继电器损坏；转向信号灯开关损坏；导线接触不良；灯泡功率不当或某一边灯泡烧坏等。

3）常见故障诊断示例

所有的转向信号灯都不亮，一般是闪光器电源线或保险装置断路所致。

转向信号灯闪光频率不正常，一般是闪光器、转向信号灯开关接线松动，闪光器故障所致。表 5-4 所示为卡罗拉汽车转向信号和报警系统故障诊断表。

表 5-4 卡罗拉汽车转向信号和报警系统故障诊断表

症　状	故障部位
安全、转向警报灯不工作	1. HAZ 熔断丝 2. 转向信号闪光继电器 3. 线束
安全警报灯不工作（转向灯正常）	1. 安全警报信号开关总成 2. 线束
转向信号不正常（安全灯不正常）	1. 转向信号开关 2. 线束
只有一个灯泡不正常	1. 灯泡 2. 线束

4）转向灯电路检测

卡罗拉轿车转向灯电路如图 5-35 所示。对于转向信号灯不亮的故障，可按下面的流程进行故障诊断及检修。

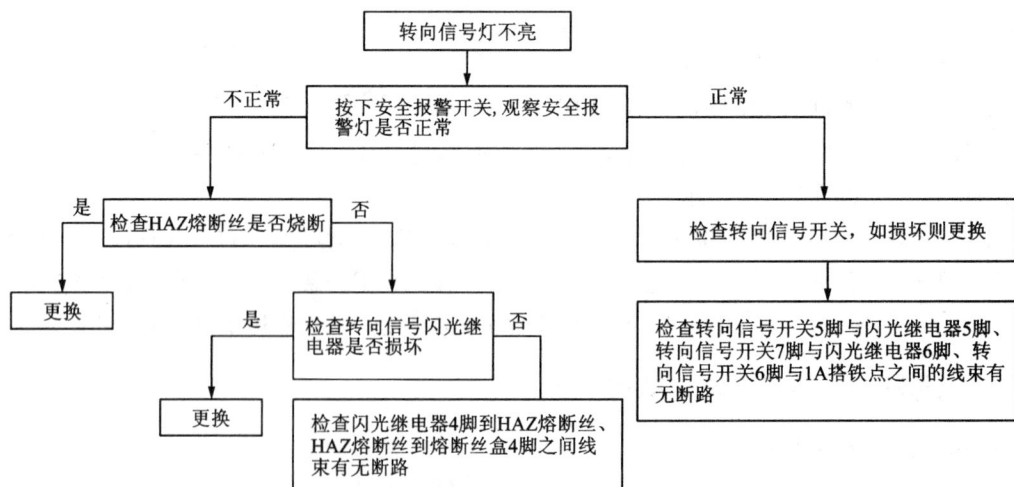

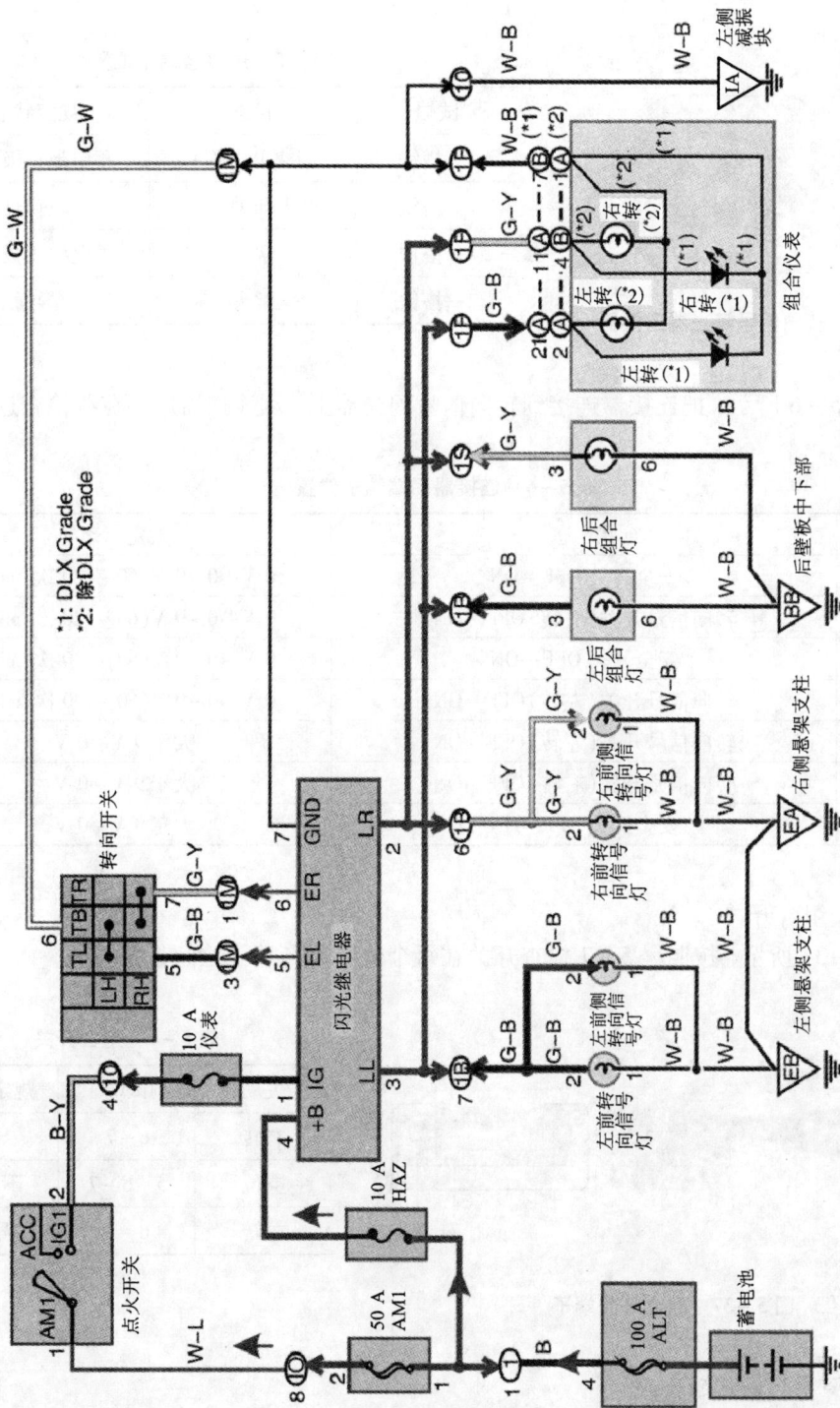

图5-35　转向信号灯电路

（1）检查转向信号闪光器。

按照图 5-36 所示断开转向信号闪光器连接器，按表 5-5 所示，检查连接器上的端子。

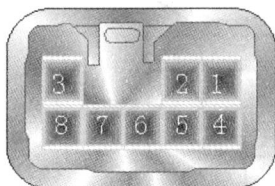

图 5-36 转向信号闪光器连接器

表 5-5 连接器端子位置

测试端子	状态	规定状态
1—搭铁	点火开关 ON	蓄电池正极电压
1—搭铁	点火开关 OFF	没有电压
4—搭铁	常火	蓄电池正极电压
7—搭铁	常火	导通

按照表 5-6 所示，把连接器连接到转向信号闪光器上，从连接器后端在线检查连接器的端子信号。

表 5-6 连接器后端端子位置

测试端子	状态	规定状态
2—搭铁	安全开关 OFF→ON	0 V→0~9 V（60~120 次/min）
2—搭铁	转向信号开关（右转）OFF→ON	0 V→0~9 V（60~120 次/min）
3—搭铁	安全开关 OFF→ON	0 V→0~9 V（60~120 次/min）
3—搭铁	转向信号开关（左转）OFF→ON	0 V→0~9 V（60~120 次/min）
5—搭铁	转向信号开关（左转）OFF→ON	大于 9 V→0 V
6—搭铁	转向信号开关（右转）OFF→ON	大于 9 V→0 V
8—搭铁	安全开关 OFF→ON	大于 9 V→0 V

（2）检查组合开关。

如图 5-37 所示，按照表 5-7 检查开关在每个位置时各端子之间是否导通。

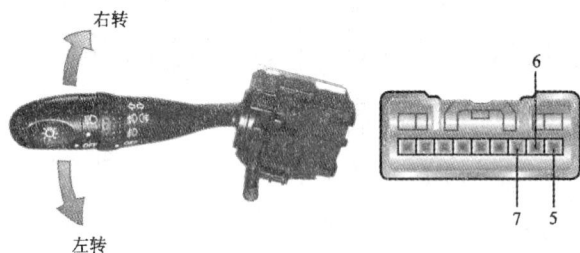

图 5-37 组合开关端子

表 5-7 组合开关

开关动作	测试端子	规定状态
右转	6-7	导通
空位	5-6-7	不导通
左转	6-5	导通

2. 危险警告灯电路的检修

卡罗拉轿车危险报警电路如图 5-38 所示。

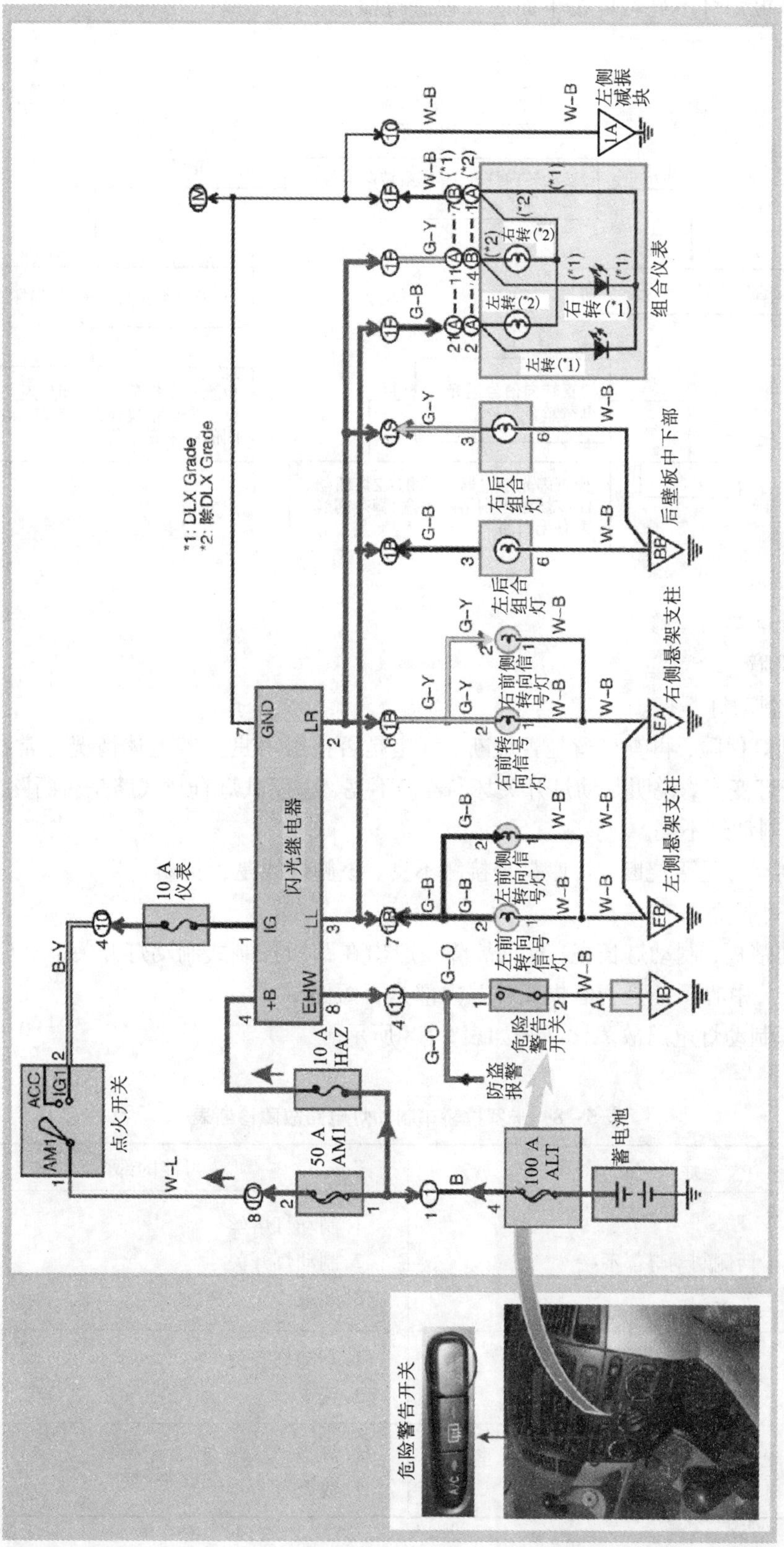

图5-38 卡罗拉轿车危险警告灯电路

对于危险报警灯不亮可以按下面的流程进行检修：

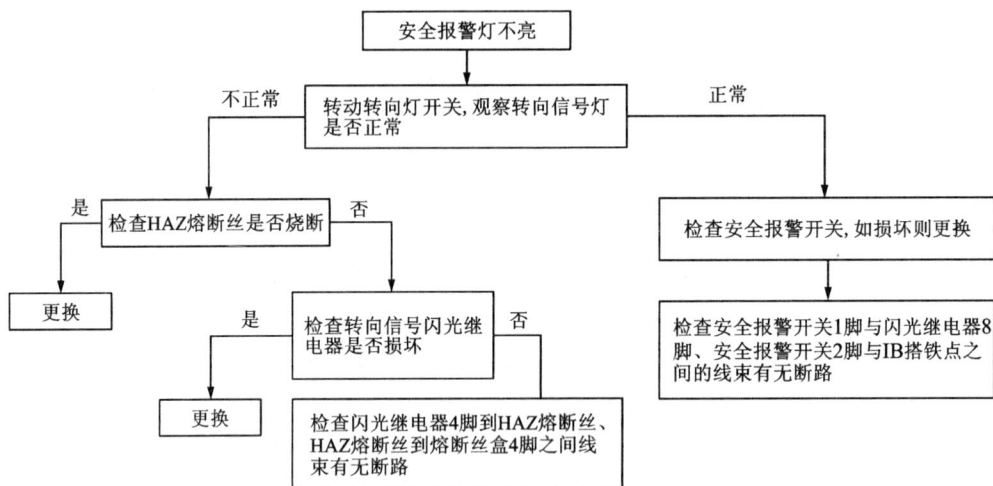

```
                        ┌──────────────┐
                        │  安全报警灯不亮  │
                        └──────┬───────┘
                               │
   不正常    ┌───────────────────────────────────┐    正常
 ┌─────────┤ 转动转向灯开关,观察转向信号灯        ├─────────┐
 │         │         是否正常                  │         │
 │         └───────────────────────────────────┘         │
 │                                                        │
 │  是  ┌──────────────────┐  否                          │
 ├─────┤ 检查HAZ熔断丝是否烧断├────┐              ┌──────────────────────────┐
 │     └──────────────────┘    │              │ 检查安全报警开关,如损坏则更换 │
 │                             │              └──────────────────────────┘
┌──────┐                       │                          │
│ 更换 │            是  ┌───────┴────────┐  否   ┌──────────────────────────┐
└──────┘           ┌──┤ 检查转向信号闪光继 ├──┐   │ 检查安全报警开关1脚与闪光继电器8│
                   │  │ 电器是否损坏      │  │   │ 脚、安全报警开关2脚与IB搭铁点之│
                   │  └────────────────┘  │   │ 间的线束有无断路            │
              ┌──────┐          ┌──────────────┐ └──────────────────────────┘
              │ 更换 │          │ 检查闪光继电器4脚到HAZ熔断丝、│
              └──────┘          │ HAZ熔断丝到熔断丝盒4脚之间线│
                                │ 束有无断路            │
                                └──────────────┘
```

3.制动灯电路的检修

1）常见故障

（1）全部制动灯不亮。

先查制动灯保险，再查灯丝是否烧断、灯座是否接触不良。若上述情况正常，可短接制动灯开关，若灯变亮，说明制动灯开关坏；若仍不亮，应用试灯查找线路是否断路。

（2）单边制动灯不亮。

应查该制动灯是否烧断、灯座是否接触不良、该侧灯线是否折断。

（3）制动灯长亮。

松开制动踏板，制动灯长亮，这种故障一般出在踏板控制式制动灯开关上。应检查踏板能否回位，开关中心顶柱是否磨损或开关内部是否短路。

威驰轿车制动灯电路故障诊断表如表5-8所示。

表5-8 卡罗拉轿车制动灯电路故障诊断表

症　状	可能的部位
两侧制动灯都不亮	1.制动灯熔丝 2.制动灯开关 3.线束
制动灯始终亮	1.制动灯开关 2.线束
制动灯不亮（一侧）	1.灯泡 2.线束

2）制动灯电路检测

威驰轿车制动灯电路如图 5－39 所示。对于制动灯电路故障，主要应检查制动灯开关总成：检查制动灯开关总成是否导通。检查开关工作时端子 1 和 2 之间是否导通，如图 5－40 和表 5－9 所示。

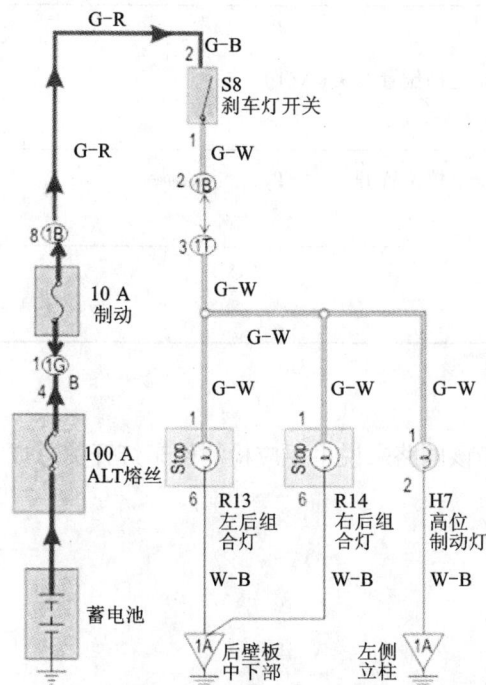

图 5－39 制动灯电路图

表 5－9 检查制动灯开关的方法

开关动作	测试端子	规定状态
开关销释放（踏板释放）	1－2	不导通
开关销推进（踏板推进）	1－2	导通

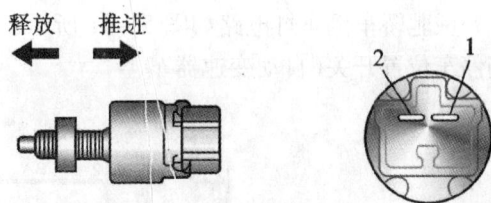

图 5－40 检查制动灯开关

4. 倒车灯电路的检修

1）常见故障

倒车灯常见故障有以下三种：

（1）倒车灯不亮。

此故障一般是倒车灯的灯泡损坏、倒车灯开关损坏、线路有断路所致。

检修时先查看倒车灯保险是否烧断。若完好，可将倒车灯开关短接，短接后灯变亮，说明倒车灯开关失效；短接后灯仍不亮，可查倒车灯灯丝是否烧断，灯座是否接触不良。最后用试灯查线路是否断路。

（2）倒挡挂不进。

遇此故障，可旋出倒车灯开关再重挂，挂进了说明倒车灯开关钢球卡死、漏装垫圈或垫圈太薄；重挂挂不进，说明变速器有故障。

（3）仅倒挡不亮，其余挡位倒车灯全亮。

常开式与常闭式倒车灯开关装反了。

倒车报警电路故障的诊断方法同上。发现倒车报警器失效，一般作换件处理。在有电子配件来源的情况下，可拆开报警器外壳，检查各分立元件的性能并修复使用。

威驰汽车倒车灯电路故障诊断表如表 5 – 10 所示。

表 5 – 10 倒车灯电路故障诊断表

症　状	可能的部位
两侧倒车灯 都不亮	1. 仪表熔断丝 2. 倒车灯开关总成(M/T)驻车/空挡位置开关(A/T) 3. 线束
两侧倒车灯 始终亮	1. 倒车灯开关总成(M/T)驻车/空挡位置开关(A/T) 2. 线束
倒车灯不亮 (一侧)	1. 灯泡 2. 线束

2) 倒车灯电路检测

威驰轿车倒车灯电路如图 5 – 41 所示,对于该电路来说主要应检测倒车灯开关总成或空挡停车位置开关(自动变速器车型)。

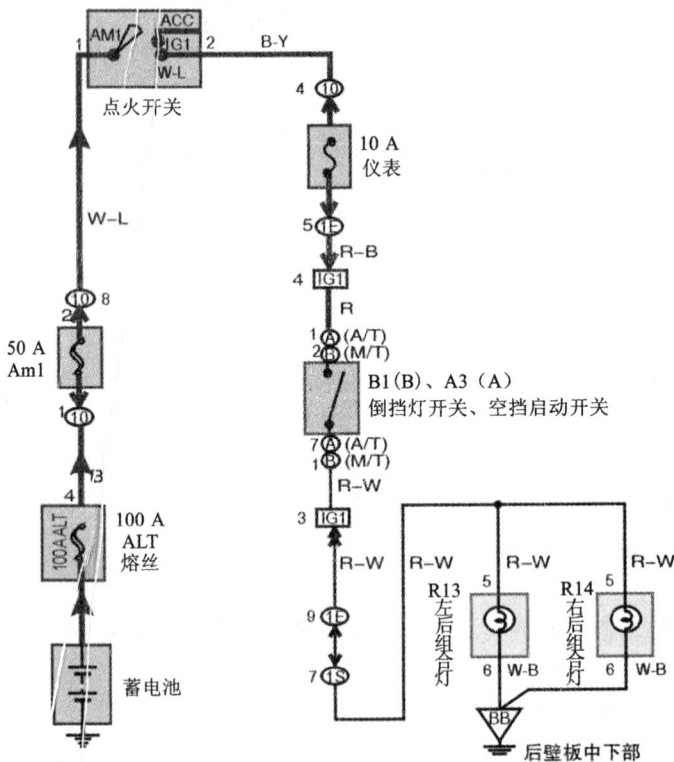

图 5 – 41 倒挡灯电路图

（1）倒车灯开关总成的检查。

检查倒车灯开关总成是否导通。检查开关工作时端子 1 和 2 之间是否导通，如图 5 - 42 和表 5 - 11 所示。

表 5 - 11　倒车灯开关总成的检查

开关动作	测试端子	规定状态
ON	1 - 2	导通
OFF	1 - 2	不导通

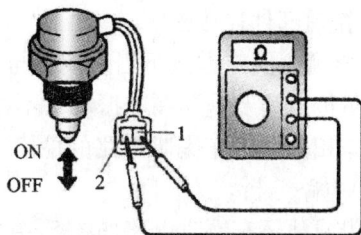

图 5 - 42　检查倒车灯开关

（2）空挡停车位置开关（自动变速器车型）。

检查空挡停车位置开关总成是否导通。按照图 5 - 43 和表 5 - 12，检查每个挡位时各端子之间是否导通。

表 5 - 12　空挡停车位置开关的检查

预选杆位置	测试端子	规定状态
P 挡	4 - 6	不导通
R 挡	1 - 7	导通
N 挡	5 - 6	导通
D 挡	3 - 6	导通
2 挡	2 - 6	导通
L 挡	6 - 8	导通

图 5 - 43　检查挡位开关

5. 汽车电喇叭电路的检修

1）常见故障

（1）电喇叭不响。

造成电喇叭不响的原因有按钮触点烧蚀、接触不良、继电器触点接触不良或线圈烧断、引线脱落、熔断器烧断、电喇叭内部不良等，按上述原因逐点检查。

（2）电喇叭长响。

电喇叭长响的常见原因有：按钮卡死、继电器触点烧结、继电器按钮线搭铁。遇长响故障时，应及时拔下喇叭保险制止长鸣现象，然后按上述原因所在部位逐点检查。

（3）喇叭变音。

电喇叭变音常见现象是双音电喇叭变为单音，这种故障只要查出单只喇叭不响的原因，加以调整或更换即可消除。

若变音是喇叭发音沙哑，原因多为：

● 膜片厚度不均匀、破裂或高低音膜片混用（高音喇叭膜片较厚）。

● 扬声筒或共鸣板破裂。

- 铁芯空气间隙不当。
- 触点压力不当。
- 灭弧电阻或电容器失效。
- 振动部件连接松旷。
- 电喇叭固定方法不当。喇叭与车架等支座不得刚性连接，应用缓冲钢片或橡胶垫，螺旋型喇叭传声筒及盆形喇叭振动片不得与其他物体相碰。

2）丰田威驰汽车喇叭电路的检修

（1）电路分析。

丰田威驰轿车喇叭电路如图 5 – 44 所示。

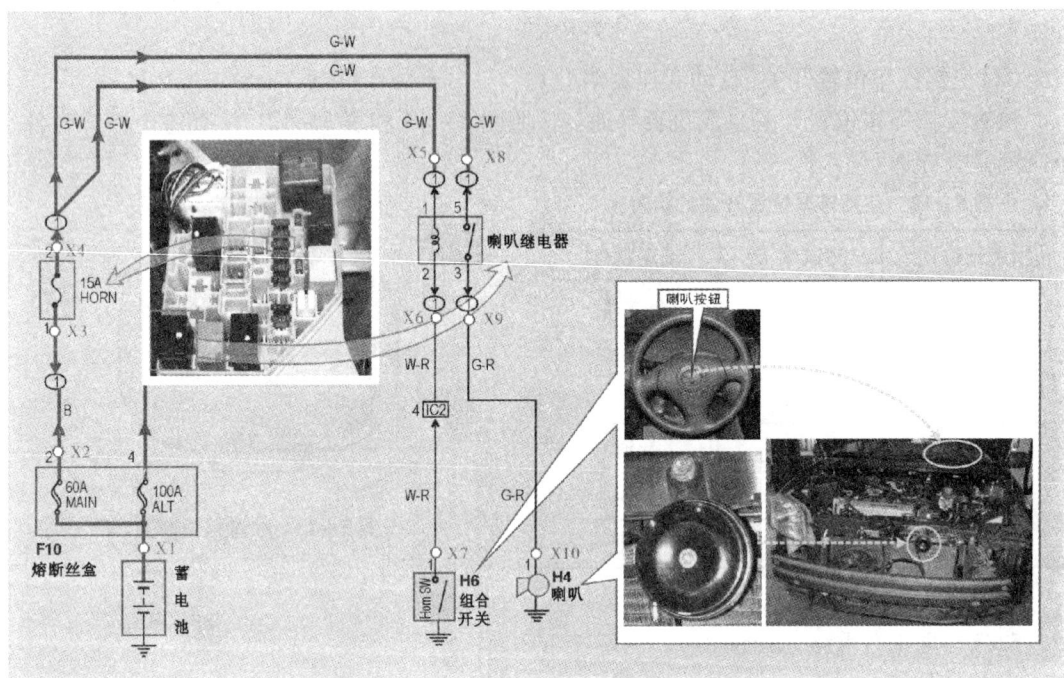

图 5 – 44　丰田威驰轿车喇叭电路检测图

丰田威驰汽车喇叭电路分两部分，一部分是喇叭控制电路，另一部分是喇叭主电路。

当按下喇叭开关时，喇叭继电器线圈得电，喇叭继电器触点 5 脚与 3 脚导通，接通喇叭主电路，回路为：蓄电池正极→60 A MAIN 熔断丝→15 A HORN 熔断丝→喇叭继电器 5 脚→喇叭继电器 3 脚→喇叭→蓄电池负极。此时喇叭通电发声。

（2）电路检修。

对于喇叭不响故障，可以用电压表检测喇叭电路中的各测试点。喇叭开关未按下时，X1 至 X8 各点电压均为蓄电池电压，X9、X10 点电压为 0 V；而按下喇叭开关时，X6、X7 点电压为 0 V，X9、X10 点电压为蓄电池电压。如不正常则检查相应电路的部件及线束。

项目实施

一、丰田轿车带自动灯控前大灯电路的识读与分析

图 5-1 所示为卡罗拉轿车前大灯电路。大灯继电器供电：蓄电池正极电压→保险丝 H-LP MAIN 50 A→①近光继电器 H-LP RELAY 的 5 号和 1 号端子；②远光继电器 DIMMER RELAY 的 2 号和 3 号端子。主车身 ECU 供电：①ECU-B 10 A→主车身电脑 MAIN BODY ECU 的 6 号端子；②ECU-IG NO.1 10 A→主车身电脑 MAIN BODY ECU 的 5 号端子；③ACC 7.5 A→主车身电脑 MAIN BODY ECU 的 21 号端子；④DOOA 25 A→主车身电脑 MAIN BODY ECU 的 4 号端子。

控制：当组合开关内的灯光控制开关置于"HEAD"位置且变光开关置于"LOW"位置时，E8 组合开关的 12 号端子、18 号端子与 20 号端子导通。近光继电器 H-LP RELAY 的 2 号端子→E650 主车身 ECU 的 20 号端子(控制低电平，继电器工作)。近光继电器 H-LP RELAY 的 5 号端子和 3 号端子闭合。①保险丝 H-LP RH LO→右侧近光灯泡→搭铁；②保险丝 H-LP LH LO→左侧近光灯泡→搭铁。此时左右前大灯中的近光灯点亮。

当组合开关内的灯光控制开关置于"HEAD"位置且变光开关置于"HIGH"位置时，E8 组合开关的 12 号端子与 11 号端子导通。远光继电器 DIMMER RELAY 的 1 号端子→E650 主车身 ECU 的 3 号端子(控制低电平，继电器工作)。远光继电器 H-LP RELAY 的 3 号端子和 5 号端子闭合。①保险丝 H-LP RH HI→右侧远光灯泡→搭铁；②保险丝 H-LP LH HI→左侧远光灯泡→搭铁。此时左右前大灯中的远光灯点亮。

当组合开关内的灯光控制开关置于"FLASH"位置时，E8 组合开关的 12 号端子、11 号端子与 17 号端子导通，但此时近光继电器 H-LP RELAY 的 2 号端子→E650 主车身 ECU 的 20 号端子(控制低电平，继电器工作)。远光继电器 DIMMER RELAY 的 1 号端子→E650 主车身 ECU 的 3 号端子(控制低电平，继电器工作)。此时左右前大灯中的远光灯点亮。

当组合开关内的灯光控制开关置于 AUTO 位置时，E8 组合开关的 12 号端子、19 号端子导通(低于 1 V)，近光灯点亮。

信号指示灯：变光开关置于"FLASH"位置，E8 组合开关的 12 号端子、11 号端子与 17 号端子导通或灯光控制开关置于"HEAD"位置且变光开关置于"HIGH"位置，E8 组合开关的 11 号端子→仪表连接器 2J 的 4 端子→E46 远光指示灯→E1 搭铁。此时仪表上远光指示灯点亮。

二、大灯不亮故障的诊断与修复

表 5-13 所示为卡罗拉轿车前大灯电路常见故障。

表 5 - 13　前大灯故障诊断表

故障现象	故障原因
近光灯不亮(一边)	1. 灯泡；2. 左侧或右侧前照灯熔断丝；3. 线束
近光灯不亮(所有)	1. 前照灯调光开关总成；2. 近光灯继电器电路；3. 左侧、右侧前照灯熔断丝；4. 主车身 ECU
远光灯不亮(一边)	1. 灯泡；2. 左侧或右侧前照灯熔断丝；3. 线束
远光灯不亮(所有；近光正常)	1. 前照灯调光开关总成；2. 远光灯继电器电路；3. 左侧、右侧前照灯熔断丝；4. 主车身 ECU
灯光不闪烁	1. 前照灯调光开关总成；2. 线束；3. 主车身 ECU
前照灯暗淡	1. 灯泡；2. 线束

1)大灯电路检测要点

对于大灯电路的检查,应抓住三个部分:第一为供电部分,此部分电路包括了蓄电池电压及熔丝、主车身 ECU 供电。第二部分为灯光控制部分,此部分应主要检查灯控制开关、主车身 ECU、大灯继电器。第三部分为灯控制开关、主车身 ECU、大灯的搭铁部分,此部分主要检查搭铁点。主车身 ECU 检测到自动灯控系统中出现故障,主车身 ECU 会执行失效保护,使前大灯与尾灯点亮,直到灯控开关处于 OFF 位置或自动灯控系统检测正常。如图 5 - 45 所示。

2)前大灯都比较暗淡的检查

如果前大灯都比较暗淡,应首先检查电源电压是否正常,如果偏低,检查充电系统。否则检查前大灯及其线路接触情况,并进行修理。

3)前照灯组合开关总成的检查

(1)连接智能检测仪检测。

选择以下菜单:Body/Body ECU/Data List。按照表 5 - 14 读取测量项目。

表 5 - 14　智能诊断仪读取灯光开关数据

检测仪显示	测量项目/范围	正常状态
DIMMER HI SW[*1]	变光开关 HIGH 信号/ON 或 OFF	ON:变光开关置于 HIGH 位置 OFF:变光开关置于 LOW 位置
PASSING LIGHT SW[*1]	变光开关 flash 信号/ON 或 OFF	ON:变光开关置于 HIGH FLASH(PASS)位置 OFF:变光开关未置于 HIGH FLASH(PASS)位置
FRONT FOG LIGHT SW[*1]	前雾灯开关信号/ON 或 OFF	ON:前雾灯开关置于 ON 位置 OFF:前雾灯开关置于 OFF 位置
REAR FOG LIGHT SW[*1]	后雾灯开关信号/ON 或 OFF	ON:后雾灯开关置于 ON 位置 OFF:后雾灯开关置于 OFF 位置
LIGHT AUTO SW[*1]	灯控开关 AUTO 信号/ON 或 OFF	ON:灯控开关置于 AUTO 位置 OFF:灯控开关未置于 AUTO 位置
HEADLIGHT SW[*1]	灯控开关 HEAD 信号/ON 或 OFF	ON:灯控开关置于 HEAD 位置 OFF:灯控开关未置于 HEAD 位置
TAILLIGHT SW[*1]	灯控开关 TAIL 信号/ON 或 OFF	ON:灯控开关置于 TAIL 或 HEAD 位置 OFF:灯控开关未置于 TAIL 或 HEAD 位置

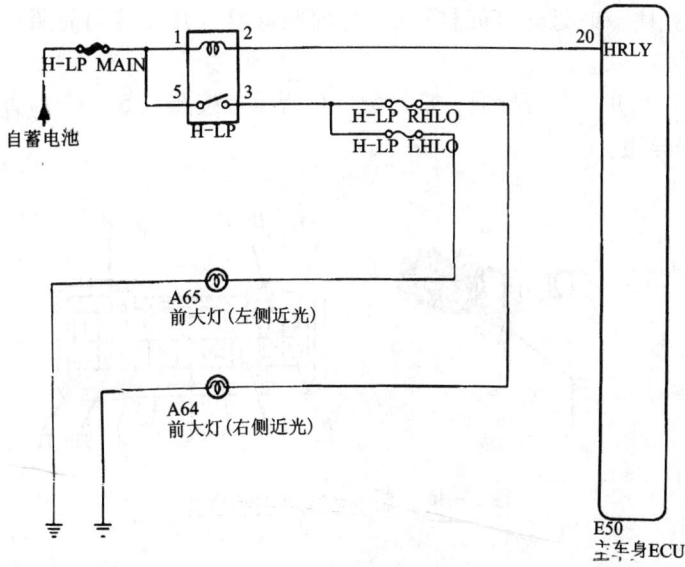

带自动灯控：

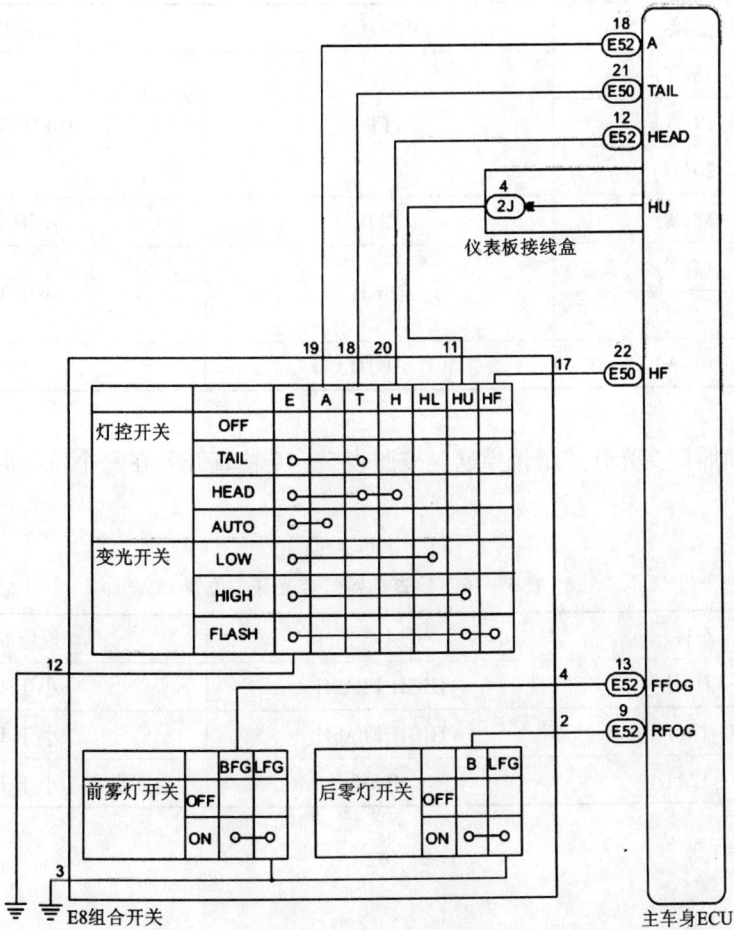

图5-45　前大灯电路检测图

检查"远光灯光柱"和"近光灯光柱"时，把前照灯组合开关转到前照灯打开位置。如果不符合规定，则更换开关。

（2）检查灯光控制开关是否导通，如图5-46所示。按照表5-15检查开关在每个位置时各端子之间是否导通。

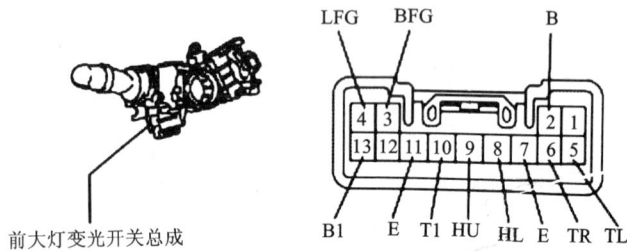

图5-46 灯光控制开关的检查

表5-15 检查灯光控制开关位置

检测仪连接	开关状态	规定状态
12(E)-18(T)	FF	10 kΩ 或更大
18(T)-19(A)		
19(A)-20(H)		
12(E)-18(T)	TAIL	小于1 Ω
12(E)-18(T)	HIGH	小于1 Ω
18(T)-20(H)		
12(E)-19(A)	AUTO	小于1 Ω

（3）检查前照灯变光开关是否导通。按照表5-16检查开关在每个位置时各端子之间是否导通。

表5-16 检查前照灯变光开关位置

检测仪连接	开关状态	规定状态
12(E)-17(HF)	HIGH FLASH	小于1 Ω
11(HU)-12(E)	HIGH FLASH	小于1 Ω
11(HU)-12(E)	HIGH	小于1 Ω

项目拓展

大众迈腾前大灯电路分析

大众迈腾前大灯电路如图 5-47 所示,分析如下.

1. 近光电路

(1)大灯近光开关控制电路:保险丝 SC13→E1 大灯开关的 T10j/8 号端子→E1 大灯开关置于 56 位置 T10j/8 号端子与 T10j/1 号端子导通→E1 大灯开关置于 56 位置 T10j/1 号端子→J519 车载电网控制单元(接收大灯开关信号).

(2)大灯近光控制电路:J519 车载电网控制单元(输出大灯控制信号).①J519 车载电网控制单元 T52c/52 号端子→MX2 右前大灯的 T10/6 号端子→M31 右大灯近光→MX2 右前大灯的 T10/5 号端子→搭铁.②J519 车载电网控制单元 T52a/11 号端子→MX1 左前大灯的 T10q/6 号端子→M29 左大灯近光→MX1 左前大灯的 T10q/5 号端子→搭铁.

2. 远光电路

(1)大灯远光开关控制电路:保险丝 SC13→E1 大灯开关的 T10j/8 号端子→E1 大灯开关置于 56 位置 T10j/8 号端子与 T10j/1 号端子导通→E1 大灯开关置于 56 位置 T10j/1 号端子→J519 车载电网控制单元(接收大灯开关信号);E4 远光开关的 1 号端子和 3 号端子闭合→J527 转向柱控制单元(接收远光开启信号)→舒适/便捷总线 CAN→J519 车载电网控制单元(接收远光开关信号).

(2)大灯远光控制电路:J519 车载电网控制单元(输出大灯控制信号).①J519 车载电网控制单元 T52c/46 号端子→MX2 右前大灯的 T10/8 号端子→M32 右大灯远光→MX2 右前大灯的 T10/5 号端子→搭铁.②J519 车载电网控制单元 T52a/5 号端子→MX1 左前大灯的 T10q/8 号端子→M30 左大灯远光→MX1 左前大灯的 T10q/5 号端子→搭铁.

3. 超车灯(闪光)电路

(1)E4 远光开关的 1 号端子和 4 号端子闭合→J527 转向柱控制单元(接收远光开启信号)→舒适/便捷总线 CAN→J519 车载电网控制单元(接收远光开关信号).

(2)大灯远光控制电路:J519 车载电网控制单元(输出大灯控制信号).①J519 车载电网控制单元 T52c/46 号端子→MX2 右前大灯的 T10/8 号端子→M32 右大灯远光→MX2 右前大灯的 T10/5 号端子→搭铁.②J519 车载电网控制单元 T52a/5 号端子→MX1 左前大灯的 T10q/8 号端子→M30 左大灯远光→MX1 左前大灯的 T10q/5 号端子→搭铁.

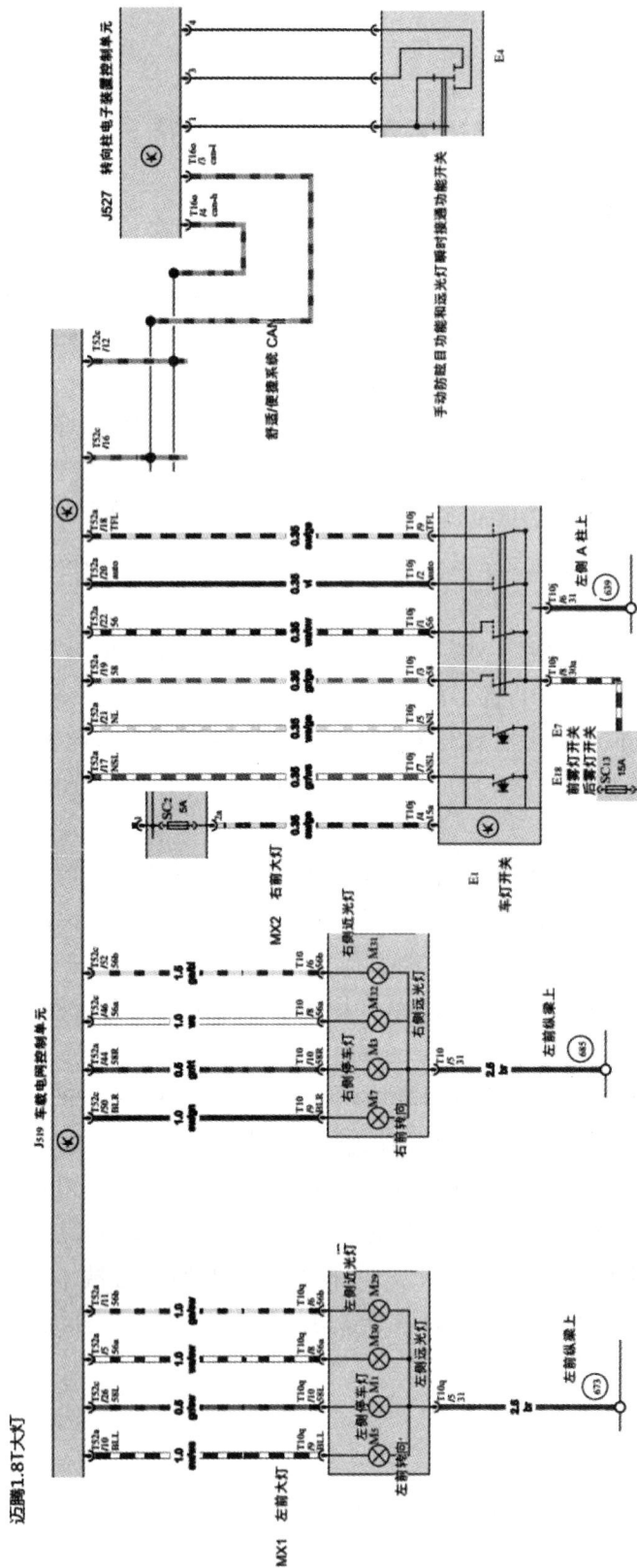

图5-47 大众迈腾前大灯电路

项目小结

（1）汽车照明系统包括前照灯、雾灯、仪表灯、顶灯、牌照灯、工作灯等。

（2）前照灯由灯泡、反射镜和配光镜组成。前照灯有规定要求，需检验与调整。

（3）汽车信号装置主要有转向信号灯、危险报警灯、示宽灯、尾灯、制动灯、倒车灯和喇叭等。

（4）汽车的转向装置包括闪光器、转向灯开关、转向灯和转向指示灯等。转向信号灯应具有一定的频闪，国标中规定 60～120 次/min，频闪由闪光器控制。

（5）制动信号灯由制动信号灯开关控制，是与汽车制动系统同步工作的。

（6）倒车信号灯由倒挡开关直接控制。

（7）汽车电喇叭工作消耗的电流较大，用按钮直接控制时，按钮容易烧坏，故常采用喇叭继电器控制，其音量和音调可以调整。

（8）汽车照明系统的常见故障有前照灯的远近光均不亮；前照灯一侧亮，另一侧暗等，诊断时，应根据不同的故障现象采取不同的诊断方法。

（9）汽车信号系统的常见故障有转向灯和危险报警灯故障、喇叭不响故障等。可用分段短路法诊断出故障部位。

习　题

5-1　汽车照明系统由哪几部分组成？各有何作用？

5-2　汽车前照灯如何检查与调整？

5-3　汽车照明系统常见的故障及原因有哪些？

5-4　汽车照明系统如何检修？

5-5　汽车转向信号的闪光继电器种类有哪些？简述各自的工作原理。

5-6　汽车转向信号系统有哪些常见故障？怎样进行判断与排除？

5-7　简述汽车倒车警报器的工作原理。

5-8　简述汽车电喇叭及喇叭继电器的工作原理。

5-9　怎样进行汽车电喇叭的调整？

5-10　分析丰田卡罗拉汽车大灯照明电路。

5-11　分析大众迈腾汽车前大灯照明电路。

项目六　汽车仪表与报警系统的结构与维修

能力目标

通过对本项目的学习,你能够:

1. 了解仪表与报警装置的作用与类型;
2. 掌握仪表与报警装置的结构与工作原理;
3. 掌握仪表与报警装置的常见故障及诊断;
4. 会识读相关电路原理图;
5. 会根据故障现象进行故障排除。

案例引入

顾客陈述机油到了机油尺的最低刻度,但是机油压力过低报警指示灯未亮,请帮助检修。

项目描述

丰田卡罗拉轿车组合仪表电路如图6-1所示,请分析相关电气元件和电路的原理。

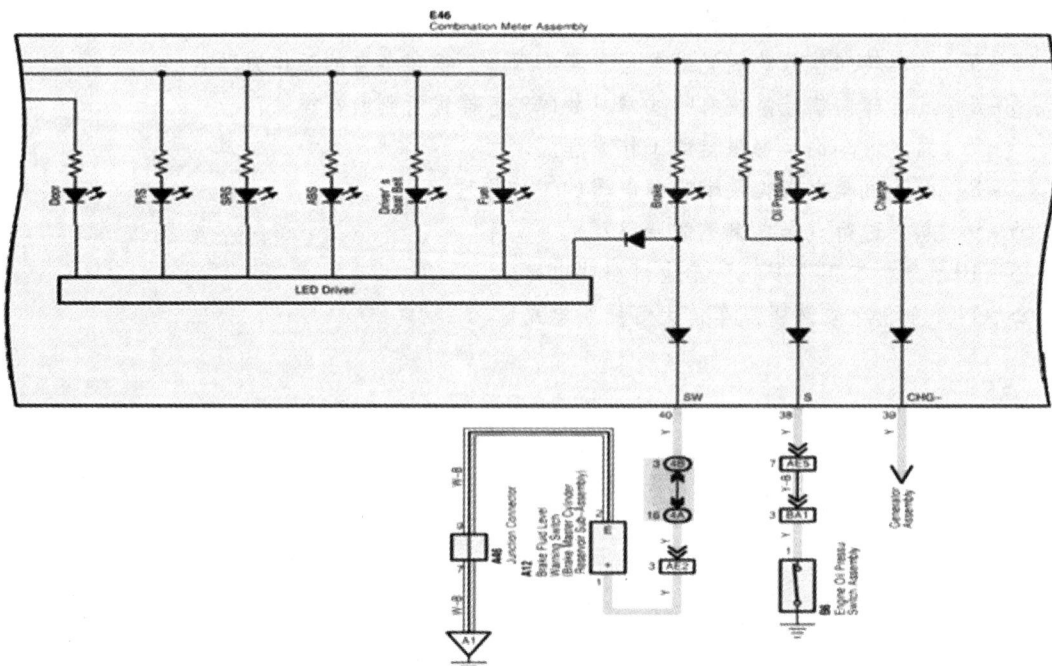

图6-1　丰田卡罗拉轿车驰组合仪表电路图

1. 识读组合仪表相关元器件；
2. 分析组合仪表电路；
3. 根据电路原理图进行故障诊断；
4. 掌握电路分析方法与技巧。

项目内容

第一节　汽车仪表的类型及工作原理

一、机电模拟式仪表

1. 机油压力表

机油压力表用于指示发动机机油压力的大小，以便了解发动机润滑系工作是否正常。常用的机油压力表有双金属片式、电磁式和动磁式三种。其中以双金属片式机油压力表应用最为广泛。其结构和工作原理如图 6-2 所示。

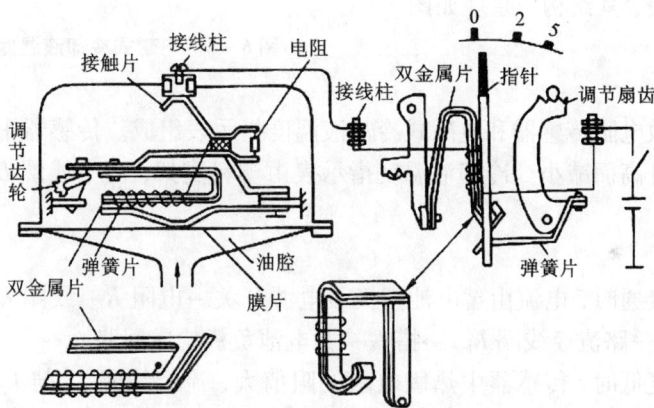

图 6-2　双金属片式机油压力表结构图

1）结构

它由装在发动机主油道上的机油压力传感器和仪表板上的机油压力指示表组成。机油压力表传感器内部装有弹性膜片，膜片下的油腔与发动机主油道相通，机油压力可直接作用在膜片上，膜片的上面顶着弓形弹簧片，弹簧片的一端与外壳固定搭铁，另一端的触点与传感器双金属片端部触点接触，双金属片上绕有电热线圈，电阻为校正电阻，它与传感器双金属片上的线圈并联。

机油压力指示表内装有特殊形状的双金属片，它的直臂末端固定在调节齿扇上，另一钩形悬臂端部与指针相连，其上也绕有电热线圈，线圈的两头构成指示表的两个接线柱。

2）工作原理

当机油压力很低时，膜片几乎没有变形，这时作用在触点上的压力甚小。当电流流过而温度略有上升时，双金属片就受热弯曲，使触点分开，切断电路并停止产生热量，一段时间后，双金属片冷却伸直，触点闭合，电路又被接通。因此触点闭合时间短而打开时间长，通过指示表电热线圈的平均电流值小，使指示表双金属片因温度较低而弯曲程度小，指针偏转角度很小，即指示出较低的油压。

当机油压力升高时，膜片向上拱曲增大，加在触点上的压力增大，双金属片需要在较高温度下，即其上电热线圈通过较大电流，较长时间后才能弯曲，使触点分开，而触点分开后稍加冷却就会很快闭合，因此触点打开时间短，而闭合时间长，通过指示表电热线圈的平均电流值大，指针偏转增大，指示出较高的油压。

2.冷却液温度表

冷却液温度表用于指示发动机内部冷却水温度。它由装在气缸盖水套中的温度传感器和装在仪表板上的水温指示表组成。其型式有双金属片式和电磁式两种。由于双金属片式冷却液温度表的结构和原理与双金属片式机油压力表基本相同，下面主要介绍电磁式冷却液温度表，其结构、原理如图6－3所示。

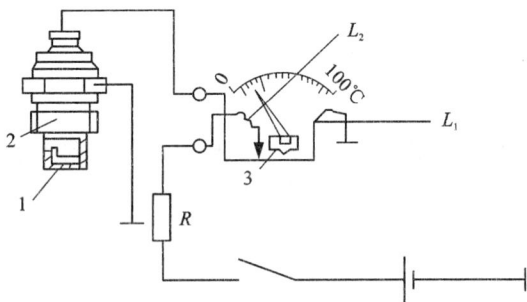

图6－3　电磁式冷却液温度表结构图

1）结构

它主要由热敏电阻传感器和电磁式冷却液温度指示表组成。传感器中装有热敏电阻，其电阻值会随水温升高而减小。冷却液温度指示表由塑料支架，两个线圈 L_1、L_2，带指针的衔铁等组成。

2）工作原理

当电源开关接通时，电流由蓄电池正极→电源开关→电阻 R→线圈 L_2→分两路（一路流经热敏电阻1，另一路流经线圈 L_1）→搭铁→蓄电池负极构成回路。

当冷却液温度低时，传感器中热敏电阻的阻值大，流经线圈 L_1 与 L_2 的电流相差不多。但由于 L_1 的匝数多，产生的磁场强，带指针的衔铁3会向左偏转，使表针指向低温刻度；当冷却液温度增高时，热敏电阻阻值减小，分流作用增强，流经 L_1 的电流减小，磁场力减弱，衔铁向右偏转，表针指向高温刻度。

检查电磁式温度传感器和冷却液温度指示表时，可拆下传感器上的接线，测量传感器输入端与搭铁之间的电阻，若室温下热敏电阻的阻值为100 Ω 左右，则表明传感器良好；另用一阻值为80～100 Ω 的电阻代替传感器直接搭铁，当接通电源时，如果冷却液温度指示表的表针指在60～70℃，则表明冷却液温度表指示良好。

3. 燃油表

燃油表用于指示燃油箱内燃油的储存量。它由装在燃油箱内的传感器和装在仪表板上的燃油指示表组成。其型式有电磁式、动磁式和双金属片式、电子式。传感器均为可变电阻式。由于电磁式和双金属片式指示表的结构原理与前述仪表基本相同，下面主要介绍动磁式。

图6－4所示为动磁式燃油表的结构原理图，它的两个线圈互相垂直地绕在一个矩形塑料架上，塑料套筒轴承和金属轴穿过交叉线圈，金属轴上装有永久磁铁转子，转子上连接指针。可变电阻式传感器由滑片电阻和浮子组成。

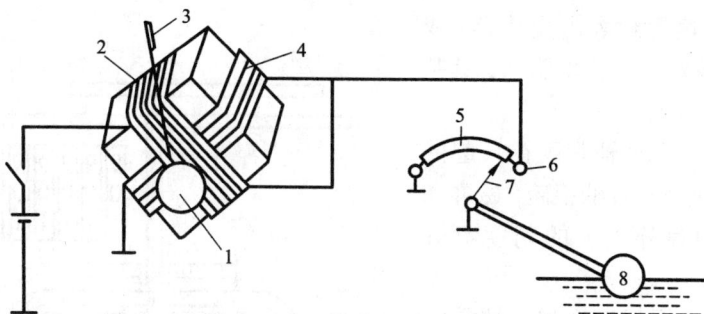

图6-4　动磁式燃油表结构图

当油箱无油时，浮子8下沉，可变电阻5上的滑片7移至最右端，可变电阻5和右线圈4均被短路，永久磁铁转子1在左线圈磁力作用下向左偏转，带动指针3指示油位为"0"。随着油量的增加，浮子上升，可变电阻部分接入，使左线圈2中的电流相对减小，右线圈中的电流相对增大，永久磁铁转子在合成磁场作用下转动，使指针向右偏转，指示出与油箱油量相应的标度。

动磁式燃油表的优点是当电源电压波动时，通过左、右两线圈的电流成比例增减，使指示值不受影响；又因为线圈中没有铁芯，所以没有磁滞现象，指示误差小。

4. 发动机转速表

发动机转速表用于指示发动机运转速度。常用的有机械式和电子式两种。由于电子式转速表具有结构简单、指示准确、安装方便等优点，因此被广泛应用。其结构原理如图6-5所示。

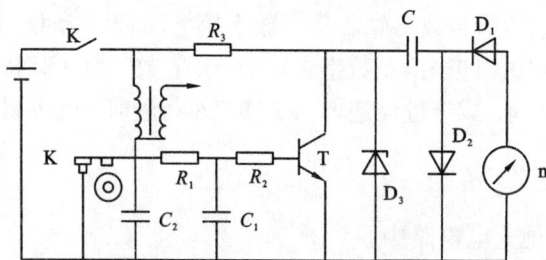

图6-5　电容放电式转速表

转速信号来自于点火系一侧电路的脉冲信号。当发动机工作使断电器触点K闭合时，三极管T的基极接地而处于截止状态，电源经R_3、C、D_2向电容C充电；当触点K断开时，三极管T由截止转为导通，此时电容C经三极管T、转速表n和二极管D_1构成放电回路，驱动转速表。发动机工作时，断电器触点的开闭频率与发动机的转速成正比，电容C不断进行充放电，通过转速表n的放电电流平均值也与发动机的转速成正比。电路中的稳压管D_3使电容C有一个稳定的充电电压，提高转速表的测量精度。

5. 车速里程表

车速里程表用于来指示汽车行驶速度和累计行驶里程数。常用的有磁感应式和电子式两种。

磁感应式车速里程表由变速器（或分动器）内的蜗轮蜗杆经软轴驱动，其基本结构如图6-6所示。

车速表是由与主动轴紧固在一起的永久磁铁、带有轴及指针的铝碗、磁屏和紧固在车速里程表外壳上的刻度盘等组成。

里程表由蜗轮蜗杆机构和六位数字的十进位数字轮组成。

1）车速表工作原理

当汽车不工作时，铝碗在盘形弹簧的作用下，使指针指在刻度盘的零位。

当汽车行驶时，主动轴带着永久磁铁旋转，永久磁铁的磁力线穿过铝碗，在铝碗上感应出蜗流，铝碗在电磁转矩作用下克服盘形弹簧的弹力，向永久磁铁转动的方向旋转，直至与盘形弹簧弹力相平衡。由于蜗流的强弱与车速成正比，

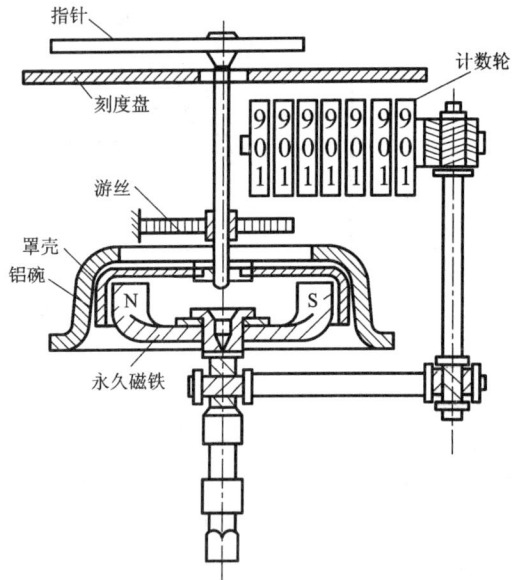

图6-6　磁感应式车速里程表结构原理图

指针转过角度与车速成正比，指针便在刻度盘上指示出相应的车速。

2）里程表工作原理

汽车行驶时，软轴带动主动轴，主动轴经三对蜗轮蜗杆（或一套蜗轮蜗杆和一套减速齿轮系）驱动里程表最右边的第一数字轮。第一数字轮上的数字为1/10 km，每两个相邻的数字轮之间的传动比为1:10。即当第一数字轮转动一周，数字由9翻转到0时，便使相邻的左面第二数字轮转动1/10周，成十进位递增。这样汽车行驶时，就可累计出其行驶里程数，最大读数为99999.9 km。

6.电流表

电流表串接在蓄电池充电电路中，主要用来指示蓄电池充、放电电流值，同时还可通过它检视电源系的工作是否正常。电流表通常为双向工作方式，表盘中间的示值为"0"，两侧分别标有"＋""－"标记，其最大读数为20或30。当发电机向蓄电池充电时，示值为"＋"，蓄电池向用电设备放电时，示值为"－"。汽车上使用的电流表分为电磁式和动磁式两种。其工作原理基本相似。

如图6-7所示为电磁式电流表的

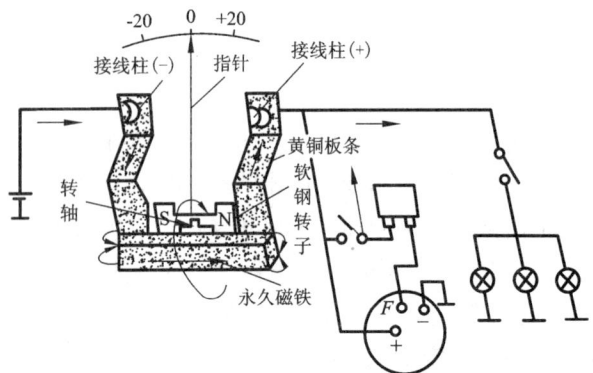

图6-7　电磁式电流表结构原理图

结构原理图。条形永久磁铁两端分别与黄铜片固定连接，再用螺栓将黄铜片固定在绝缘底板

上，两个螺栓即形成电流表的两接线柱。永久磁铁内侧转轴上装有带指针的软钢转子。当电流表中无电流通过时，软钢转子在永久磁铁的作用下被磁化，由于磁场方向相反，使指针停在中间"0"标度上。当蓄电池放电时，放电电流通过黄铜片产生的环形磁场垂直于永久磁铁的磁场，形成逆时针偏转的合成磁场，吸动软钢转子也逆时针偏转，使指针指向表盘的"－"侧标度值。放电电流越大，合成磁场越强，偏转角度越大，指针指示读数越大。当发电机向蓄电池充电时，流过黄铜片的电流方向相反，磁场也反向，合成磁场顺时针偏转，指针指向"＋"侧。

电流表的接线原则：①电流表应与蓄电池串接，由于汽车为负极搭铁，蓄电池的负极也搭铁，故电流表的负极必须与蓄电池的正极相连接；②电流表只允许通过较小电流。一般对点火系、仪表等长时间连续工作的小电流可通过电流表；而对短时间断续用电设备的大电流，如起动机、转向灯、电喇叭等均不通过电流表。

二、电子仪表

1. 电子式车速里程表

电子式车速里程表主要由车速传感器、电子电路、车速表和里程表四部分组成。如图6-8所示为奥迪100型轿车的电子式车速里程表。

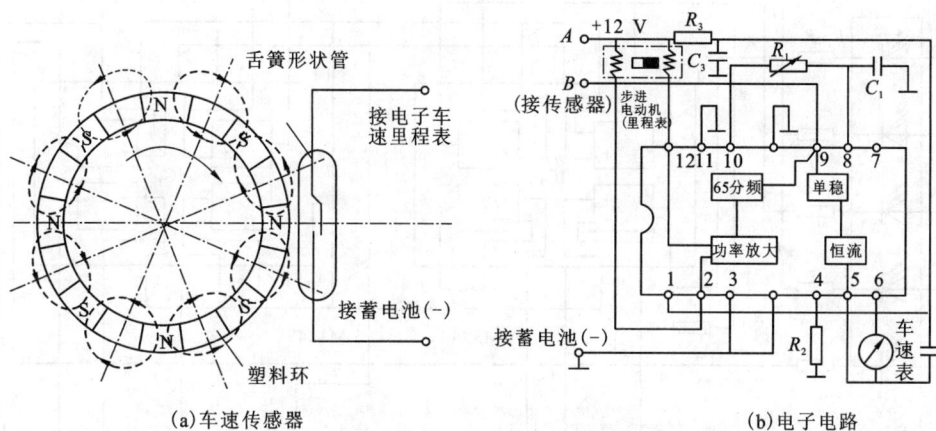

(a)车速传感器　　(b)电子电路

图6-8　奥迪100型轿车电子式车速里程表

1）车速传感器

车速传感器的作用是产生正比于车速的电信号。

它由一个舌簧开关和一个含有4对磁极的转子组成。变速器驱动转子旋转，转子每转一周，舌簧开关中的触点闭合、打开8次，产生8个脉冲信号，该脉冲信号频率与车速成正比。

2）电子电路

电子电路的作用是将车速传感器送来的电信号整形、触发，输出一个大小与车速成正比的电流信号。

电子电路主要包括稳压电路、单稳态触发电路、恒流源驱动电路、64分频电路和功率放大电路。

3）车速表

它是一个电磁式电流表，当汽车以不同车速行驶时，从电子电路接线端6输出的与车速成正比的电流信号便驱动车速表指针偏转，即可指示相应的车速。

4）里程表

它由一个步进电动机和6位数字的十进位数字轮组成。车速传感器输出的信号，经64分频后，再经功率放大器放大到足够的功率，驱动步进电动机，带动数字轮转动，从而记录行驶的里程。

2. 电子燃油表

如图6-9所示为电子燃油表电路原理图，其传感器仍采用浮子式可变电阻传感器。R_X是传感器的可变电阻，油箱无油时，其电阻值约为100 Ω，满油时约为5 Ω。电阻R_{15}和二极管VD_8组成稳压电路，其稳定电压作为电路的标准电压，通过$R_8 \sim R_{14}$接到由集成电路IC_1和IC_2组成的电压比较器的反向输入端；传感器的可变电阻R_X由A端输出电压信号，经电容C和电阻R_{16}组成的缓冲器后，接到电压比较器的同向输入端，电压比较器将此电压信号与反向输入端的标准电压进行比较、放大，然后控制各自对应的发光二极管，以显示油箱内燃油量的多少。

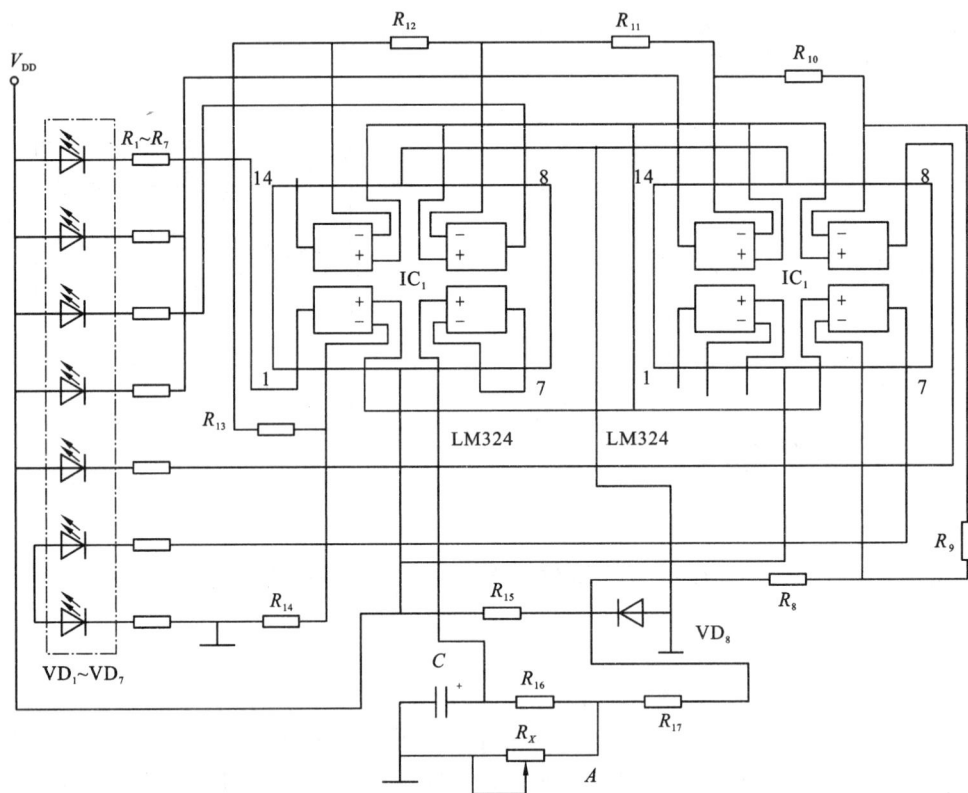

图6-9　电子燃油表电路原理图

当油箱内燃油加满时，传感器可变电阻R_X阻值最小，A点电位最低，各电压比较器输出为低电平，此时六只绿色发光二极管$VD_2 \sim VD_7$全部点亮，而红色二极管VD_1因其正极电位变低而熄灭，这表示油箱已满。随着汽车的运行，油箱内的燃油量逐渐减少，绿色发光二级管按$VD_7 \sim VD_2$依次熄灭。燃油量越少，绿色发光二级管亮的个数越少。当油箱内燃油用完时，

R_X的阻值最大,A点电位最高,集成块 IC_2第5脚电位高于第6脚的标准电位,第7脚可输出高电位,此时红色发光二极管亮,其余6只绿色发光二极管全部熄灭,表示燃油量过少,必须给油箱补加燃油。

3.电子水温表

如图6-10所示,微电脑施加在 R 及其串联的水温传感器上的电压为5 V,当发动机水温变化时,水温传感器的电阻随之变化,使端子6的电压发生变化,微电脑检测到该电压后,便将其与参考电压比较,并连接到真空荧光显示器,以条形图方式显示出来。

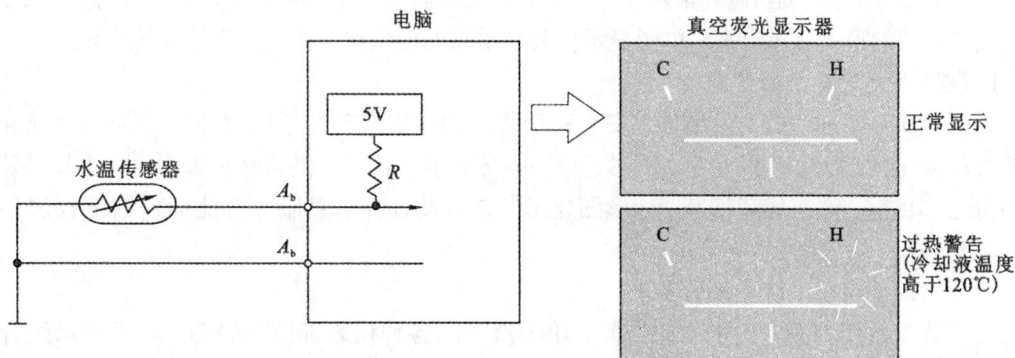

图6-10 电子水温表工作原理及显示

真空荧光显示器上,10块板片组成了一个条形图,显示出冷却液温度,当第10块板片(即最高温度)闪烁时,则表明发动机过热。

4.电子转速表

微电脑根据发动机转两周点火线圈应输出的脉冲信号数量来计算发动机转速,如图6-11所示,然后控制真空荧光显示器发光,将发动机的转速以条形图形式显示出来。

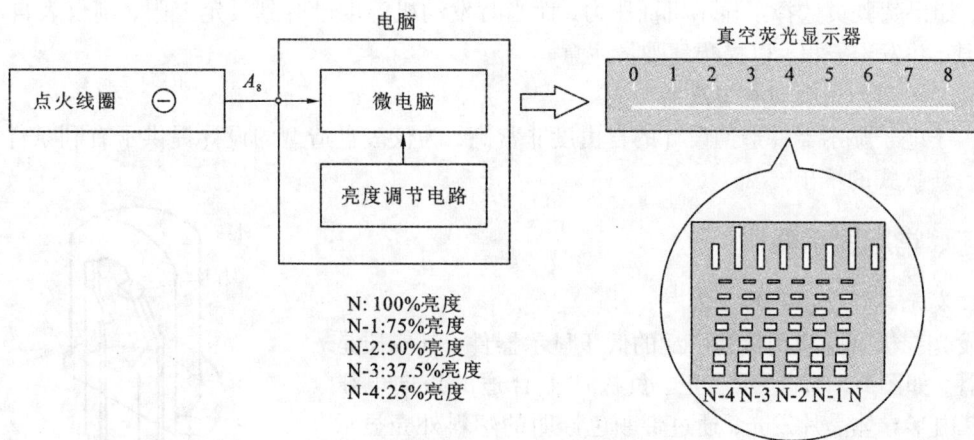

N:100%亮度
N-1:75%亮度
N-2:50%亮度
N-3:37.5%亮度
N-4:25%亮度

图6-11 电子转速表工作原理及显示

转速表与电脑内部亮度调节器电路相连,这样可以对真空荧光显示器的数字板片分配不同的亮度，显示发动机当前转速的初始数字板片 N 得到最高亮度，其他板片亮度逐渐降低，从而得到流星的显示效果。

第二节　电子显示装置

一、电子显示的特点

电子显示仪表利用各种传感器传来的信号，并根据这些信号进行计算，以确定车辆的行驶速度、发动机转速、发动机冷却液温度、燃油量以及车辆其他情况的测量数据，并将这些数据以数字或条形图的形式显示出来。电子显示仪表与常规的模拟仪表相比，具有如下优点：

1. 能提供大量复杂的信息

为了适应汽车排气净化、节能、安全和舒适的要求，汽车电子控制装置必须能够准确地处理各种复杂的信息，并以文字、图形、数字等方式显示出来，供驾驶员参考，以便及时处理各种情况。目前，汽车故障诊断、地形图显示、导向及各种信息服务都能通过数字仪表显示终端来完成。

2. 可满足小型化、轻量化的要求

为了减少占用驾驶室内的有限空间，用于汽车的各种仪表都应当轻巧，电子显示组合仪表不仅能适应各种传感器或控制系统的电子化，而且还可实现小型化、轻量化，这样大大节省仪表盘附近的宝贵空间，还能处理日益增多的信息量。

3. 精确度高、可靠性高

模拟仪表显示的是收到传感器的平均读数，而数字仪表显示的是即时值。而且电子显示仪表中去除了可动部件，故障率低，从而改善了仪表的可靠性。

4. 具有一表多用的功能，可使仪表盘得到简化

采用数字显示，易于用一种数字进行分时显示，驾驶员可以选择仪表的显示内容，且大多数系统还能让有潜在危险情况的仪表自动显示。例如，水温表和机油压力表共用一块仪表显示，如果驾驶员选择了显示机油压力，而当时发动机温度已升到设定上限，则仪表自动显示水温，并发出警报，以提醒驾驶员注意。

5. 显示图形造型的自由度高

由于电子显示器件造型设计的自由度非常高，为仪表盘造型的设计提供了有利条件，便于仪表新款式的推出。

二、常用显示器件

1. 发光二极管（LED）

发光二极管是应用最为广泛的低压显示器件，其实质是晶体管，如图 6－12 所示。正、负极加上合适的正向电压后，其内半导体晶片发光，通过带颜色透明的塑料外壳显示出来。发光的颜色有红、绿、黄、橙等，可单独使用，也可用来组成数字、字母、发光条图。汽车一般用指示灯、数字符号段或点数不太多的光杆图形显示，如图 6－13 所示。

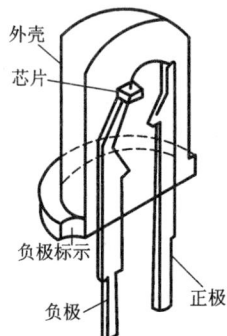

图 6－12　发光二极管结构图

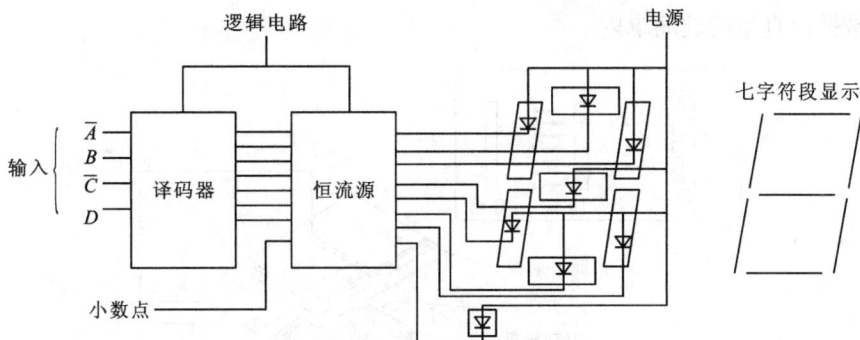

图 6 - 13 发光二极管构成的七字符段显示电路

2. 液晶显示器件(LCD)

LCD 是最常用的非发光型显示器,其结构如图 6 - 14 所示。前玻璃板和后玻璃板之间加有一层液晶,外表面贴有垂直偏光镜(即前偏光板)和水平偏光镜(即后偏光板),最后面是反射镜。

当液晶不加电场时,液晶的分子排列方式可将来自垂直偏光镜的垂直方向的光波旋转 90°,再经水平偏光镜后射到反射镜上,经反射后按原路回去,这时透过垂直偏光镜看液晶时,液晶呈亮的状态,如图 6 - 15(a)所示。

当液晶加一电场时,液晶的分子排列方式改变,不能将来自垂直偏光镜的垂直方向的光波旋转,不能通过水平偏光镜达到反射镜,这时透过垂

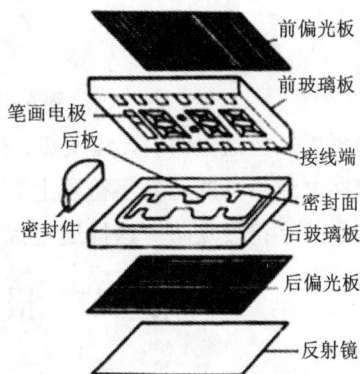

图 6 - 14 液晶显示器结构图

直偏光镜看液晶时,液晶呈暗的状态,如图 6 - 15(b)所示。这样将液晶制成字符段,通过控制每个字符段的通电状态,就可使液晶显示不同的字符。

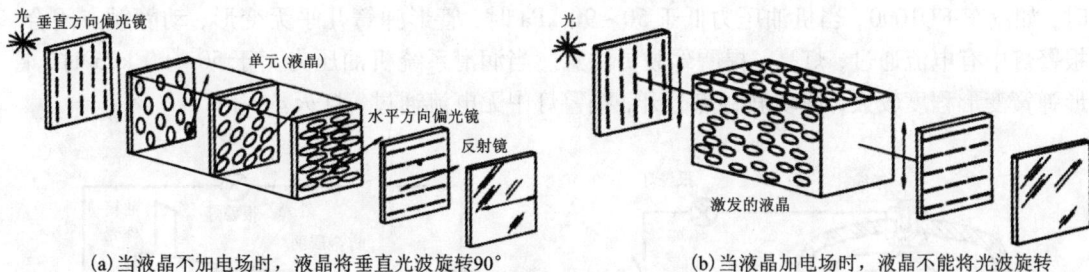

(a)当液晶不加电场时,液晶将垂直光波旋转90°

(b)当液晶加电场时,液晶不能将光波旋转

图 6 - 15 液晶显示器的工作原理

3. 真空荧光管(VFD)

真空荧光管实际上是一种真空低压管,其结构如图 6 - 16 所示。它由钨丝、栅极、涂有磷光物质的玻璃组成。

钨灯丝为阴极,接电源负极;涂有荧光物质的屏幕为阳极,接电源正极,其上制有若干字符段图形,每个字符段由电子开关单独控制通电状态;栅格置于灯丝和屏幕之间;整个装

置密封在被抽成真空的玻璃罩内。

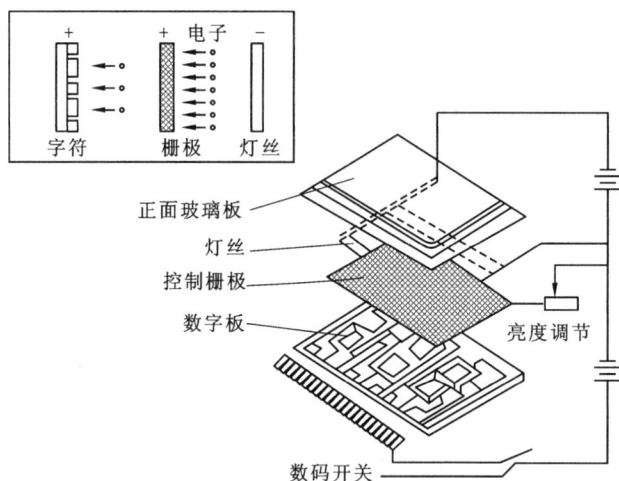

图 6-16　真空荧光管结构原理图

　　当阴极灯丝通电时,灯丝发热,释放电子,电子被电位较高的栅格吸引,并穿过栅格,均匀地打在电位最高的屏幕字符段上。凡是由电子开关控制通电的字符段受电子轰击后发亮,而未通电的字符段发暗。这样通过控制字符段通电状态,就可形成不同的显示数字。

第三节　报警系统的组成及工作原理

一、机油压力报警装置

　　机油压力报警装置有膜片式和弹簧管式两种。

　　图 6-17 所示为最常见的弹簧管式机油压力报警装置,它由装在发动机主油道的弹簧管式传感器和装在仪表板上的报警灯两部分组成。传感器内的管形弹簧一端与发动机主油道连接,另一端与动触点连接,静触点经导电片与接线柱连接。当润滑系统机油压力低于允许值时,如汽车 EQ1090,当机油压力低于 50～90 kPa 时,管形弹簧几乎无变形,动静触点闭合,报警灯中有电流通过,灯亮,提醒驾驶员注意。当润滑系统机油压力高于 50～90 kPa 时,管形弹簧变形程度较大,使动静触点分开,报警灯中无电流通过,灯灭。

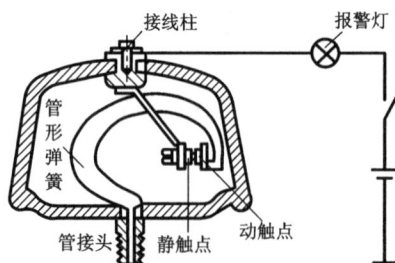

图 6-17　弹簧管式机油压力报警装置

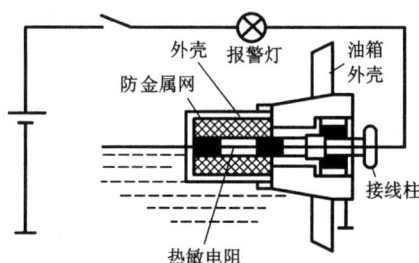

图 6-18　热敏电阻式燃油报警装置

二、燃油量报警装置

图 6-18 所示为常见的热敏电阻式燃油报警装置，它由负温度系数热敏电阻传感器、仪表板上的燃油量报警灯两部分组成。当油箱燃油量较多时，热敏电阻完全浸泡在燃油中，由于其散热快、温度低、阻值大，报警灯电路中相当于串联了一个很大的电阻，流过报警灯的电流很小，灯灭。当燃油减少到热敏电阻露出油面时（规定值以下），温度升高，散热慢，电阻值减小，流过报警灯的电流增大，灯亮。

三、冷却液温度报警装置

冷却液温度报警装置的作用是当发动机冷却液温度高到一定程度时，警告灯自动点亮，以示警报。其结构如图 6-19 所示。

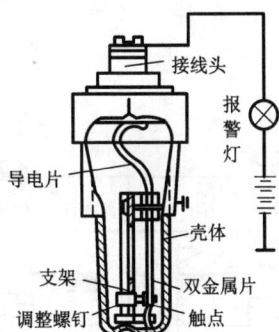

图 6-19　冷却液温度报警装置

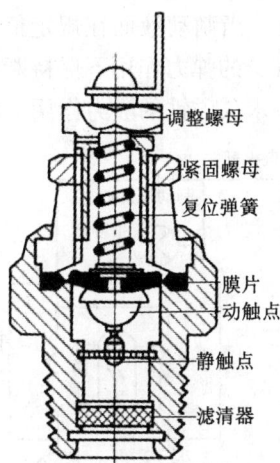

图 6-20　制动低气压报警装置

它由双金属片式温度传感器、仪表板上的冷却液温度报警灯两部分组成。当发动机冷却液的温度达到或超过极限温度时，传感器内双金属片受热温度高，变形程度大，使其内动、静触点闭合，报警灯中有电流通过，灯亮。提醒驾驶员及时停车检查和冷却。当发动机冷却液的温度正常时，传感器内双金属片受热温度较低，变形程度小，其内动、静触点断开，报警灯中无电流通过，灯灭。

四、制动低气压报警装置

对采用气压制动的汽车，为防止因制动系气压不足造成制动不灵或失效的情况，一般都装有低气压报警装置，其警告灯开关多装于储气筒上，其结构如图 6-20 所示。

它由装在制动系统储气筒或制动阀压缩空气输入道中的低气压报警传感器、仪表板上的红色报警灯两部分组成。当制动气压下降到规定值时，作用在膜片上的压力减小，复位弹簧使触点闭合，电路接通，报警灯亮，提醒驾驶员注意，否则会因制动系统不能正常工作，造成交通事故。当气压达到规定值后，作用在膜片上的压力增大，压缩复位弹簧使触点断开，电路切断，报警灯熄灭。

五、制动信号灯断线报警装置

图 6-21 所示为制动信号灯断线报警装置，它由左右线圈与舌簧开关构成的控制器、仪表板上的报警灯两部分组成。汽车制动时，制动灯开关闭合，电流分别经点火开关→制动灯开关、控制器两并联线圈→左右制动信号灯→搭铁，使制动信号灯亮。同时两线圈所产生的磁场相互抵消，舌簧开关维持常开状态，报警灯不亮。当某一侧制动信号灯线路出现故障时，控制器线圈中只有一个有电流通过，通电的线圈产生电磁吸力，使舌簧开关闭合，报警灯亮。

六、制动液面过低报警装置

制动液面过低警告灯开关装在制动主缸的储液罐内，如图 6-22 所示。外壳的外面套装着浮子，浮子上固定有永久磁铁，外壳内部装有舌形开关，舌形开关的两个接线柱与警告灯和电源相连，当制动液面在规定值以上时，浮子浮在靠上的位置，永久磁铁的吸力不足，舌形开关在自身的弹力作用下保持断开的状态；当制动液面下降到一定值时，浮子位置下降，舌形开关在永久磁铁的吸力作用下闭合，警告灯亮。

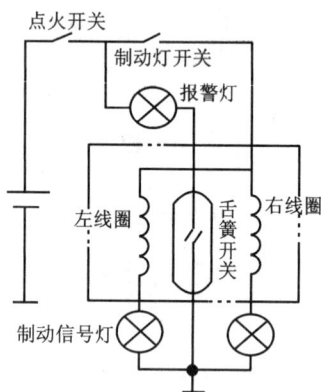

图 6-21　制动信号灯断线报警装置

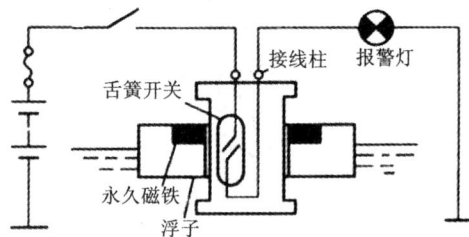

图 6-22　制动液面过低报警装置

七、空气滤清器滤芯报警装置

图 6-23 所示为常见的空气滤清器堵塞报警装置。它由与空气滤清器滤芯内外侧相连通的

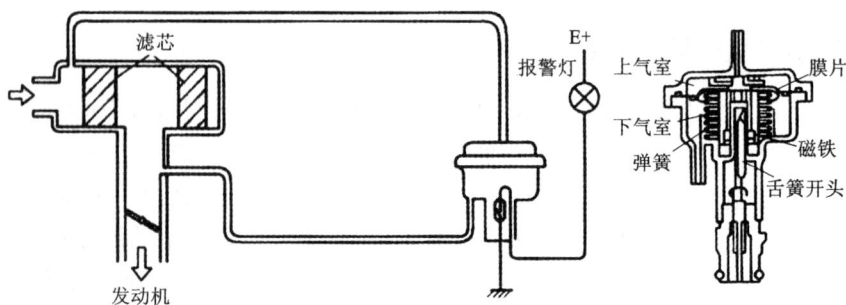

图 6-23　空气滤清器堵塞报警装置

气压式开关传感器和报警灯两部分组成。气压式传感器是利用其上、下气室产生的压力差，推动膜片移动，从而使与膜片相连的磁铁随之移动。磁铁的磁力使舌簧开关开或闭，控制报警灯电路接通或断开。若空气滤清器滤芯未堵塞，则传感器上、下气室间压差小，膜片及磁铁的移动量小，舌簧开关处于常开状态；若空气滤清器滤芯被堵塞，则传感器上、下气室间压差增大，膜片及磁铁的移动量增大，磁铁磁力吸动舌簧开关而闭合，报警灯电路被接通，报警灯亮。

项目实施

图 6-1 所示为丰田卡罗拉汽车仪表电路图，机油压力过低报警指示灯电路：点火开关(IG)→组合仪表机油压力过低报警指示灯→机油压力开关→搭铁。打开点火开关 IG 时，机油压力开关处于闭合状态，机油压力过低报警指示灯点亮；发动机启动后当机油压力达到规定值，机油压力开关受压力作用分开，机油压力过低报警指示灯熄灭。

打开点火开关 IG，机油压力过低报警指示灯不亮，通常由电路断路、指示灯灯泡损坏、机油压力开关接触不良导致。

发动机启动后，机油压力过低报警指示灯常亮，通常由电路短路、机油压力开关无法分开导致。

一、仪表常见故障的检修

仪表电路在掌握仪表工作原理与电路工作过程后，检修起来较容易，它们由传感器和仪表两部分构成，可采用分段法处理。

1. 电热式机油压力表的故障诊断

(1)故障现象：发动机在各种转速时，机油压力表均无指示值。

(2)故障原因：机油压力表故障、机油压力传感器故障、连接导线断路、发动机润滑系有故障等。

(3)检修方法：

①将一只 12 V、3~5 W 的试灯接在指示表的传感器接线柱与搭铁之间，点火开关置 ON，观察指针是否移动。

②若指针移动，表示压力表良好，故障在传感器或润滑油路。拆下传感器，用平头小棍顶压传感器内的膜片，观察指针是否移动。指针移动，表示故障在润滑油路；指针不移动，表示故障在传感器。

③若指针不移动，表示故障在压力表或连接导线。将试灯接在压力表电源接线柱与搭铁间，观察试灯是否亮。若试灯不亮，表示电源线路断路；若试灯亮，表示电源连线良好。将试灯接在油压表的传感器接线柱与搭铁间，观察试灯是否亮。若试灯亮，表示压力表至传感器间的导线断路；若试灯不亮，表示故障在油压表。

2. 电磁式冷却液温度表的故障诊断

(1)故障现象：发动机在运行过程中，冷却液温度表指针不动。

(2)故障原因：冷却液温度表电源线断路、冷却液温度表故障、传感器故障、温度表至传感器的导线断路。

(3)检修方法：可参照如下步骤进行。

```
┌──────────────────────────────────────────┐   是   ┌──────────────┐
│ 用一只2~5 W的试灯接于传感器接线柱与搭铁间, │ ────→ │  传感器故障   │
│ 点火开关置ON,观察温度表指针是否移动         │       └──────────────┘
└──────────────────────────────────────────┘
                    │ 否
                    ▼
┌──────────────────────────────────────────┐   否   ┌──────────────┐
│ 将试灯接于温度表电源接线柱与搭铁间,点火开   │ ────→ │  电源线路断路  │
│ 关置ON,观察试灯是否亮                        │       └──────────────┘
└──────────────────────────────────────────┘
                    │ 是
                    ▼
┌──────────────────────────────────────────┐   否   ┌──────────────┐
│ 将试灯接于温度表的传感器接线柱与搭铁间,点   │ ────→ │  温度表故障   │
│ 火开关置ON,观察表针是否移动                  │       └──────────────┘
└──────────────────────────────────────────┘
                    │ 是
                    ▼
┌──────────────────────────────────────────┐
│        温度表至传感器导线断路               │
└──────────────────────────────────────────┘
```

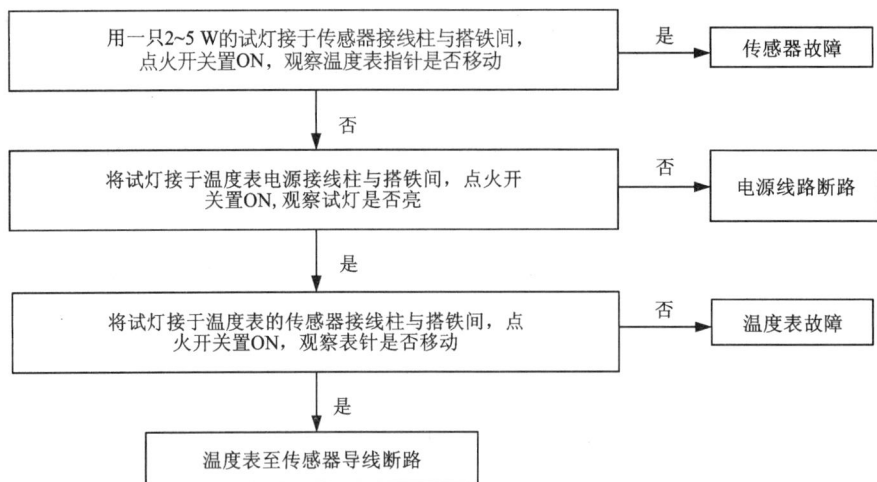

3. 燃油表的故障诊断

(1)故障现象:点火开关置 ON,不论燃油量多少,燃油表指针总是指示"0"(无油)。

(2)故障原因:传感器内部搭铁或浮子损坏、燃油表至传感器的导线搭铁、燃油表电源线断路、燃油表内部故障等。

(3)检修方法:可参照如下步骤进行。

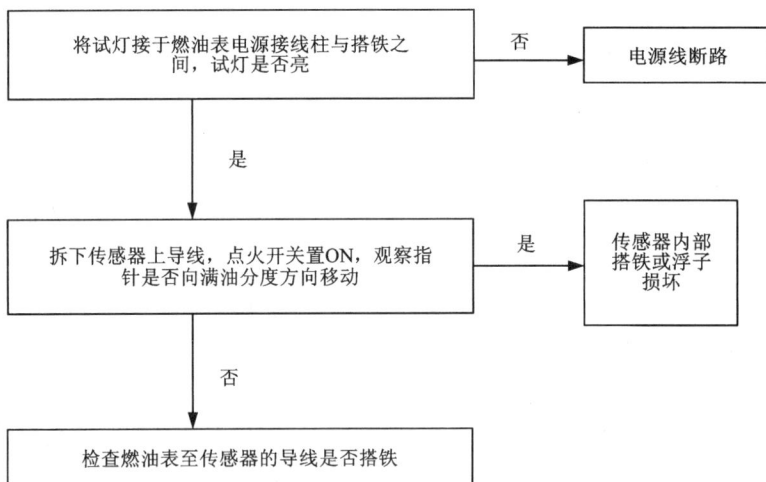

```
┌──────────────────────────────────────────┐   否   ┌──────────────┐
│ 将试灯接于燃油表电源接线柱与搭铁之          │ ────→ │  电源线断路   │
│ 间,试灯是否亮                               │       └──────────────┘
└──────────────────────────────────────────┘
                    │ 是
                    ▼
┌──────────────────────────────────────────┐   是   ┌──────────────┐
│ 拆下传感器上导线,点火开关置ON,观察指       │ ────→ │ 传感器内部    │
│ 针是否向满油分度方向移动                     │       │ 搭铁或浮子    │
│                                            │       │ 损坏          │
└──────────────────────────────────────────┘       └──────────────┘
                    │ 否
                    ▼
┌──────────────────────────────────────────┐
│      检查燃油表至传感器的导线是否搭铁       │
└──────────────────────────────────────────┘
```

二、报警装置常见故障的检修

1. 机油压力报警装置故障诊断

(1)故障现象:机油到了机油尺的最低刻度,但是机油压力过低报警指示灯未亮。

(2)故障原因:指示灯烧坏、机油压力表开关损坏、电路断路。

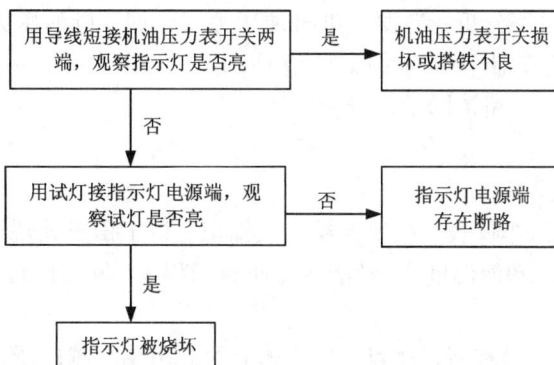

项目拓展

大众迈腾仪表控制电路分析

大众迈腾仪表控制电路如图 6 - 24 所示。

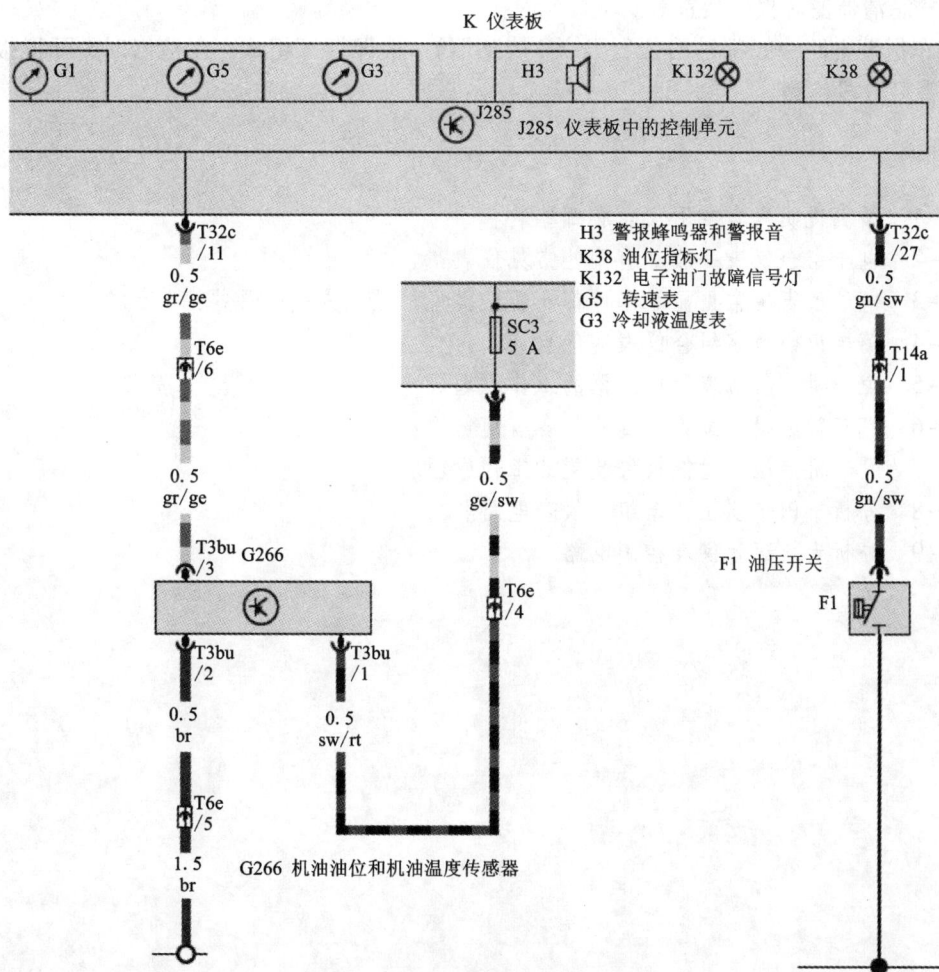

图 6 - 24　大众迈腾仪表控制电路

（1）机油压力报警电路分析：当发动机机油压力过低时，机油压力开关闭合，仪表盘的 K3 机油压力指示灯→连接器 T14a/1 的 1 号端子→F1 机油压力开关→搭铁。

（2）其他仪表及报警电路请同学们分析。

项目小结

本项目主要学习了汽车仪表与报警系统相关知识。以丰田威驰轿车组合仪表为载体，主要学习了机油压力表、冷却液温度表、燃油表、车速里程表、发动机转速表、电流表的结构及工作原理。

数字仪表相比模拟仪表有诸多优点，在汽车上的应用越来越广泛，其显示器主要有发光二极管（LED）、液晶显示器件、真空荧光管等。

汽车仪表主要故障有仪表无指示、仪表指示不准等。检修时，可将仪表与传感器分段检测。

汽车报警装置用来保证行车安全，常用的报警电路有机油压力报警装置、制动低压报警装置、燃油量报警装置、冷却液温度报警装置、制动信号灯断线报警装置、制动液面报警装置、空气滤清器滤芯报警装置等。

汽车报警电路一般都是由报警开关（传感器）、报警灯等组成，在检修时，可将报警开关、报警灯分段检测。

习　题

6-1　举例说明汽车常用仪表有哪些。

6-2　电子组合仪表一般都有哪些常见仪表？

6-3　电子仪表的常见显示器件都有哪些类型？显示方式有哪些？

6-4　简要说明数字组合仪表的优点。

6-5　说明机油压力表及传感器的工作原理。

6-6　汽车常用报警装置有哪些？各有何作用？

6-7　简述机油压力过低报警装置的工作原理。

6-8　分析丰田卡罗拉轿车组合仪表电路。

6-9　分析大众迈腾仪表控制电路。

项目七 汽车风窗清洁装置的结构与维修

能力目标

通过对本项目的学习，你应能够：

1. 描述电动刮水器和喷洗器的组成与结构原理；

2. 掌握电动刮水器的变速原理；

3. 会分析风窗清洁装置常见故障原因并掌握排除方法；

4. 正确拆装风窗清洁装置，对风窗清洁装置各零部件及总成进行正确的检查，能对其进行检测；

5. 正确检查风窗清洁装置的工作线路，并能对常见故障进行检修。

案例引入

顾客陈述丰田卡罗拉轿车挡风玻璃刮水器不动作，请帮助检修。

项目描述

丰田卡罗拉轿车刮水器和喷洗器电路如图 7-1 所示，请分析相关电气元件和电路的原理：

1. 分析电动刮水器低速工作原理；

2. 分析电动刮水器高速工作原理；

3. 分析电动刮水器间歇工作原理；

4. 分析电动刮水器停机复位原理；

5. 分析风窗喷洗器电路；

6. 丰田卡罗拉轿车刮水器和喷洗器电路的检测。

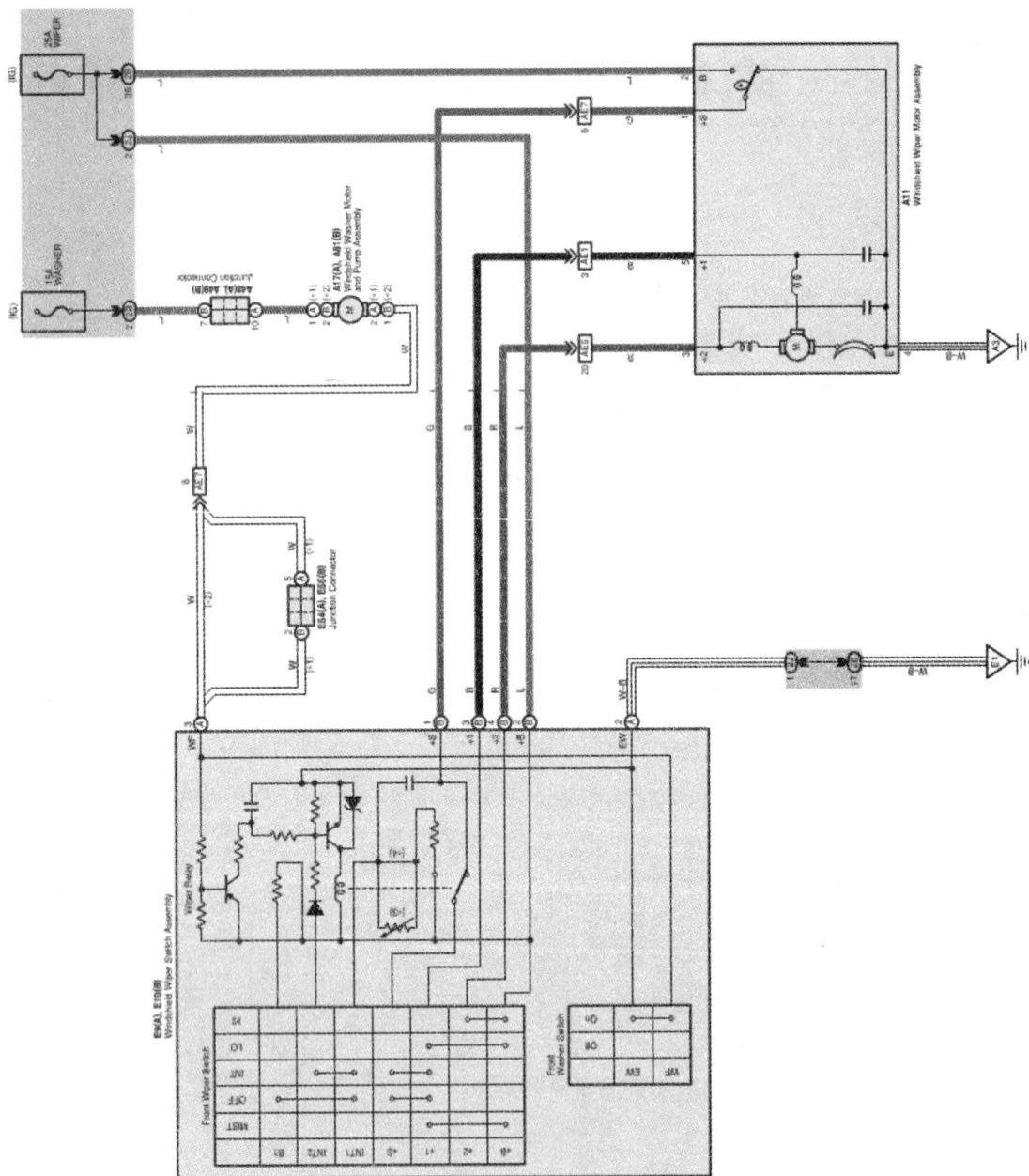

图 7-1　丰田卡罗拉刮水器和喷洗器电路图

项目内容

第一节 电动刮水器和喷洗器

一、电动刮水器的组成与分类

刮水器根据动力源不同，可分为电动刮水器、气动刮水器和机械式刮水器。现代汽车上广泛采用的是电动刮水器。电动刮水器通常由电动机、变速机构、传动机构、刮水片总成、控制装置等组成。电动刮水器的基本组成如图7-2所示。直流电动机装在底板上，杠杆联动机构由连杆和摆杆组成，摆杆上连接有刮水片总成（由刮水臂、刮水片等组成）。当驾驶员按下刮水器的开关时，电动机启动，电动机旋转运动经过蜗轮蜗杆的减速增扭作用，由轴端的蜗杆传给蜗轮，蜗轮上的偏心销钉与连杆8铰接，蜗轮转动时通过连杆8使摆杆4摆动，然后经连杆3、7使刮水臂带动刮水片总成往复运动，从而实现挡风玻璃的刮扫动作。

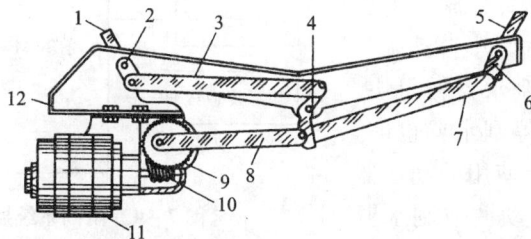

图7-2 电动刮水器的基本组成

1、5—刮水臂；2、4、6—摆杆；3、7、8—连杆；9—蜗轮；10—蜗杆；11—电动机；12—底板

刮水器根据刮刷方式的不同，可分为双臂同向刮刷、双臂对向刮刷、单臂可控刮刷和普通单臂刮刷4种，如图7-3所示。在前两种刮刷方式中，有的是2个雨刮臂共用1个电机，称为"单机双臂"；也有每个雨刮臂带1个电机，称为"单机单臂"。4种刮水器中，普通单臂刮水器的结构最简单，成本最低，但刮刷面积较小；单臂可控刮水器的刮刷面积最大，但结构及控制方式较复杂；双臂对向刮刷和同向刮刷方式的刮刷面积较大，更符合空气动力学特性，既减小了空气阻力，又使刮刷更干净，具备伺服功能的双电机对刮模式，是目前比较先进的刮刷方式。

有些汽车刮水器的雨刮臂还附带胶水管，水管接至清洗器上，按一下开关会有水注喷向挡风玻璃。在一些中高级轿车上，不但前后挡风玻璃有刮水器，就是前大灯也有一支小小的雨刮片，用以清除前灯玻璃上的尘埃。

电动刮水器通常装有自动复位装置，它控制刮水器电机，以便在任意时刻关闭刮水器时，都能使雨刮臂停在挡风玻璃下侧的适当位置。

目前，汽车上使用的刮水器已经普遍具有高速、低速和间歇控制3个工作挡位。其中，间歇控制挡一般是利用电动机的复位开关触点与电阻电容的充放电功能使刮水器按照一定周

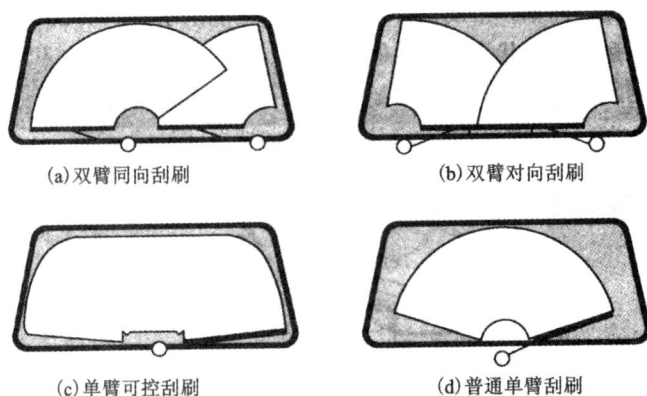

(a)双臂同向刮刷   (b)双臂对向刮刷

(c)单臂可控刮刷   (d)普通单臂刮刷

图 7 - 3　刮水器的刮刷种类

期刮扫,即每动作 1 次停止 2 ~ 12 s,对司机的干扰更少。有些车辆的刮水器还装有电子调速器,该调速器附带雨量感应功能,能根据雨量的大小自动调节雨臂的摆动速度,雨大刮水臂转得快,雨小刮水臂转得慢,雨停刮水臂也停。奇瑞 A3 豪华配置车型上使用的刮水器就具有根据雨量大小自动调节刮水臂转动速度的功能,其系统控制原理框图

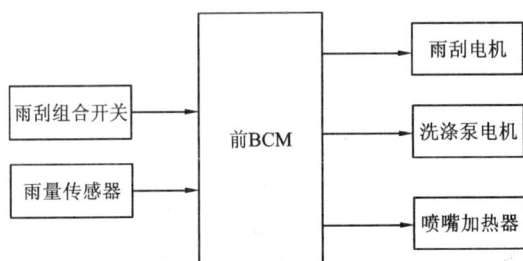

图 7 - 4　雨刮系统控制原理框图

如图 7 - 4 所示,它将雨量传感器与雨刮电机集成在同一个壳体内。

二、刮水器系统的变速原理

电动刮水器的变速是通过改变电机的速度来实现的。汽车刮水电动机是微型直流电动机,有励磁式和永磁式两种。其中,永磁电动机具有结构简单、重量轻、噪声低、扭矩大、可靠性强等优点,因而使用更为广泛。

直流电动机的转速公式为:

$$n = \frac{U - IR}{kZ\varPhi}$$

式中:U——电动机端电压;

I——通过电枢绕组的电流;

R——电枢绕组的电阻;

k——常数;

Z——正、负电刷间串联的绕组(导体)数;

$\varPhi$——磁极磁通。

在实际应用中,I,R,k 均为定数,可见改变直流电机的磁通 $\varPhi$ 和两电刷之间的电枢绕组(导体)数 Z 均能改变直流电机的转速。当磁极磁通 $\varPhi$ 减小时转速 n 上升,反之则转速下降。当导体数目增多时,转速 n 也下降,反之则上升。

1.改变磁通变速工作原理

绕浅式电动刮水器调速原理图,如图7-5所示。

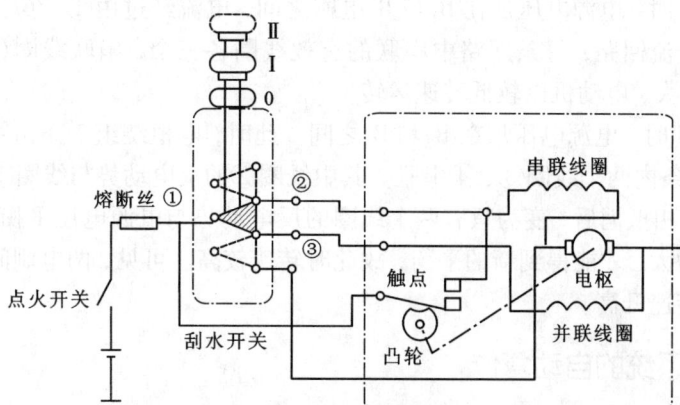

图7-5 绕线式电动刮水器调速原理

当刮水开关在I位置(低速)时,电流经由蓄电池"＋"→点火开关→熔断器→接线柱①→接触片后,分为两路:

一路经过接线柱②→串联线圈→电枢→搭铁→蓄电池负极形成回路;另一路经过接线柱③→并联线圈→搭铁→蓄电池负极而形成回路。此时,由于并联线圈与串联线圈中的电流所产生的磁场方向一致,使磁通 Φ 增加,故电动机以低速运转。

当刮水器开关在II位置(高速)时,电流由蓄电池"＋"→点火开关→熔断器→接线柱①→接触片→接线柱②→串联线圈→电枢→搭铁→蓄电池负极形成回路。此时由于并联线圈回路被断开,使磁通 Φ 减小,故电动机以高速运转。

2.改变电刷间的导体数目变速

永磁式刮水电动机的结构如图7-6所示,蜗轮蜗杆变速装置与电动机装为一体,两块磁极黏合在电动机外壳上,磁极采用铁氧体永久磁铁,具有永不退磁的优点,其磁场强弱不可改变。电机端部装有塑料通气管,以便将电刷由于电弧放电所产生的气体放出。如图7-6所示,采用三刷式结构,B_1 为低速运转电刷,B_2 为高速运转电刷,B_3 为公共电刷。B_1 与 B_2 相差60°,电枢采用对称叠绕式。通过变换电刷,改变串联在电刷间的导体数,达到变速的目的。

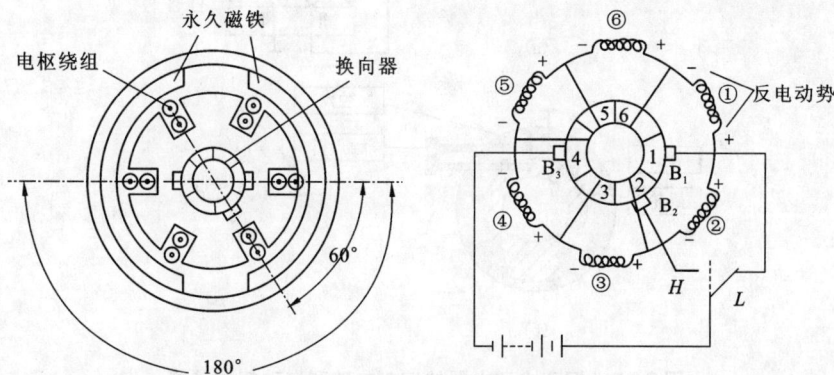

图7-6 永磁式电动刮水器调速原理

当电动机工作时，在电枢内同时产生反电动势，其方向与电枢电流的方向相反。只有当外加电压 U 与反电动势几乎相等时，电枢的转速才趋于稳定。

当开关拨向 L 时，电源电压加在 B₁ 与 B₃ 电刷之间，电流经过由①、⑥、⑤与②、③、④组成的两条并联分流回路，每条回路中串联的有效线圈各三个，串联线圈(导体)数相对较多，故反电动势较大，电动机以较低转速运转。

当开关拨向 H 时，电源电压加在 B₂ 和 B₃ 之间。此时，电枢绕组 1 条由 4 个线圈②、①、⑥、⑤串联，另 1 条内两个线圈③、④串联。其中线圈②的反电动势与线圈①、⑥、⑤的反电动势方向相反，互相抵消后，变为只有两个线圈的反电动势与电源电压平衡，因而只有转速升高使反电动势增大，才能得到新的平衡，故此时转速较高。可见，两电刷间的导体数减少，就会使电动机的转速升高。

三、刮水器系统的自动复位

当要使刮水器停下来时，自动复位装置可在任何时刻切断刮水电动机电路，使刮水片自动停止在风窗玻璃的下部，以免影响驾驶员的视线。

当把刮水器开关退回到 R 位时，如果刮水片没有停止到规定位置，由于触点与铜环相接触，如图 7-7(b)所示，则电流继续流入电枢，其电路为蓄电池正极→电源开关→熔断器→电刷 B₃→电枢绕组→电刷 B₁→接线柱Ⅱ→接触片→接线柱Ⅰ→触点臂→铜环→搭铁→蓄电池负极。因此，电动机仍以低速运转直至蜗轮旋转到图 7-7(a)所示的特定位置，电路中断。由于电枢的运动惯性，电动机不能立即停止转动，此时电动机以发电机方式运行。由于此时电枢绕组通过触点臂与铜环 2 接通而短路，电枢绕组将产生能耗制动转矩，电动机迅速停止运转，使刮水片复位到风窗玻璃的下部。

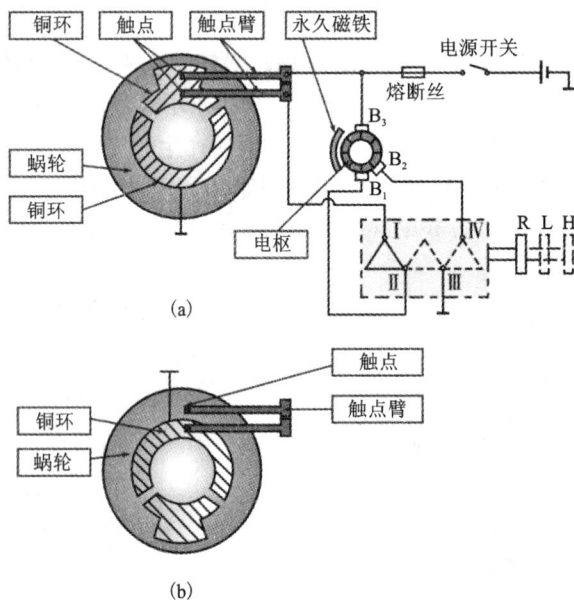

(a)

(b)

图 7-7　铜环式刮水器的控制电路和自动复位装置

四、电动刮水器的间歇工作原理

汽车在雾天或小雨雪天气中行驶时，若刮水器不间断地工作，风窗玻璃上的微量水分和灰尘就会形成一个发黏的表面，这样玻璃不仅刮擦不净，反而会变得模糊，影响驾驶员的视线；同时，刮水片的刮擦阻力增大，影响刮水器的使用寿命。为处理好该问题，现代汽车上一般通过加装刮水器间歇控制系统，让刮水器按照一定的周期间歇工作，使驾驶员获得较好的视野。

刮水器间歇控制系统主要由脉冲发生电路(振荡电路)、驱动电路、继电器3部分组成，如图7-8所示。驱动电路在脉冲发生电路的控制下，驱动继电器定时接通和断开刮水电动机，实现间歇工作。

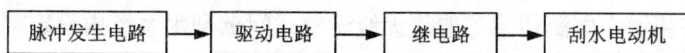

图7-8 刮水器间歇控制系统组成框图

常见的刮水器间歇控制电路分为不可调节式和可调节式两种。

1. 不可调节式间歇控制电路

下面以同步振荡电路控制的间歇刮水器为例介绍其工作过程，电路如图7-9所示。

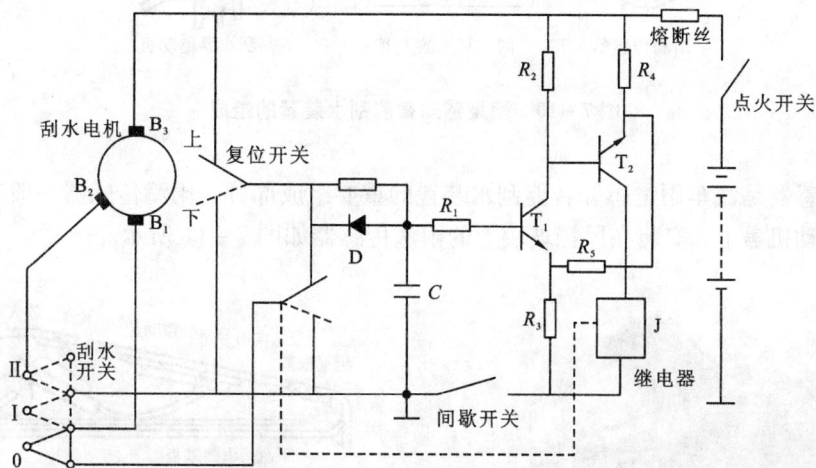

图7-9 同步间歇刮水器控制电路

电路中电阻 R、电容 C、二极管 D 组成间歇时间控制电路，调整其参数可改变间歇时间的长短。当刮水器开关置"0"挡，且间歇开关闭合时，电流由蓄电池"+"→点火开关→熔断丝→复位开关"上"触点(常闭)→电阻 R→电容 C→搭铁→蓄电池"-"形成充电回路；使电容 C 两端电压上升，达一定值时，T_1 导通，T_2 随之导通。继电器 J 中有电流通过，回路为：蓄电池"+"→点火开关→熔断丝→R_4→T_2→J→间歇开关→搭铁→蓄电池"-"；继电器磁化线圈通电使其常闭触点断开(实线位置)，常开触点闭合(虚线位置)，刮水电机电路被接通，回路为：蓄电池"+"→点火开关→熔断丝→公共电刷 B_3→电枢→低速电刷 B_1→刮水开关"0"位→

继电器常开触点→搭铁→蓄电池"－"形成供电回路；使刮水电机低速工作。当复位开关常闭触点被复位装置顶开至常开"下"位置时，电容 C→D→复位开关"下"位置→搭铁；快速放电，一段时间后，T_1 截止，T_2 截止，继电器断电，其触点复位，但此时电机仍运转，回路为：蓄电池"＋"→点火开关→熔断丝→公共电刷 B_3→电枢→低速电刷 B_1→刮水开关"0"位→继电器常闭触点→复位开关常开触点→搭铁→蓄电池"－"，只有当复位开关常开触点被复位装置顶回至常闭"上"位置时电机才停止。电容 C 再次充电，重复周期开始。

2. 可调节式间歇控制电路

雨量感知智能刮水装置是指刮水器的控制电路根据雨量大小自动开闭，自动调节刮水器刮水频率，并自动调节间歇时间。

雨量感知智能刮水装置主要由雨滴传感器、间歇刮水放大器和刮水器电动机等组成，如图 7－10 所示。该装置由雨滴传感器取代无级调整式间歇刮水系统内设定刮雨间歇时间的可变电阻器。

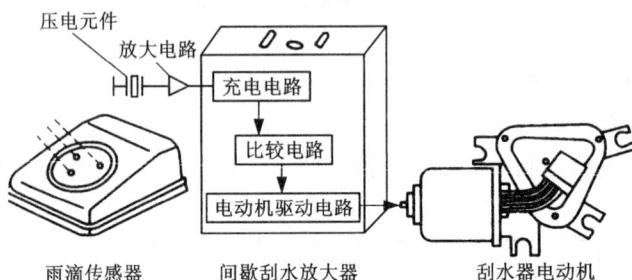

图 7－10　雨量感知智能刮水装置的组成

雨滴传感器是汽车雨量感知智能刮水装置的重要组成部分。雨滴传感器一般安装在风挡玻璃上或发动机盖上，安装在风挡玻璃上的雨滴传感器如图 7－11 所示。

图 7－11　雨滴传感器安装位置

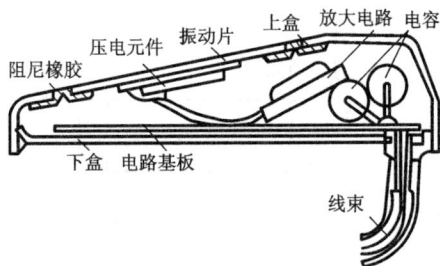

图 7－12　压电型雨滴传感器结构

雨滴传感器的结构如图 7－12 所示。雨量感知智能刮水装置工作时，由于雨滴下落撞击到传感器的振动片上，振动片将振动能量传给压电元件。压电元件受压而产生电压信号，该电压值与撞击振动片上的雨滴的撞击能量成正比。电压信号经过放大后送入间歇刮水放大电路，对放大器的充电电路(电容)进行定时充电(20 s)，电容电压上升。该电压输入比较电路，比较电路将其与基准电压比较。当电容电压达到基准电压时，比较电路向刮水器电动机发出信号，使其工作一次。

当雨量大时，压电元件产生的电信号强，充电电路电压达到基准电压值所需时间短，刮水器的工作间歇时间短；当雨量小时，压电元件产生的电压小，充电电路电压达到基准电压所需时间长，刮水器的工作间歇时间就长；当雨量很小，雨滴传感器没有电压信号输出时，只有定流电路对充电电路进行充电，20 s 后充电电路的输出电压达到基准电压，刮水器动作一次。

这样，雨量感知智能刮水装置就把刮水器的间歇时间控制在 0 ~ 20 s 内，以适应不同雨量的刮除需要。

五、风窗喷洗器的组成和工作原理

风窗电动喷洗器的作用是向风窗玻璃表面喷洒水或专用洗涤液，使之与刮水片配合工作，清除风窗玻璃表面的灰尘等，保持风窗玻璃表面的清洁。

风窗清洗装置的组成如图 7 – 13 所示，主要由贮液罐、洗涤泵、三通、喷嘴等组成。

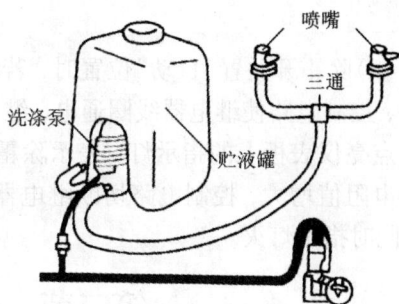

图 7 – 13　风窗清洗装置

洗涤泵由直流电机和离心式液片泵组成，安装在储液罐上或管路中，喷射压力达 70 ~ 88 kPa。喷嘴安装在风窗玻璃前方，其喷射方向可以调整，保证洗涤液喷射在风窗玻璃上，使用时应先开洗涤泵后开刮水器。洗涤泵连续工作的时间一般不超过 1 min，在喷水停止后，刮水器应继续刮 2 ~ 5 次，以达到较好的洗涤效果。

当接通喷洗器开关时，洗涤泵控制电路接通。位于发动机盖上的两个喷嘴向风窗玻璃喷射清洗液，同时接通刮水器低速控制电路，于是刮水电动机工作，驱动刮水片刮掉已经湿润的尘土和污物。当驾驶员松开控制手柄时，开关将自动复位，切断洗涤泵的控制电路，喷嘴停止喷射清洗液，刮水电动机在自动复位开关作用下将刮水片停靠在风窗玻璃下方，不影响驾驶员视线。

六、除霜装置

汽车挡风玻璃在下雪天、气温较低的情况下易结霜，刮水器是无法清除的，严重影响驾驶员视线，因此汽车上安装有除霜装置。汽车前、侧挡风玻璃上的霜层通常是利用空调系统中产生的暖气来达到清除结霜的目的，后挡风玻璃多使用电热式除霜。

自动控制除霜装置由开关、传感器、控制器、电热丝、连接线路组成。传感器安装在后风窗玻璃上，采用热敏电阻，结霜越厚，阻值越小。电热丝采用正温度系数的细小镍铬丝，自身具有一定电流调节功能。后风窗玻璃除霜装置电路如图 7 – 14 所示。

工作过程如下：

(1)除霜开关置"关"位置时，控制电路及指示灯电路被断开，除霜装置及指示灯均不工作。

(2)除霜开关置"手动"位置时，继电器线圈可经手动开关直接搭铁，继电器触点闭合，使除霜电路及指示灯接通，除霜装置及指示灯均工作。

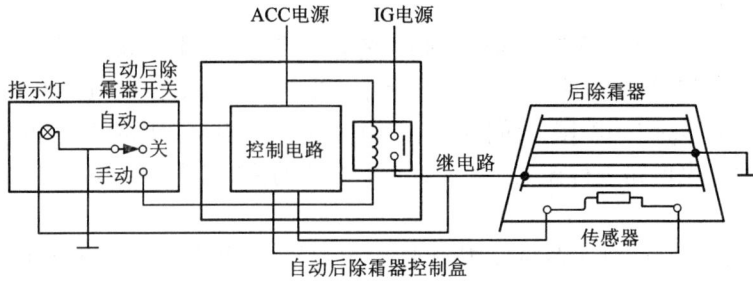

图 7－14　后风窗玻璃除霜装置电路

（3）除霜开关置"自动"位置时，若结霜达到一定厚度，传感器电阻值急剧减小到某一设定值，控制电路使继电器线圈通电，继电器触点闭合。由点火开关 IG 接线柱向电阻丝供电，同时点亮仪表板上的指示灯，表示除霜装置正在工作。当玻璃上结霜减少到某一程度后，传感器电阻值增大，控制电路切断继电器线圈回路，触点断开，电阻丝断电，除霜装置停止工作，同时指示灯灭。

第二节　风窗清洁装置的检修

一、风窗清洁装置的控制电路

桑塔纳轿车洗涤装置的控制电路如图 7－15 所示。从图中可以看出，刮水器控制开关有5 个挡位，分别为复位停止挡、间歇挡、低速挡、高速挡和点动挡。通常在刮水器操纵手柄上f 挡为点动挡，LO 挡为低速刮水挡，HI 挡为高速刮水挡。

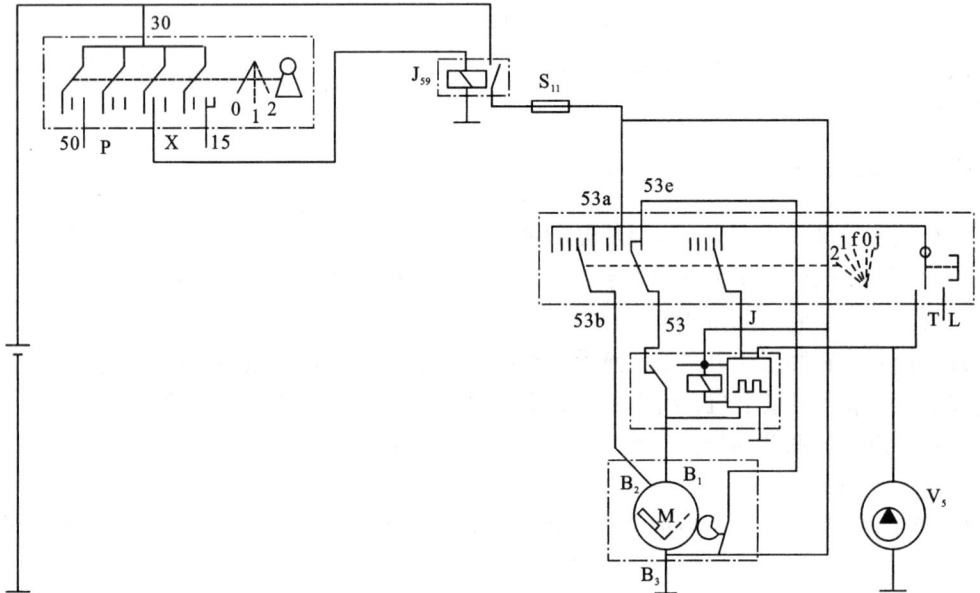

图 7－15　桑塔纳轿车风窗清洁装置的控制电路

1. 中间继电器工作

将点火开关置于"ON"，接通了蓄电池向中间继电器磁化线圈的放电回路，其电流为：蓄电池正极→点火开关 30$^\#$接线柱→点火开关 X 接线柱→中间继电器磁化线圈→搭铁→蓄电池负极。在电磁吸力的作用下，中间继电器触点闭合，为刮水电动机的工作做好准备。

2. 点动挡

将刮水器开关拨到 f 挡（即点动挡）时，蓄电池将通过刮水器开关、间歇继电器常闭触点向刮水电动机放电，其电流为：蓄电池正极→中间继电器触点→熔丝 S_{11}→刮水器开关 53a 接线柱→刮水器开关 53$^\#$接线柱→间歇继电器常闭触点→电刷 B_1→电刷 B_3→搭铁→蓄电池负极，此时电动机以低速运转。当驾驶员的手离开刮水器开关时，开关将自动回到"0"位，如果此时刮水片处在影响驾驶员视线的位置上，自动复位装置的常闭触点打开，常开触点闭合，刮水电动机电枢内继续有电流通过，其电流为：蓄电池正极→中间继电器触点→熔丝 S_{11}→复位装置的常开触点→刮水器开关 53e 接线柱→刮水器开关 53$^\#$接线柱→间歇继电器常闭触点→电刷 B_1→电刷 B_3→搭铁→蓄电池负极，故电动机仍以低速运转，只有当自动复位装置处于指定位置时，刮水电动机方可停止运转。

3. 低速挡

当将刮水器开关拨到 LO 挡（低速刮水挡）时，蓄电池仍然是通过中间继电器、刮水器开关、间歇继电器、电刷 B_1 和 B_3 向刮水电动机放电（放电回路与点动时相同），电动机以 42～52 r/min 的转速低速运转。

4. 高速挡

当将刮水器开关拨到 HI 挡（高速刮水挡）时，蓄电池向电动机的放电回路为：蓄电池正极→中间继电器触点→熔丝 S_{11}→刮水器开关 53a 接线柱→刮水器开关 53b 接线柱→电刷 B_2→电刷 B_3→搭铁—蓄电池负极，此时刮水电动机以 62～80 r/min 的转速高速运转。

当自动复位装置切断电动机电路，由于旋转惯性使电动机不能立即停下来时，电动机将以发电机运行而发电，由楞次定理可知，电枢绕组中所产生的感应电动势的方向与外加电压的方向相反，通过刮水器开关、自动复位常闭触点构成回路，其电流为：电刷 B_1→间歇继电器常闭触点→刮水器开关 53$^\#$接线柱→刮水器开关 53e 接线柱→自动复位装置的常闭触点→电刷 B_3，电枢绕组中即会产生反电磁力矩（制动力矩），刮水电动机迅速停止运转，使刮水片复位到风窗玻璃的下部。

5. 间歇挡

当将刮水器开关拨到 J 挡（间歇）挡位置时，电子式间歇继电器投入工作，使其触点不断地开闭。当间歇继电器的常闭触点打开、常开触点闭合时，蓄电池向电动机的放电回路为：蓄电池正极→中间继电器触点→熔丝 S_{11}→间歇继电器的常开触点→电刷 B_1→电刷 B_3→搭铁→蓄电池负极，电动机低速运转。当间歇继电器断电，其触点复位（常闭触点闭合、常开触点打开）时，电动机将停止运转。在此过程中，自动复位装置的工作与制动力矩的产生与上述相同。在间歇继电器的作用下，刮水电动机每 6 s 使曲柄旋转一周。

6. 洗涤泵工作

当将洗涤开关接通时（将刮水器开关向上扳动），洗涤泵控制电路接通，其电流为：蓄电池正极→中间继电器触点→熔丝 S_{11}→洗涤开关→洗涤泵 V_5→搭铁→蓄电池负极。位于发动机盖上的两个喷嘴同时向风窗玻璃喷射洗涤液。与此同时，也接通了刮水器间歇继电器的控制电路,其电流为:蓄电池正极→中间继电器触点→熔丝 S_{11} →洗涤开关→刮水器间歇继电器→搭铁→蓄电池负极,于是刮水电动机工作,驱动刮水片刮掉已经湿润的尘土和污物。当驾驶员松开控制手柄时,开关将自动复位,切断洗涤泵的控制电路,喷嘴停止喷射洗涤液,刮水电动机在自动复位开关起作用后,将刮水片停靠在风窗玻璃的下方。

二、风窗清洁装置的维护

1.电动刮水器的维护

(1)检查刮水器电动机的固定及各传动机构的连接是否有松动,若发现松动,应予以拧紧。

(2)检查刮水器橡胶刮水片的老化、磨损及其与玻璃贴附情况。当发现刮水片严重磨损或脏污时应及时更换或清洗。清洗刮水片时,可用蘸有酒精清洗剂的棉纱轻轻擦去刮片上的污物,注意不可用汽油清洗和浸泡,否则刮片会变形而无法使用。刮水片唇口必须与玻璃角度配合一致,否则应予以打磨或更换。

(3)用水润湿挡风玻璃后,打开刮水器开关,刮水器摇臂应摆动正常,电动机无异响。转换挡位开关,刮水器以相应的转速工作,并能自动复位。否则,应对刮水器电机及相关线路进行检查。

(4)检查后,在各运动铰链处滴注 2~3 滴机油或涂抹润滑脂,并再次打开刮水器电机开关使刮水器摇臂摆动,待机油或润滑脂浸到各工作面后,擦净多余的机油或润滑脂。

2.清洗器的维护

(1)检查清洗器系统的管路连接是否紧固,若有脱落或松动,应将其安装并固定好;塑料管路若有老化、折断或破裂,应予以更换。

(2)检查清洗器喷嘴,脏污时可用干净的毛刷清洗喷嘴;按动喷液开关,喷嘴应将清洗液喷射到风挡玻璃上的适当位置,否则应对喷嘴位置进行调整,或对喷射部分及电路部分进行检修。

三、风窗清洁装置的故障诊断

1.刮水器故障诊断与排除

刮水器故障检修,如表 7-1 所示。

表 7-1　刮水器故障检修表

故障	故障现象	故障原因	故障诊断与排除
刮水器电动机不转	当点火开关置于点火位置时,将刮水器开关分别设在慢、快及间歇挡,刮水器电动机不工作	1.刮水器电动机电源线路断路; 2.刮水器电动机失效	1.检查刮水器电动机线路是否断路,其中主要检查熔丝是否正常; 2.检查电动机绕组是否内部断路; 3.检查刮水器开关是否工作正常
刮水器无慢速工作挡	接通点火开关,将刮水器开关置于慢速挡位置,刮水器不转	1.刮水器开关损坏; 2.刮水器电动机慢速挡工作线路故障; 3.熔丝断或线路中有短路	1.检查刮水器电动机插头中慢速端子线是否有电; 2.检查刮水器开关是否工作正常; 3.检查刮水器电动机

续表 7 - 1

故障	故障现象	故障原因	故障诊断与排除
刮水器快速挡不工作	接通点火开关及刮水器快速挡,刮水片不转	1.刮水器开关失效; 2.刮水器电动机失效; 3.刮水器间歇挡线路故障	1.检查刮水器开关; 2.检查刮水器快速挡工作线路是否断路或接触不良
刮水器无间歇挡	接通点火开关及刮水器间歇挡,刮水器不工作	1.刮水器开关失效; 2.刮水器电动机失效; 3.刮水器间歇挡线路故障	1.检查刮水器间歇挡线路是否断路或接触不良; 2.检查刮水器电动机; 3.检查刮水器开关
刮水器无自动停位功能	在刮水器电动机慢速、快速、间歇、短时工作时,将刮水器开关扳到停位,刮水器刮水片不能自动停位在原来位置	1.刮水器开关的停位触点损坏; 2.减速器涡轮输出轴背面的自动停位导电片和减速器盖板上的导电触点损坏	1.检查刮水器开关的停位触点,若损坏则更换; 2.若涡轮输出轴背面的自动停位导电片和减速器盖板上的导电触点损坏,则更换

2.电动喷洗器故障诊断与排除

电动喷洗器故障检修,如表 7 - 2 所示。

表 7 - 2　电动喷洗器故障检修表

故障现象	故障原因	检修方法
电动喷洗器不工作	1.控制开关损坏; 2.电动洗涤泵损坏; 3.喷嘴堵塞严重; 4.电动洗涤泵线路断开	1.检修控制开关; 2.检修电动洗涤泵; 3.用钢丝疏通; 4.检查、连接电动洗涤泵线路
电动喷洗器工作,但喷射压力低	1.电动洗涤泵工作不正常; 2.喷嘴堵塞; 3.软管堵塞或泄漏	1.检修电动洗涤泵; 2.用钢丝疏通; 3.疏通或更换软管

项目实施

一、丰田轿车电动刮水器电路分析

图 7 - 1 所示为丰田卡罗拉轿车刮水器和喷洗器电路。

1. 电动刮水器电路分析

1）刮水器低速工作

当点火开关打至 IG1 挡，刮水开关置低速位时，电流由蓄电池"＋"→100 A ALT 熔丝→50 A AM1 熔丝→点火开关 IG1 挡→25 A 刮水器熔丝→组合开关接线柱 2→低速开关→接线柱 4→前刮水器电机接线柱 3→电枢→前刮水器电机接线柱 4→A3 搭铁→蓄电池"－"，形成回路，刮水电机低速运转。

2）刮水器高速工作

当点火开关打至 IG1 挡，刮水开关置高速位时，电流由蓄电池"＋"→100 A ALT 熔丝→50 A AM1 熔丝→点火开关 IG1 挡→25 A 刮水器熔丝→组合开关接线柱 2→高速开关→接线柱 3→前刮水器电机接线柱 5→电枢→前刮水器电机接线柱 4→A3 搭铁→蓄电池"－"，形成回路，刮水电机高速运转。

3）刮水器间歇工作

当点火开关打至 IG1 挡，刮水开关置间歇位时，电流由蓄电池"＋"→100 A ALT 熔丝→50 A AM1 熔丝→点火开关 IG1 挡→25 A 刮水器熔丝→组合开关接线柱 8→刮水器继电器 + B 号端子→刮水器继电器 + S 号端子→组合开关内部"NTT"开关→组合开关 1 接线柱→前刮水器电机接线柱 1→电枢→前刮水器电机接线柱 4→A3 搭铁→蓄电池"－"，形成回路，刮水电机间歇运转。刮水器继电器决定间歇时间。

4）刮水器停机复位

当刮水器开关打至"关"挡位置时，若刮臂没有停在规定位置，则刮水器电机内复位装置将 2 号端子与 3 号端子接通，电流由蓄电池"＋"→100 A ALT 熔丝→50 A AM1 熔丝→点火开关 IG1 挡→25 A 刮水器熔丝→前刮水器电机接线柱 2→前刮水器电机接线柱 1→组合开关接线柱 1→刮水器继电器 + S 号端子→组合开关内部的"OFF"：开关→组合开关 3 接线柱→前刮水器电机接线柱 5→电枢→前刮水器电机接线柱 4→A3 搭铁→蓄电池"－"，形成回路，电机继续转动，直至刮水片停在规定的位置上。

2. 风窗喷洗器电路分析

当点火开关打至 IG1 挡，刮水洗涤开关置洗涤位时，电流由蓄电池"＋"→ 100 A ALT 熔丝→50 A AM1 熔丝→点火开关 IG1 挡→15 A 刮水器熔丝→A17 喷洗器电机→组合开关接线柱 3→组合开关内部的喷洗器开关→组合开关接线柱 2→E1 搭铁→蓄电池"－"，同时，刮水器继电器被触发工作，使刮水器配合喷洗器工作一段时间。

二、刮水器电路的检测

以丰田卡罗拉轿车为例，其刮水器电路如图 7 - 16 所示。

对于挡风玻璃刮水器不动作故障，我们可以把电路分成三部分来进行检测。第一部分是电源部分，可从组合开关的 2 号端子起，往前查供电电路，其中主要检查熔丝是否正常；第二部分查刮水器电机，把雨刮开关置于"HI"挡，正常时，前雨刮电机的 4 号端子应可以测到蓄电池电压，前刮水电机的 5 号端子电压为 0 V，当此两号端子电压正常而刮水电机仍不动作，说明刮水电机存在故障；第三部分为刮水器开关总成，详细检测参见后面内容。

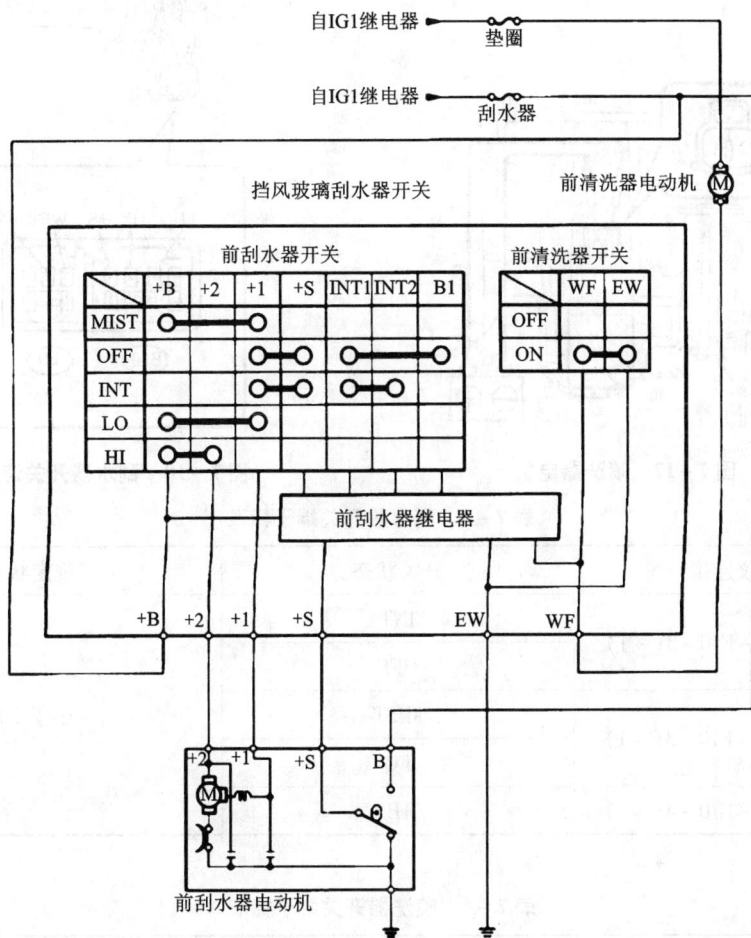

图 7 - 16 前刮水器和喷洗器电路图

1.喷洗器电机的检测

(1)把喷洗器电机和泵安装到储液罐系统上,在罐中倒入清洗液。

(2)断开喷洗器电机的连接器。

(3)把喷洗器电机 1 号端子与蓄电池正极(-)连接;2 号端子与蓄电池负极(+)连接。检查清洗液是否从罐子里流出来,如图 7 - 17 所示。如果没有水流出,则更换喷洗器电机和泵。

2.刮水器开关总成的检测

1)通路检查

检查连接器上各端子是否导通,如图 7 - 18 所示。前刮水器开关端子的标准如表 7 - 3 所示,前喷洗器开关端子的标准如表 7 - 4 所示。如果不导通,则更换开关。

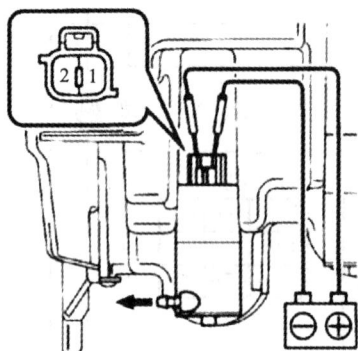

图7-17 喷洗器电机

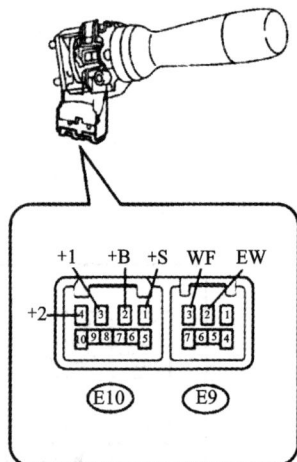

图7-18 刮水器开关连接器

表7-3 刮水器开关端子标准

检测仪连接	开关状态	规定状态
E10-1(+S)-E10-3(+1)	INT	
	OFF	
E10-2(+B)-E10-3(+1)	MIST	小于1 Ω
	LO	
E10-2(+B)-E10-4(+2)	HI	

表7-4 喷洗器开关端子标准

检测仪连接	开关状态	规定状态
E9-2(EW)-E9-3(WF)	ON	小于1 Ω
	OFF	10 kΩ 或更大

2)间歇操作检查

间歇操作检查如图7-19所示。

1)万用表正极(+)与连接器E10-3号端子(+1),负极(-)与连接E9-2号端子(EW)连接。

2)把蓄电池正极(+)与连接器E10-2号端子(+B)连接,负极(-)与连接器E9-2号端子(EW)和E10-1号端子(+S)连接。

3)把刮水器开关转到INT位置。

4)把蓄电池正极(+)与连接器E10-1号端子(+S)连接,保持5 s。

5)把蓄电池负极(-)与连接器E10-1号端子(+S)连接。使间歇刮水继电器工作,测量E10-3号端子(+1)与E9-2号端子(EW)之间的电压。测试标准如图7-20所示。如果不符合规定,则更换开关。

3)工作检查(喷洗器开关)

（1）把喷洗器开关转到 OFF 位置。

（2）把蓄电池正极（＋）与连接器 8 号端子（＋B）连接，负极（－）与连接器 6 号端子（＋S）和 5 号端子（EW）连接。

（3）把万用表正极（＋）与连接器 7 号端子（＋1）连接，负极（－）与连接器 5 号端子（EW）连接。把喷洗器开关转到 ON 位置，再到 OFF 位置，测量 7 号端子（＋1）与 5 号端子（EW）之间的电压。如果不符合规定，则更换开关。

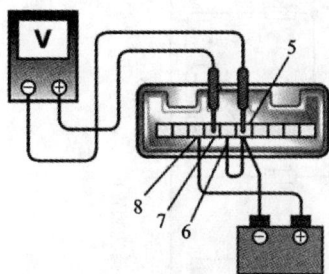

图 7 - 19　间歇操作检查

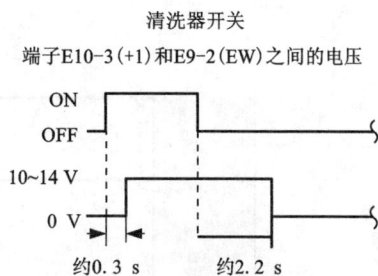

图 7 - 20　端子测试标准

3. 刮水器电机的检测

1）低速挡位检查

把蓄电池正极（＋）与连接器 3 号端子（＋1）连接，负极（－）与连接器 4 号端子（E）连接，检查电机在低速挡位的速度，如图 7 - 21 所示。如果不符合规定，则更换电机。

2）高速挡位检查

把蓄电池正极（＋）与连接器 5 号端子（＋2）连接，负极（－）与连接器 5 号端子（E）连接，检查电机在高速挡位的速度，图 7 - 21。如果不符合规定，则更换电机。

3）自动复位检查

（1）把蓄电池正极（＋）与连接器 2 号端子（＋1）连接，负极（－）与连接器 4 号端子（E）连接。让电机在低速挡位转动，断开 1 号端子（＋），使电机在任意位置停止转动。

（2）用一根导线连接 5 号端子（＋1）和 1 号端子（S），蓄电池正极（＋）与 2 号端子（B）连接，负极（－）与 4 号端子（E）连接，使电机在低速挡重新启动。

（3）检查自动复位工作是否正常。标准如图 7 - 22 所示，如果不符合规定，则更换电机。

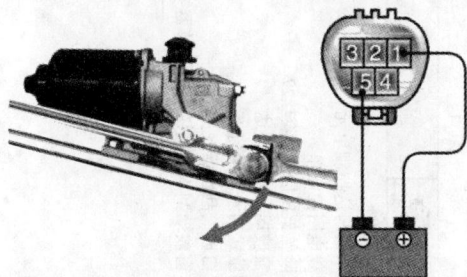

图 7 - 21　刮水器电机检测

图 7 - 22　自动复位检测

项目拓展

大众迈腾轿车刮水器电路分析

大众迈腾刮水器电路如图7-23所示。

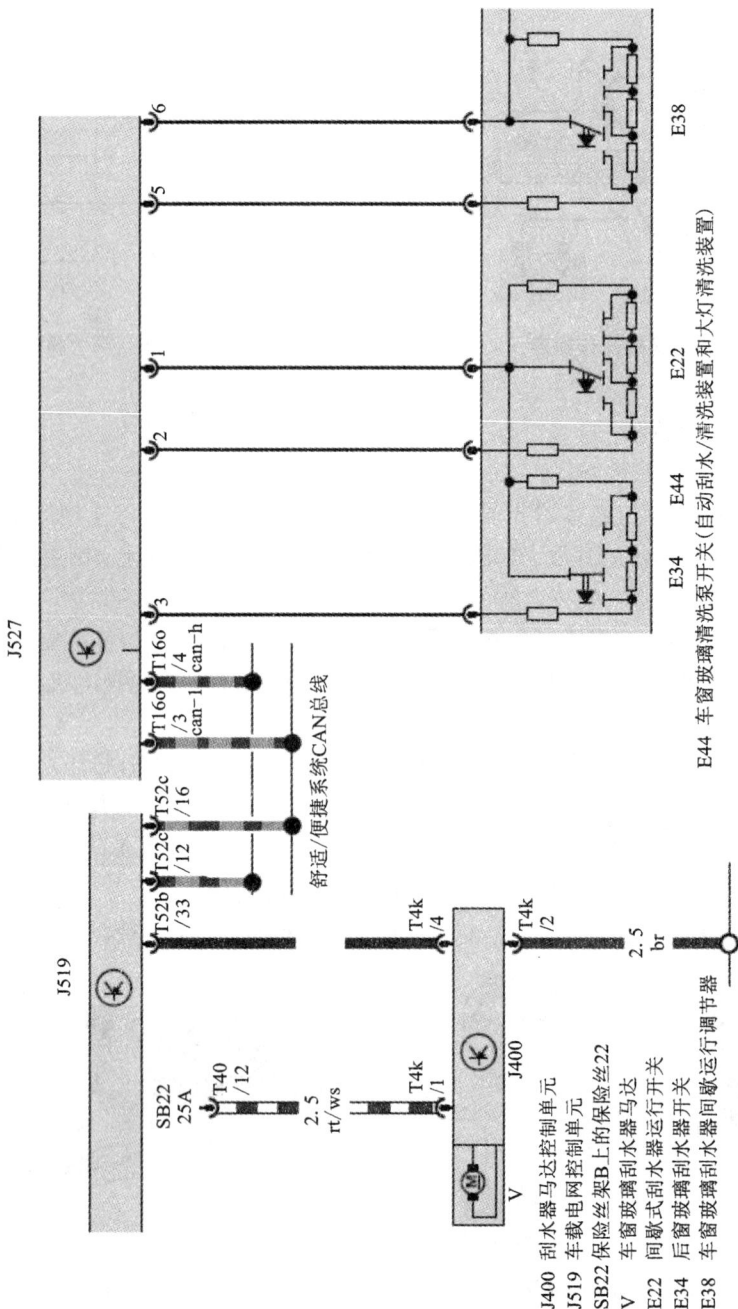

图7-23 大众迈腾轿车刮水器电路图

1. 低速挡、高速挡

E22 间歇式刮水器运行开关→连接器 1 号端子→J527 转向柱控制单元→舒适/便捷系统 CAN→J519 车载电网控制单元→J400 刮水器马达控制单元→V 车窗玻璃刮水器马达。

2. 间歇挡位

①E22 间歇式刮水器运行开关→连接器 1 号端子→②E38 车窗玻璃刮水器间歇运行调节器→连接器 6 号端子→J527 转向柱控制单元→舒适/便捷系统 CAN→J519 车载电网控制单元→J400 刮水器马达控制单元→V 车窗玻璃刮水器马达(间歇控制由 E22 间歇式刮水器运行开关选择在间歇挡和 E38 车窗玻璃刮水器间歇运行调节器选择间歇时间)。

3. 停机复位挡

E22 间歇式刮水器运行开关→连接器 1 号端子→J527 转向柱控制单元→舒适/便捷系统 CAN→J519 车载电网控制单元→J400 刮水器马达控制单元→V 车窗玻璃刮水器马达。

项目小结

(1)电动刮水器通常由电动机、变速机构、传动机构、刮水片总成、控制装置等组成。

(2)绕线式直流电动机通过改变磁通变速,永磁式刮水电动机通过改变电刷间的导体数目变速。

(3)当要使刮水器停下来时,自动复位装置可在任何时刻切断刮水电动机电路,使刮水片自动停止在风窗玻璃的下部,以免影响驾驶员的视线。

(4)刮水器间歇控制电路分为不可调节式和可调节式两种。

(5)风窗清洗装置主要由贮液罐、洗涤泵、三通、喷嘴等组成。

(6)自动控制除霜装置由开关、传感器、控制器、电热丝、连接线路组成。

(7)桑塔纳轿车和丰田威驰轿车刮水器、喷洗器控制电路进行对比分析。

(8)风窗清洁装置的故障,诊断时,应根据不同的故障现象采取不同的诊断方法。

习　题

7－1　电动刮水器由几部分组成?它是如何变速与复位的?

7－2　风窗玻璃清洗装置由几部分组成?它是如何工作的?

7－3　除霜装置有哪些类型?

7－4　分析桑塔纳轿车洗涤装置的工作过程。

7－5　分析丰田轿车电动刮水器的工作过程。

7－6　汽车刮水器如何检修?

7－7　汽车电动喷洗器如何检修?

7－8　汽车风窗玻璃清洗装置有哪些常见故障?怎样进行判断与排除?

7－9　简述大众迈腾轿车刮水器电路的工作原理。

7－10　简述雨量感知智能刮水装置的工作原理。

7－11　怎样进行风窗清洁装置的维护?

7－12　分析丰田卡罗拉轿车刮水器电路。

7－13　分析大众迈腾轿车刮水器电路。

项目八

汽车电动车窗的结构与维修

能力目标

通过本项目的学习,你应能够:

1. 认知和拆装汽车电动车窗装置;

2. 能正确识读汽车电动车窗系统电路图;

3. 对汽车电动车窗系统常见故障进行诊断与排除。

案例引入

顾客陈述左前车窗自动下降功能不起作用,请帮忙检修。

项目描述

丰田卡罗拉汽车电动车窗电路图如图 8-1 所示,请分析相关电气元件和电路原理。

1. 分析丰田卡罗拉电动车窗控制电路;

2. 分析丰田卡罗拉电动车窗电路;

3. 丰田卡罗拉电动车窗的检测与维修。

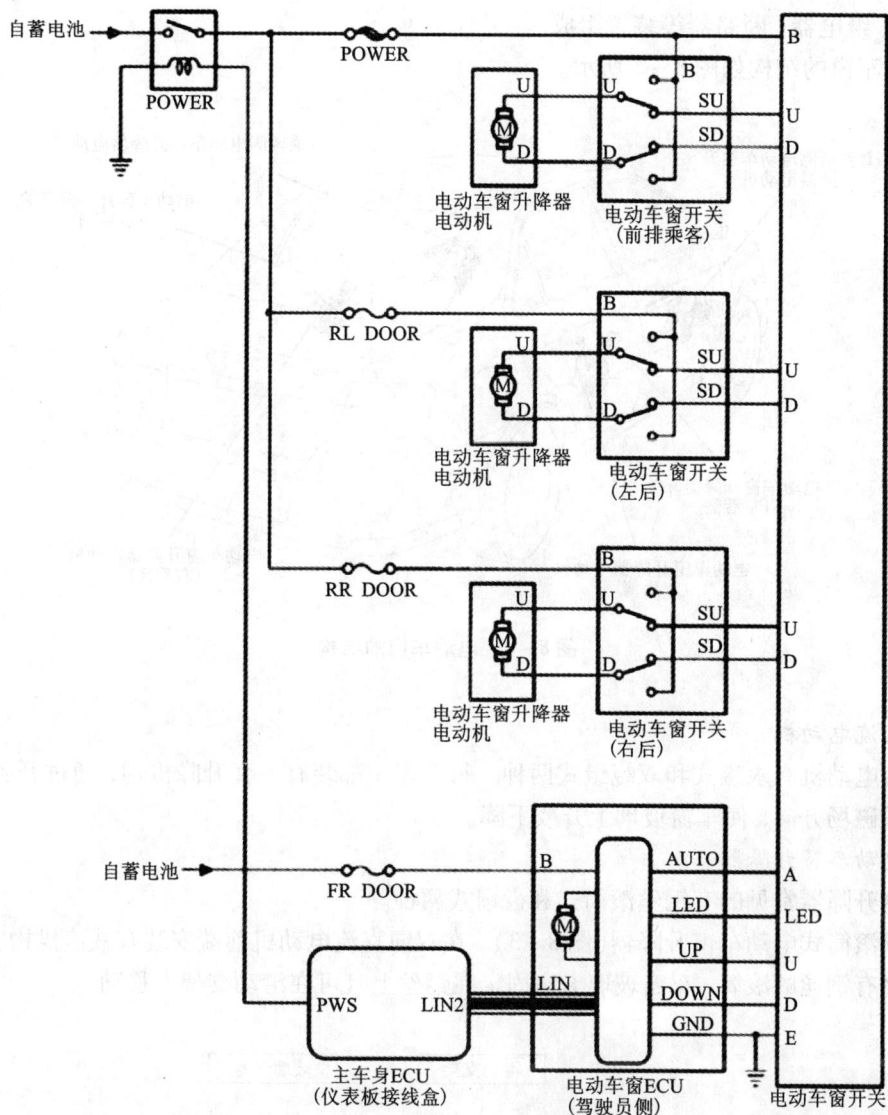

图8-1　丰田卡罗拉汽车电动车窗电路图

项目内容

第一节　汽车电动车窗的认知

一、基本知识

电动车窗又称电动门窗，它可以使驾驶员或乘客在座位上控制车窗玻璃自动上升或下降。

电动车窗控制系统主要由车窗、直流电动机、电动车窗升降器、控制开关(主控开关、分控开关）、继电器、断路器等装置组成。

电动车窗的结构如图 8 - 2 所示。

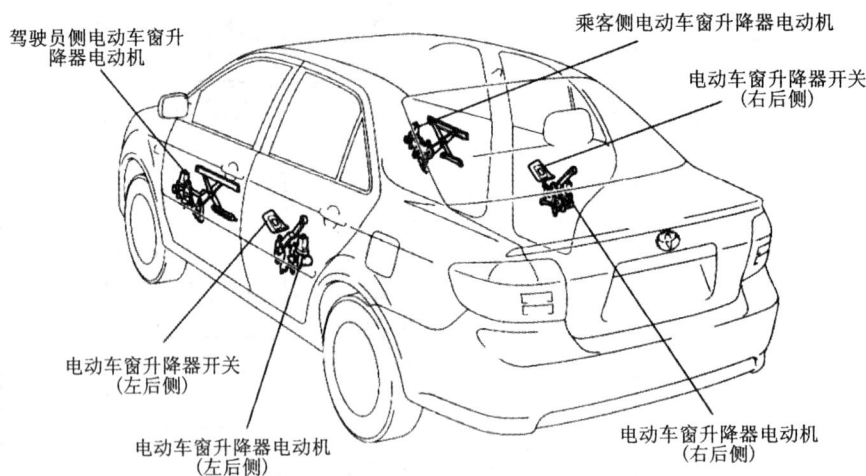

驾驶员侧电动车窗升降器电动机

乘客侧电动车窗升降器电动机

电动车窗升降器开关（右后侧）

电动车窗升降器开关（左后侧）

电动车窗升降器电动机（左后侧）

电动车窗升降器电动机（右后侧）

图 8 - 2　电动车窗的结构

1. 直流电动机

直流电动机有永磁式和双绕组式两种。每个车窗都装有一套升降机构，通过开关控制它的电流或磁场方向，使车窗玻璃上升或下降。

2. 电动车窗升降器

车窗升降器常见的有钢丝滚筒式和齿扇式两种。

钢丝滚筒式电动车窗升降器（图 8 - 3），在双向直流电动机前端安装有减速机构，其上安装一个绕有钢丝的滚筒，车窗玻璃卡座固定在钢丝上且可在滑动支架上移动。

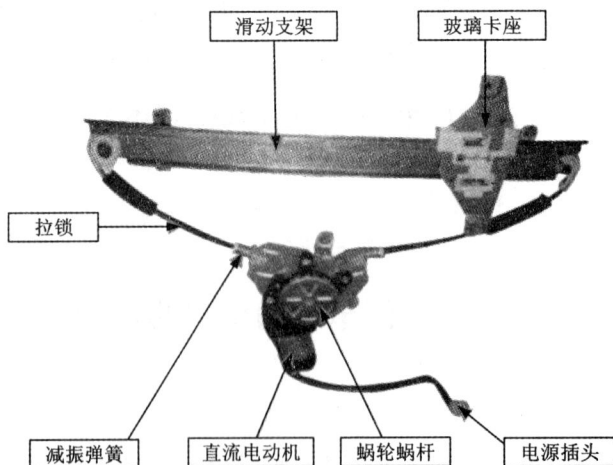

滑动支架　　玻璃卡座

拉锁

减振弹簧　直流电动机　蜗轮蜗杆　电源插头

图 8 - 3　钢丝滚筒式电动车窗升降器

齿扇式电动车窗升降器(图 8 - 4),双向直流电机带动蜗轮蜗杆减速改变方向后,驱动齿扇,从而使玻璃上下移动。齿扇上安有螺旋弹簧,当门窗下降时螺旋弹簧收缩,将一部分能量转化为弹性势能;当门窗上升时,螺旋弹簧伸展,释放出储存的弹性势能,达到直流电机双向负荷平衡的目的。

3. 控制开关

所有电动车窗都有两套控制开关:一套为主控开关,安装在驾驶员侧车门扶手或仪表板上,由驾驶员控制玻璃升降。另一套为分控开关,安装在乘客侧车窗中部,可由乘客操纵。主控开关上还安装有控制分开关的总开关,如果断开它,分开关就不起作用。若带有延迟开关的电动车窗系统,可在点火开关关断后约 10 min 内,或在车门打开之前,仍提供电源,使驾驶员和乘客有时间关闭车窗。丰田威驰轿车车窗控制开关如图 8 - 5 所示。

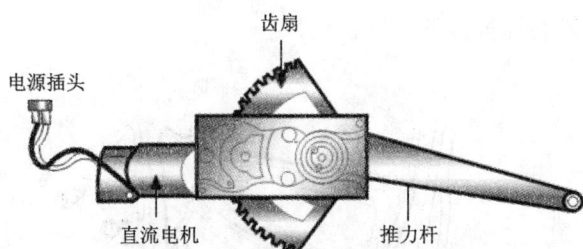

图 8 - 4　齿扇式玻璃升降器

图 8 - 5　丰田威驰轿车车窗控制开关

4. 断路器

为了防止电机过载,在电路或电动机内装有一个或多个双金属片式热敏断路器,用以控制电机中的电流。若车窗玻璃因某种原因卡住(如密封条老化),即使操纵开关没有断开,双金属片式热敏断路器也会因电流过大自动断路,从而保护电动机不被烧毁。

二、汽车电动车窗的拆装

1. 电动车窗升降器电动机总成的拆卸

(1)从蓄电池负极端子断开电缆。注意:断开蓄电池电缆后,重新连接时,某些系统需要初始化。

(2)拆下车门拉手(图 8 - 6)。拆下螺钉和拉手。

(3)拆下电动车窗升降器开关总成(图 8 - 7)。

①用螺丝刀松开钩子和夹子,从装饰板上拆下升降器开关。提示:在使用前将螺丝刀头用胶带缠住。

②断开开关接头。

③从主开关上拆下 3 个螺钉和装饰面板。

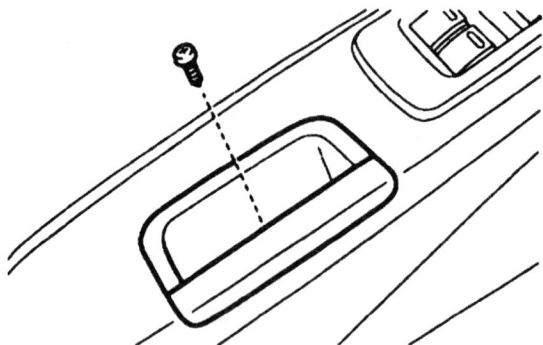

图8-6   车门拉手的拆卸

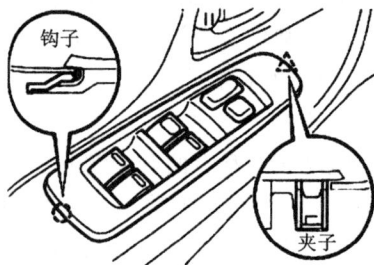

图8-7   电动车窗升降器开关总成的拆卸

(4)拆下左侧前门三角门槛支架饰条(图8-8)。用螺丝刀松开2个钩子和夹子,拆下三角门框支架饰条。提示:在使用前将螺丝刀头用胶带缠住。

(5)拆下左前门装饰板(图8-9)。

①拆下螺钉和2个夹子。

②用螺丝刀松开7个夹子,然后向上托取装饰板拆下。

提示:在使用前将螺丝刀头用胶带缠住

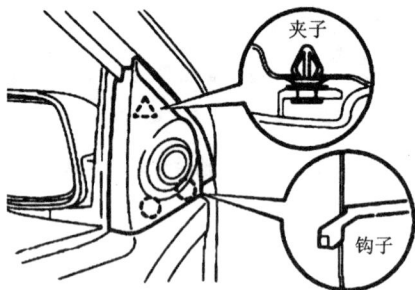

图8-8   三角门框支架饰条的拆卸

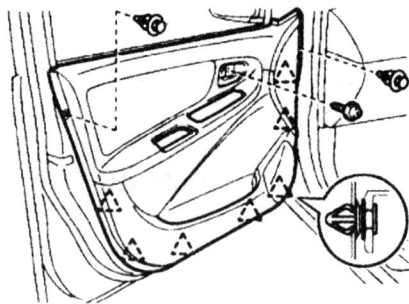

图8-9   左前门装饰板的拆卸

(6)拆下左前门内把手(图8-10)。松开2个钩子,拆下内把手,然后从内把手上断开两根拉线。

(7)拆下1号前扬声器总成(图8-11)。

①用直径小于4 mm钻头,钻去3个铆钉头,拆下扬声器。

②用钻枪垂直钻铆钉,去除铆钉凸缘。

注意:用钻枪扩孔会导致损坏铆钉孔或弄断钻头,需小心处置切断的铆钉;铆钉此时的温度很高,要注意防止烫伤。

③即使铆钉凸缘已去除,还需用钻枪继续钻,钻出残留的碎片。

④用吸尘器,从车门内部吸出已钻出的铆钉和粉末。

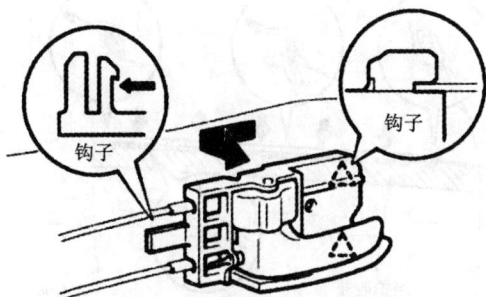

图8-10　左前门内把手的拆卸

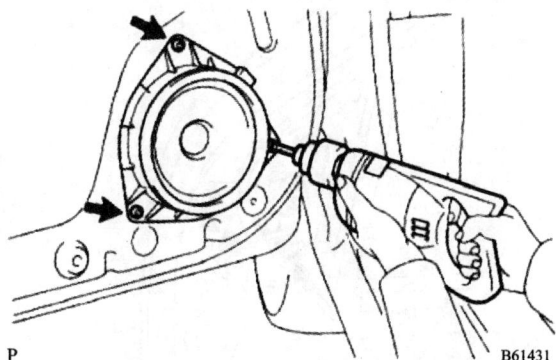

图8-11　1号前扬声器总成的拆卸

(8)拆下左前门维护孔盖(图8-12)。注意:拆下门上的定位带。

(9)拆下2号前扬声器总成(图8-13)。

①断开连接器。

②拆下螺母和前门2号扬声器总成。

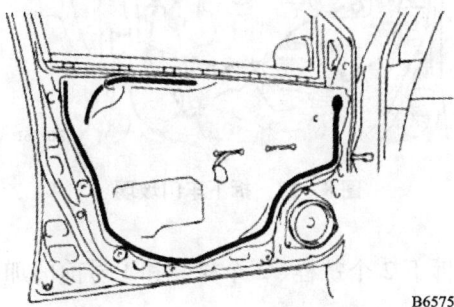

图8-12　左前门维护孔盖的拆卸

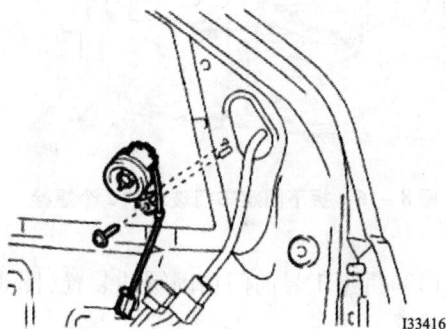

图8-13　2号前扬声器总成的拆卸

(10)拆下左侧外部后视镜总成(图8-14)。

①断开接头。

②拆下3个螺母和外部后视镜。

注意:拆下螺母后,外部后视镜可能会掉下来而损坏,要做好预防措施。

(11)拆下左前门外侧玻璃密封条(图8-15)。

①在防水压条总成下贴保护胶带。

②用饰条拆卸器或刮刀,拆下防水压条总成。提示:使用刮刀前,缠上胶带。

(12)拆下左前门玻璃。提示:将抹布塞入车门板内以防划伤玻璃。

①打开车门玻璃直至螺栓在维修孔中露出。

②拆下固定车门玻璃的2个螺栓(图8-16)。

③ 如图8-17所示,拆下车门玻璃。注意:不要损坏车门玻璃;拆下螺栓时,车门玻璃可能会掉下来而导致损坏,要做好预防措施。

④ 拆下车门玻璃异槽。

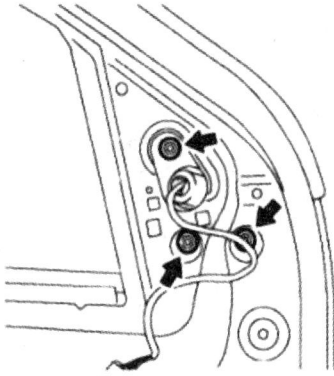

图 8 - 14　左侧外部后视镜总成的拆卸

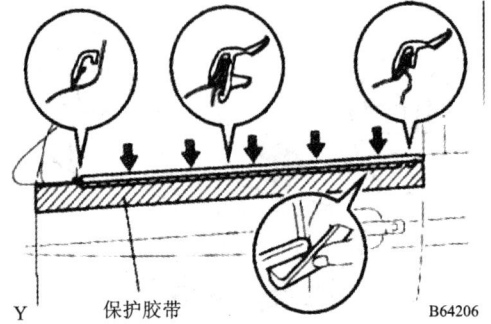

图 8 - 15　左前门外侧玻璃密封条的拆卸

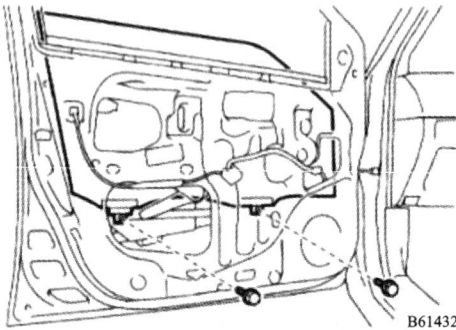

图 8 - 16　拆下固定车门玻璃的 2 个螺栓

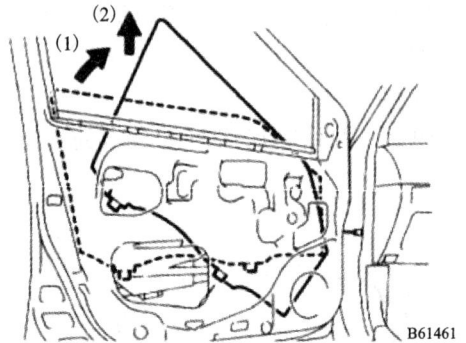

图 8 - 17　拆下车门玻璃

(13)拆下 1 号前门加固缓冲装置(图 8 - 18)。拆下 2 个螺栓、2 个衬套和 1 号前门加固缓冲装置。

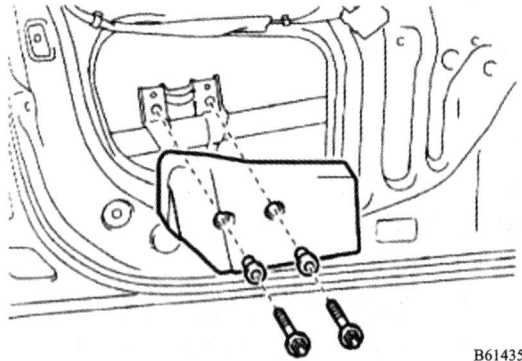

图 8 - 18　1 号前门加固缓冲装置的拆卸

(14)拆下左前门车窗升降器(图 8 - 19)。

①断开车窗升降器接头。

②拆下 6 个螺栓和车窗升降器。

注意：拆下螺栓时，左前门车窗升降器可能会掉下来而导致损坏，要做好预防措施。

提示：通过维修孔拆下车窗升降器。

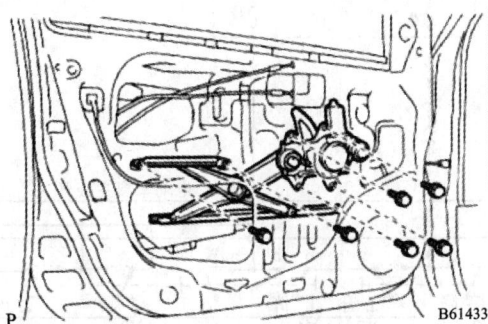

图 8 - 19　左前门车窗升降器的拆卸

(15)拆下左前门车窗升降器电动机总成。

①在升降器电动机齿轮和升降器齿轮上做记号。

②使用梅花螺丝刀(T25)拆下 3 个螺钉和电动机。

2.电动车窗升降器电动机总成的安装

(1)安装左前门车窗升降器电动机总成。

安装左前门车窗升降器电动机时，升降器臂必须低于中间位置。

用"TORX"梅花螺丝刀(T25)和 3 个螺钉安装左前门车窗升降器电动机总成。扭矩：5.4 N·m。

提示：当自攻螺钉插入时，新的左前门车窗升降器使用自攻螺钉钻出的新安装孔。

(2)安装左前门车窗升降器分总成。

①将通用润滑脂涂抹在前门车窗升降器分总成的滑动部分上。

②将临时螺栓安装到左前门车窗升降器分总成上。

③临时安装左前门车窗升降器分总成。

④紧固临时螺栓和 5 个螺栓以安装前门窗升降器分总成。扭矩：8.0 N·m。

⑤连接升降器接头。

(3)其他安装步骤与拆卸步骤相反。

第二节　汽车电动车窗的检修

一、电动车窗的控制电路及工作原理

1.普通型电动车窗的工作原理

典型的四车门电动车窗控制电路如图 8 - 20 所示，现以对右前车窗的操纵为例说明其原理。

一般电动车窗的主控开关和分控开关在常态下均是将车窗电动机的两个接脚与搭铁相接

通，只有在操纵开关时，开关才将车窗电动机的一个接脚与蓄电池正极接通，车窗电动机的另一个接脚依然保持与搭铁接通，电动机开始运转。

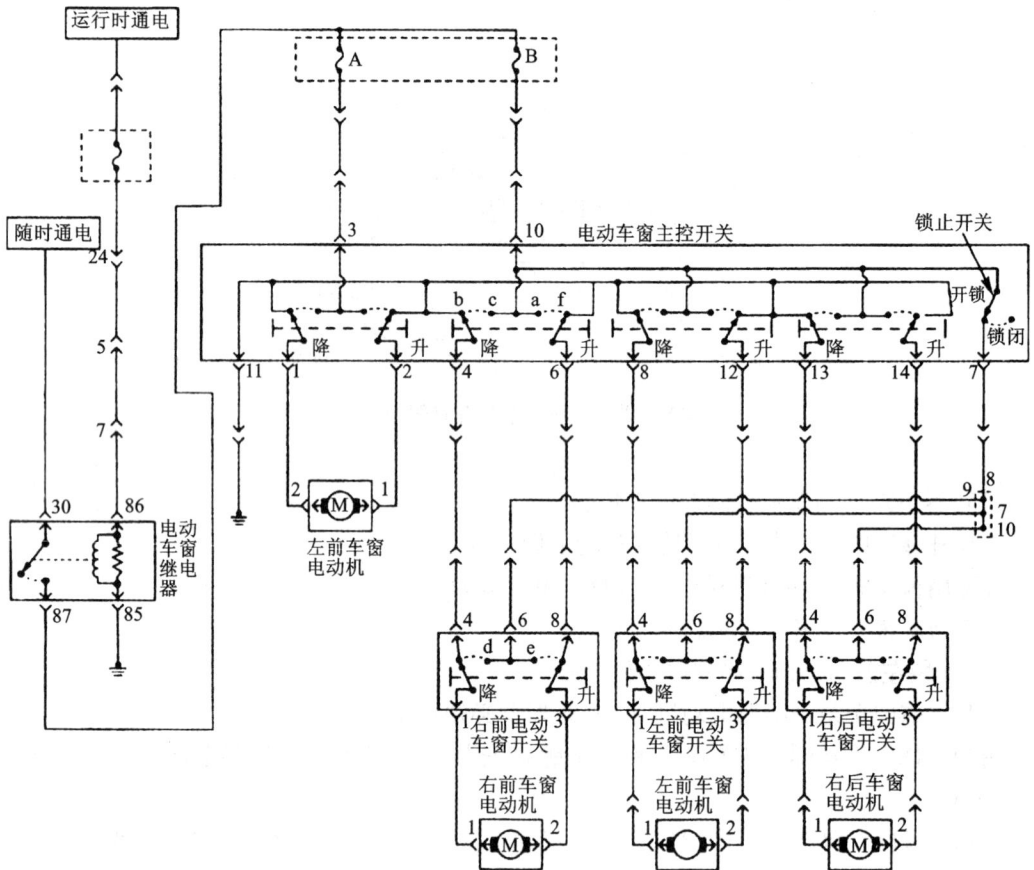

图 8 − 20　普通型电动车窗的电路图

（1）主控开关驱动右前车窗玻璃下降。打开点火开关，电动车窗继电器工作，触点吸合。操纵电动车窗主控开关降落右前电动车窗，按下主控开关中的右前车窗开关，使主控开关触点与 c 点接通。电流走向如下：

随时通电→电动车窗继电器→熔断丝 B→电动车窗主控开关接脚 10→主控开关中右前车窗开关触点 c→电动车窗主控开关接脚 4→右前电动车窗开关接脚 4→右前电动车窗开关接脚 1→右前车窗电动机接脚 1→电动机→右前车窗电动机接脚 2→右前电动车窗开关接脚 3→右前车窗开关接脚 8→电动车窗主控开关接脚 6→主控开关中右前车窗开关触点 f→电动车窗主控开关接脚 11→搭铁。

这时，右前车窗电动机运转，带动右前车窗玻璃下降，直至松开开关为止，电动机才停止运转。

（2）分开关驱动右前车窗玻璃下降。打开点火开关，电动车窗继电器工作，触点吸合。操纵右前电动车窗分开关降落右前电动车窗，按下右前电动车窗分开关，使右前电动车窗开关触点与 d 点接通。电流走向如下：

随时通电→熔断丝 B→电动车窗主控开关接脚 10→主控开关内的锁止开关→电动车窗主控开关接脚 7→右前电动车窗开关接脚 6→开关内触点 d→右前电动车窗开关接脚 1→右前车窗电动机接脚 1→电动机→右前车窗电动机接脚 2→右前电动车窗开关接脚 3→右前车窗开关接脚 8→电动车窗主控开关接脚 6→主控开关中右前车窗开关触点 f→电动车窗主控开关接脚 11→搭铁。

这时，右前车窗电动机运转，带动右前车窗玻璃下降，直至松开开关为止，电动机才停止运转。

（3）锁止开关。锁止开关位于电动车窗主控开关内，此开关可以断开分控开关上的电源线路。驾驶员操纵此开关便可以使三个分开关对右前、左后和右后的车窗控制失效，而主控开关对右前、左后和右后的车窗控制却依然有效。

2.带自动控制功能的电动车窗的工作原理

所谓自动控制功能，实质上就是左前（驾驶侧）车窗可以一键控制升起或者降落，也就是主控开关中的左前车窗开关只要按一下，车窗就能够完全升起或者降落，不需要一直按着开关不放松。

带自动控制功能的电动车窗电路如图 8 - 21 所示。

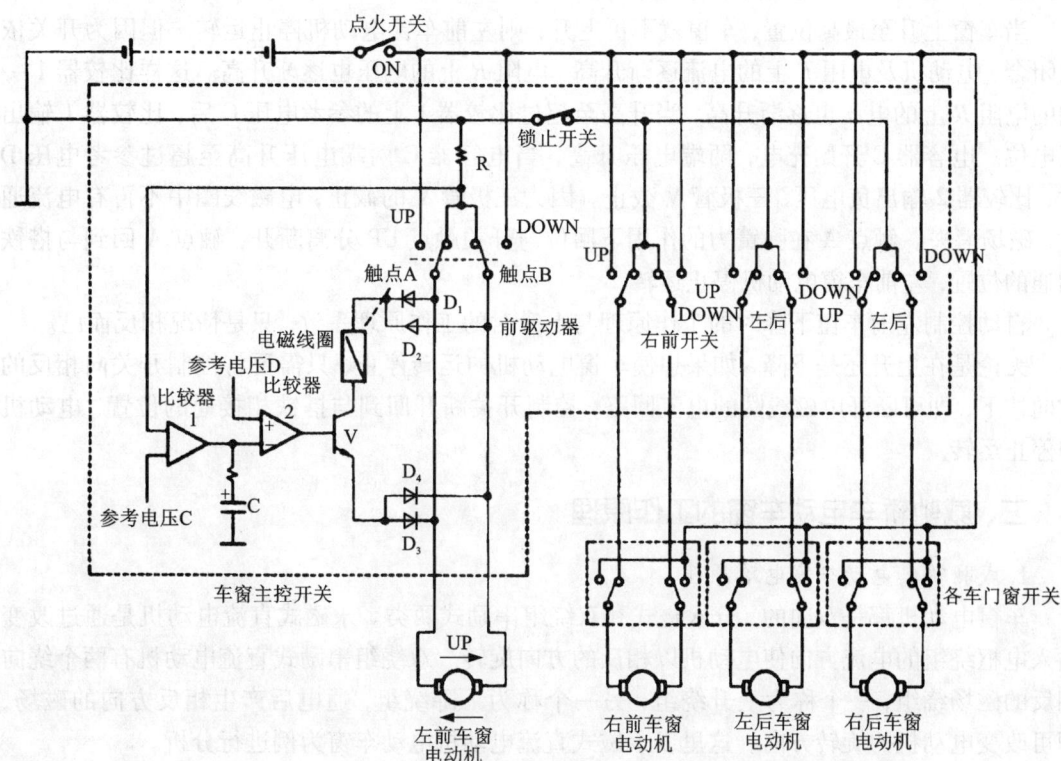

图 8 - 21　带自动控制功能的电动车窗电路图

带自动控制功能的车窗主控开关内的左前开关在常态下，也是将左前车窗电动机的两个接脚均通过电阻 R 与搭铁接通。只有在操纵开关时，开关才将车窗电动机的一个接脚与蓄电池正极接通，车窗电动机的另一个接脚依然保持与搭铁接通，电动机开始反转，这与普通的电动车窗控制方式一致。

自动控制左前车窗上升，将左前开关按下，使触点 A 与上升触点 UP 接通，电流走向如下：

蓄电池正极→点火开关→上升触点 UP→触点 A→左前车窗电动机→触点 B→电阻 R→蓄电池搭铁。

这时，电动机运转，带动左前车窗玻璃上升。

电流通过电动机并经过电阻 R 时，电动机运转，电阻 R 上的电压降低，此电压输送至比较器 1 的一端，而比较器 1 的另一端是参考电压 C。参考电压 C 设定为开关接通后玻璃至最上方或最下方的锁止电压。比较器 1 将这两个电压进行比较。比较器 1 输出负电位至比较器 2 的一端，比较器 2 的另一端是参考电压 D，参考电压 D 是正电位，则比较器 2 输出正电压，三极管 V 被触发导通。电磁线圈有大的电流通过。其电流走向如下：

蓄电池正极→点火开关→上升触点 UP→触点 A→二极管 D_1→电磁线圈→三极管 V→二极管 D_4→触点 B →电阻 R→搭铁。

电磁线圈通电产生磁场力，使开关触点 A 一直与上升触点 UP 接触，即使松开控制开关，开关也会一直闭合，左前车窗电动机保持运转。

当车窗上升至最高位置，车窗就不再上升，则左前车窗电动机停止运转。但因为开关依然闭合，电动机及电阻 R 上的电流逐渐升高，电阻 R 上的电压也逐渐升高。这样比较器 1 一端的电阻 R 上的电压也逐渐升高，当升高至超过比较器 1 上的参考电压 C 后，比较器 1 输出正电位。电容器 C 开始充电，两端电压升高，当电容器 C 两端电压升高至超过参考电压 D 时，比较器 2 输出负电压，三极管 V 截止。因为三极管 V 的截止，电磁线圈中不再有电流通过，磁场消失。触点 A 在弹簧力的作用下回位与开关触点 UP 分离断开，触点 A 回到与搭铁相通的位置，左前车窗电动机停止运转。

自动控制左前车窗下降时的工作原理与上升时的工作原理一致，只是情况相反而已。

无论是在上升还是下降，如果想使车窗电动机的运转停止，只需要将控制开关向相反的方向按下，即可断开电磁线圈的电流回路，控制开关断开回到与搭铁相接通的位置，电动机即停止运转。

二、威驰轿车电动车窗的工作原理

1. 威驰轿车电动车窗电路原理

车窗电动机都是双向的，分永磁式和双绕组串励式两类。永磁式直流电动机是通过改变输入电枢绕组的电流方向使电动机以相反的方向旋转。双绕组串励式直流电动机有两个绕向相反的磁场绕组，一个称为上升绕组，另一个称为下降绕组，通电后产生相反方向的磁场，即可改变电动机的旋转方向。这里以永磁式直流电动机电动车窗为例进行分析。

以丰田威驰轿车为例对电动车窗电路原理图进行识读，图 8－22 所示为丰田威驰电动车窗电路图。

驾驶员控制电动车窗主开关相应的后座右侧车窗下降的工作过程如下：

蓄电池" ＋"→ALT 熔断丝→30 A POWER 熔断丝→动力继电器触点→电动车窗主开关 6 接线柱→电动车窗主开关 →电动车窗主开关 16 接线柱→右后电动车窗控制开关 2 接线柱→

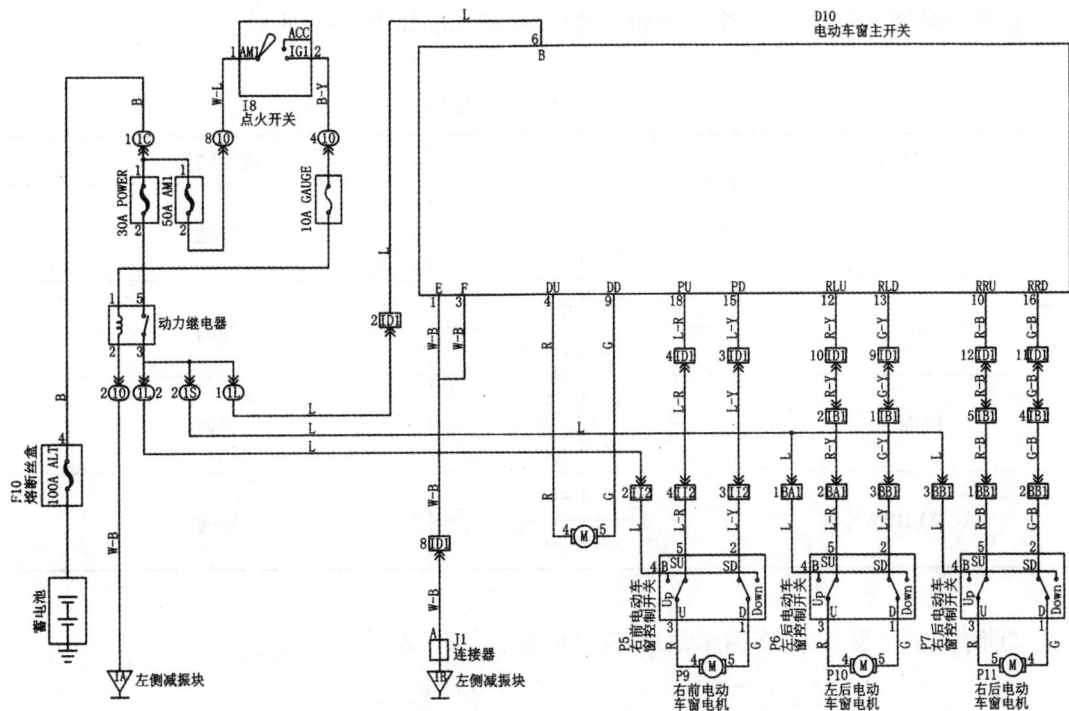

图 8 - 22　丰田威驰电动车窗电路图

右后电动车窗控制开关 1 接线柱→右后电动车窗电动机→右后电动车窗控制开关 3 接线柱→右后电动车窗控制开关 5 接线柱→电动车窗主开关 10 接柱→电动车窗主开关 3 或 1 接柱→1B 搭铁→蓄电池"－"，使车窗下降。

乘客控制后座右侧车窗下降的工作过程如下：

蓄电池"＋"→ALT 熔断丝→30 A POWER 熔断丝→动力继电器触点→右后电动车窗控制开关 4 接线柱→右后电动车窗控制开关 1 接线柱→右后电动车窗电动机→右后电动车窗控制开关 3 接线柱→右后电动车窗控制开关 5 接线柱→电动车窗主开关 10 接柱→电动车窗主开关 3 或 1 接柱→1B 搭铁→蓄电池"－"，使车窗下降。

2. 威驰轿车电动车窗系统故障的检测

1）电动车窗升降器主开关总成的检查

（1）检查主开关导通性，如图 8 - 23 所示。

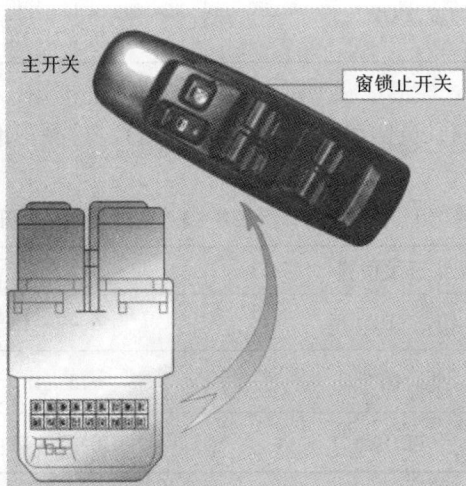

图 8 - 23　检查主开关导通性

① 驾驶员侧车窗开关(车窗未锁和上锁)。检测标准如表8-1所示。

表8-1　主开关导通性

开关位置	端子	规定情况
UP	4-6-7	导通
	1-3-9	
OFF	1-3-4	导通
	1-3-9	
DOWN	1-3-4	导通
	6-7-9	
AUTO DOWN	1-3-4	导通
	6-7-9	

②前乘员侧车窗开关(车窗未锁)。检测标准如表8-2所示。

表8-2　前乘员侧车窗开关(车窗未锁)导通性

开关位置	端子	规定情况
UP	1-3-15	导通
	6-7-18	
OFF	1-3-15	导通
	1-3-18	
DOWN	1-3-18	导通
	6-7-15	

③前乘员侧车窗开关(车窗上锁)。检测标准如表8-3所示。

表8-3　前乘员侧车窗开关(车窗未锁)导通性

开关位置	端子	规定情况
UP	6-7-18	导通
OFF	15-18	导通
DOWN	6-7-15	导通

④左后侧车窗开关(车窗未锁)。检测标准如表8-4所示。

表8-4　左后侧车窗开关(车窗未锁)导通性

开关位置	端子	规定情况
UP	1-3-15	导通
	6-7-12	
OFF	1-3-13	导通
	1-3-12	
DOWN	1-3-12	导通
	6-7-13	

⑤左后侧车窗开关(车窗上锁)。检测标准如表8-5所示。

表8-5　左后侧车窗开关(车窗上锁)导通性

开关位置	端子	规定情况
UP	6-7-12	导通
OFF	12-13	导通
DOWN	6-7-13	导通

⑥右后侧车窗开关(车窗未锁)。检测标准如表8-6所示。

表8-6　右后侧车窗开关(车窗未锁)导通性

开关位置	端子	规定情况
UP	6-7-10	导通
	1-3-16	
OFF	1-3-10	导通
	1-3-16	
DOWN	1-3-10	导通
	6-7-16	

⑦右后侧车窗开关(车窗上锁)。检测标准如表8-7所示。

表 8 – 7　右后侧车窗开关（车窗上锁）导通性

开关位置	端子	规定情况
UP	6 – 7 – 10	导通
OFF	10 – 16	导通
DOWN	6 – 7 – 16	导通

（2）检查主开关照明，如图 8 – 24 和表 8 – 8 所示。

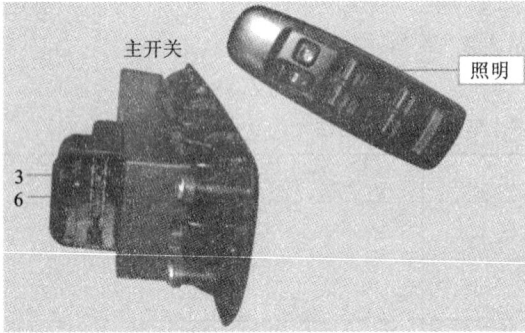

图 8 – 24　检查主开关照明

表 8 – 8　检查主开关照明

开关位置	端子
蓄电池正极 – 端子 6	开关照明灯亮
蓄电池负极 – 端子 3	

2）检查电动车窗升降器开关总成

注意：所有的升降器开关（前乘客侧、左后侧、右后侧）都应以同样方法进行检查，如图 8 – 25 和表 8 – 9 所示。

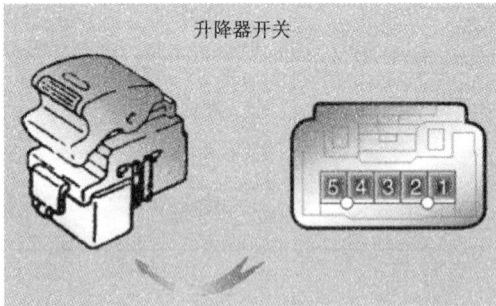

图 8 – 25　检查电动车窗升降器开关总成

表 8 – 9　电动车窗升降器开关端子检查

开关位置	端子	规定情况
UP	1 – 2	导通
	3 – 4	
OFF	1 – 2	导通
	3 – 5	
DOWN	1 – 4	导通
	3 – 5	

3）检测电动车窗升降器电动机

（1）检测升降器电动机的运转情况，如图 8 – 26 所示。

图 8 – 26　检测电动车窗升降器电动机的运转情况

注意：

①驾驶员侧和左后侧的升降器电动机应以相同方法进行检测；

②前乘员侧和右后侧的升降器电动机应以相同方法进行检测。

当接头和每个端子加以蓄电池正极电压时，检测电动机运行的平顺性。驾驶员侧和左后侧的检测标准如表 8 – 10 所示。前乘员侧和右后侧的检测标准如表 8 – 11 所示。

表 8 – 10　驾驶员侧和左后侧的升降器电动机检测

测量情况	规定情况
蓄电池正极 – 端子 4 蓄电池负极 – 端子 5	顺时针
蓄电池正极 – 端子 5 蓄电池负极 – 端子 4	逆时针

表 8 – 11　前乘员侧和右后侧的升降器电动机检测

测量情况	规定情况
蓄电池正极 – 端子 4 蓄电池负极 – 端子 5	顺时针
蓄电池正极 – 端子 5 蓄电池负极 – 端子 4	逆时针

（2）检测升降器电动机内的 PTC 工作。

注意：此工作须在电动车窗升降器和车窗玻璃正常安装在车上时进行。

①将直流 400 A 的万用表表笔接到端子 4 或 5 的线束上。

注意：万用表的表笔和电流方向一致。

②完全关上车窗玻璃。

③主开关切至 UP（电流切断检查），当车窗完全合上 60 s，检测电流经过多少时间由 16 ~

34 A降到1 A。标准为4~90 s。

④检测电流切断60 s后，当主开关或升降器开关切为DOWN，检测玻璃向下。如果不符合规定，应更换电动机。

4）检查POWER继电器

(1)从仪表板总成接线盒上拆下电动车窗继电器。

(2)检查导通性如图8-27所示，检查标准如表8-12所示。

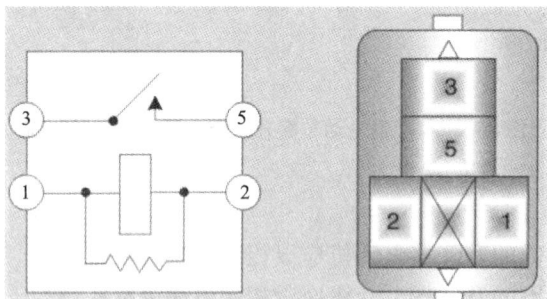

图8-27　检查电动车窗继电器

表8-12　检查电动车窗继电器

常态	端子	规定情况
常态	1-2	导通
端子1和2接蓄电池正极	3-5	导通

项目实施

一、丰田卡罗拉驾驶员侧电动车窗控制电路

驾驶员侧车门中的电动车窗控制电路由电动车窗主开关、升降器、集成ECU的电动机组成。该系统具有防夹功能、自动升降、遥控功能、诊断、失效保护、Key-Off功能。当断开升降器电动机线束连接器时需要对系统初始化(降下车窗至少50 mm后，全部关闭车窗将车窗主开关保持在AUTO UO位置1 s，车窗主开关指示灯熄灭初始化完成)。

电动车窗主开关操作电动车窗ECU的UP、AUTO、DOWN端子与负极导通，完成各个车窗挡位。图8-28所示为丰田卡罗拉驾驶员侧车窗开关电路图。

(1)自动上升：电动车窗主开关的8号、4号、1号端子闭合。

(2)手动上升：电动车窗主开关的8号、1号端子闭合。

(3)自动下降：电动车窗主开关的5号、4号、1号端子闭合。

(4)手动下降：电动车窗主开关的5号、1号端子闭合。

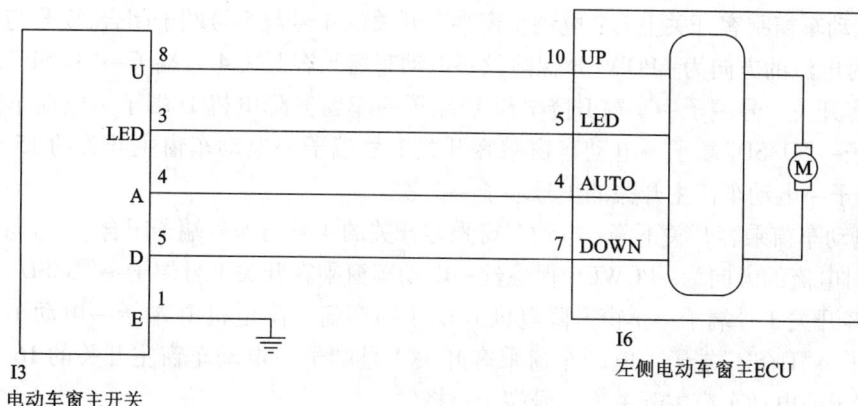

图 8 - 28　丰田卡罗拉驾驶员侧车窗开关电路图

二、丰田卡罗拉前排乘客电动车窗电路

前排乘客侧车门中的电动车窗控制电路由电动车窗主开关、电动车窗乘客开关、升降器组成。见图 8 - 29 丰田卡罗拉乘客侧车窗开关电路图。

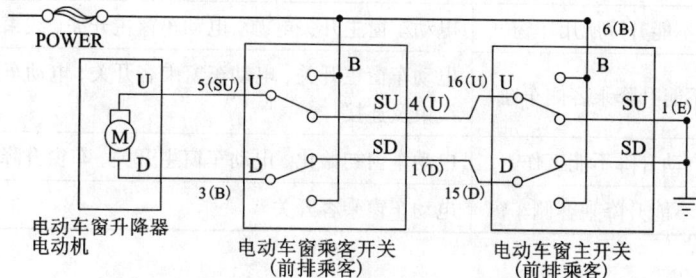

图 8 - 29　丰田卡罗拉乘客侧车窗开关电路图

(1)电动车窗主开关下降：电动车窗主开关的 6 号与 16 号端子闭合、15 号与 1 号端子闭合。此时电流的方向为：POWER 保险丝→电动车窗主开关的 6 号端子→"B/U"端子→电动车窗主开关的 16 号端子→电动车窗乘客开关 4 号端子→"B/SU"端子→电动车窗乘客开关 5 号端子→车窗升降电机 U 端子→车窗升降电机 D 端子→电动车窗乘客开关 3 号端子→"D/SD"端子→电动车窗乘客开关 1 号端子→电动车窗主开关的 15 号端子→"D/SD"端子→电动车窗主开关的 1 号端子→搭铁。

(2)电动车窗主开关下降：电动车窗主开关的 6 号与 15 号端子闭合、16 号与 1 号端子闭合。此时电流的方向为：POWER 保险丝→电动车窗主开关的 6 号端子→"B/D"端子→电动车窗主开关的 15 号端子→电动车窗乘客开关 1 号端子→"B/SD"端子→电动车窗乘客开关 3 号端子→车窗升降电机 D 端子→车窗升降电机 U 端子→电动车窗乘客开关 5 号端子→"U/SU"端子→电动车窗乘客开关 4 号端子→电动车窗主开关的 16 号端子→"U/SU"端子→电动车窗主开关的 1 号端子→搭铁。

(3)电动车窗乘客开关上升：电动车窗乘客开关的 4 号与 5 号端子闭合、3 号与 1 号端子闭合。此时电流的方向为：POWER 保险丝→电动车窗乘客开关 4 号端子→"B/SU"端子→电动车窗乘客开关 5 号端子→车窗升降电机 U 端子→车窗升降电机 D 端子→电动车窗乘客开关 3 号端子→"D/SD"端子→电动车窗乘客开关 1 号端子→电动车窗主开关的 15 号端子→"D/SD"端子→电动车窗主开关的 1 号端子→搭铁。

(4)电动车窗乘客开关下降：电动车窗乘客开关的 4 号与 5 号端子闭合、3 号与 1 号端子闭合。此时电流的方向为：POWER 保险丝→电动车窗乘客开关 1 号端子→"B/SD"端子→电动车窗乘客开关 3 号端子→车窗升降电机 D 端子→车窗升降电机 U 端子→电动车窗乘客开关 5 号端子→"U/SU"端子→电动车窗乘客开关 4 号端子→电动车窗主开关的 16 号端子→"U/SU"端子→电动车窗主开关的 1 号端子→搭铁。

三、丰田卡罗拉电动车窗的检测与维修

1. 电动车窗常见故障现象

表 8-13 所示为卡罗拉轿车电动车窗电路常见故障。

表 8-13 电动车窗故障诊断表

故障现象	可能原因
电动车窗主开关不能升降所用车窗	电动车窗主开关电源、电动车窗主开关、线束及连接
电动车窗主开关不能升降乘客侧车窗	电动车窗主开关、电动车窗乘客开关、电动车窗升降器电动机、线束及连接
驾驶员侧车窗自动升降不能工作	电动车窗初始化、电动车窗主开关、车窗升降槽、线束及连接
电动车窗乘客开关不能升降乘客侧车窗	电动车窗乘客开关

2. 利用检测仪进行故障诊断

利用检测仪检测故障，可不用拆卸零件线束，非常简便实用。电动车窗故障诊断如表 8-14 所示，按照检测仪的显示结果可以判断出功能元器件的好坏。

表 8-14 电动车窗故障诊断表

检测仪显示	测量项目/范围	正常状态
D Door P/W Auto SW	驾驶员侧车门电动车窗自动开关信号/ON 或 OFF	ON：驾驶员车门电动车窗自动开关工作 OFF：驾驶员车门电动车窗自动开关不工作
D Door P/W Up SW	驾驶员侧车门电动车窗手动上升开关信号/ON 或 OFF	ON：驾驶员车门电动车窗手动上升开关工作 OFF：驾驶员车门电动车窗手动上升开关不工作
D Door P/W Down SW	驾驶员侧车门电动车窗手动下降开关信号/ON 或 OFF	ON：驾驶员车门电动车窗手动下降开关工作 OFF：驾驶员车门电动车窗手动下降开关不工作

续表 8 – 14

诊断仪显示	测量项目/范围	正常状态
Glass Position (Close – 1/4)	防夹操作范围从全关至 1/4 开，车窗玻璃位置/OK 或 CAUTION	OK：手动向上操作时有足够的车窗玻璃边缘 CAUTION：仅当内置于电动车窗升降器电动机的电动车窗 ECU 检测到卡夹现象时显示
Glass Position (1/4 – 2/4)	防夹操作范围从 1/4 至 1/2 开，车窗玻璃位置/OK 或 CAUTION	OK：手动向上操作时有足够的车窗玻璃边缘 CAUTION：仅当内置于电动车窗升降器电动机的电动车窗 ECU 检测到卡夹现象时显示
Glass Position (2/4 – 3/4)	防夹操作范围从 1/2 至 3/4 开，车窗玻璃位置/OK 或 CAUTION	OK：手动向上操作时有足够的车窗玻璃边缘 CAUTION：仅当内置于电动车窗升降器电动机的电动车窗 ECU 检测到卡夹现象时显示
Glass Position (3/4 – Open)	防夹操作范围从 3/4 至全开，车窗玻璃位置/OK 或 CAUTION	OK：手动向上操作时有足够的车窗玻璃边缘 CAUTION：仅当内置于电动车窗升降器电动机的电动车窗 ECU 检测到卡夹现象时显示

3. 电动车窗元器件的检测

电动车窗主开关的检测如表 8 – 15 所示。对电动车窗主开关进行检测，若其结果不在规定范围之内，则应更换电动车窗主开关。

表 8 – 15　电动车窗主开关检测

检测仪连接	条件	规定状态
8(U) – 1(E) – 4(A)	自动 UP(驾驶员侧)	小于 1 Ω
8(U) – 1(E)	手动 UP(驾驶员侧)	小于 1 Ω
5(D) – 1(E)	手动 DOWN(驾驶员侧)	小于 1 Ω
6(B) – 16(U) 15(D) – 1(E)	UP(乘客侧)	小于 1 Ω
6(B) – 15(D) 16(U) – 1(E)	DOWN(乘客侧)	小于 1 Ω
6(B) – 12(U) 13(D) – 1(E)	UP(左后)	小于 1 Ω
6(B) – 13(D) 12(U) – 1(E)	DOWN(左后)	小于 1 Ω
6(B) – 16(U) 18(D) – 1(E)	UP(右后)	小于 1 Ω
6(B) – 19(D) 10(U) – 1(E)	DOWN(右后)	小于 1 Ω

电动车窗乘客开关的检测如表 8 – 16 所示。对电动车窗乘客开关进行检测,若其结果不在规定范围之内,则应更换电动车窗乘客开关。

表 8 – 16   电动车窗乘客开关检测

检测仪连接	条件	规定状态
1(D) – 2(SD)	UP	小于 1 Ω
3(B) – 4(U)		小于 1 Ω
1(D) – 2(SD)	OFF	小于 1 Ω
4(U) – 5(SU)		小于 1 Ω
4(D) – 5(SU)	DOWN	小于 1 Ω
1(B) – 3(B)		小于 1 Ω

电动车窗升降器电动机的检测如表 8 – 17 所示。拆下电动车窗升降器电动机连接蓄电池,观察电动车窗升降器电动机的工作状态。对电动车窗升降器电动机进行检测,若其不能转动,则应更换电动车窗升降器电动机。

表 8 –17   电动车窗升降器电动机检测

检测仪连接	条件	规定状态
手动操作	蓄电池正极(+)→端子 2(B) 蓄电池负极(–)→端子 1(GND), 7(DOWN)	电动机齿轮逆时针旋转
	蓄电池正极(+)→端子 2(B) 蓄电池负极(–)→端子 1(GND), 10(UP)	电动机齿轮顺时针旋转
自动操作	蓄电池正极(+)→端子 2(B) 蓄电池负极(–)→端子 1(GND), 4(AUTO), 7(DOWN)	电动机齿轮逆时针旋转
	蓄电池正极(+)→端子 2(B) 蓄电池负极(–)→端子 1(GND), 4(AUTO), 10(UP)	电动机齿轮顺时针旋转

项目拓展

大众迈腾轿车电动车窗控制电路分析

大众迈腾轿车电动车窗控制电路如图 8 – 30 所示。

驾驶员侧主开关控制所有车窗:

驾驶员侧主开关→J386 左前车窗控制单元→V147 车窗升降器电动机;

驾驶员侧主开关→J386 左前车窗控制单元单元→Lin 总线→J926 左后车窗控制单元单元→V471 车窗升降器电动机。

驾驶员侧主开关→J386 左前车窗控制单元单元→舒适/便捷 CAN→J387 右前车窗控制单

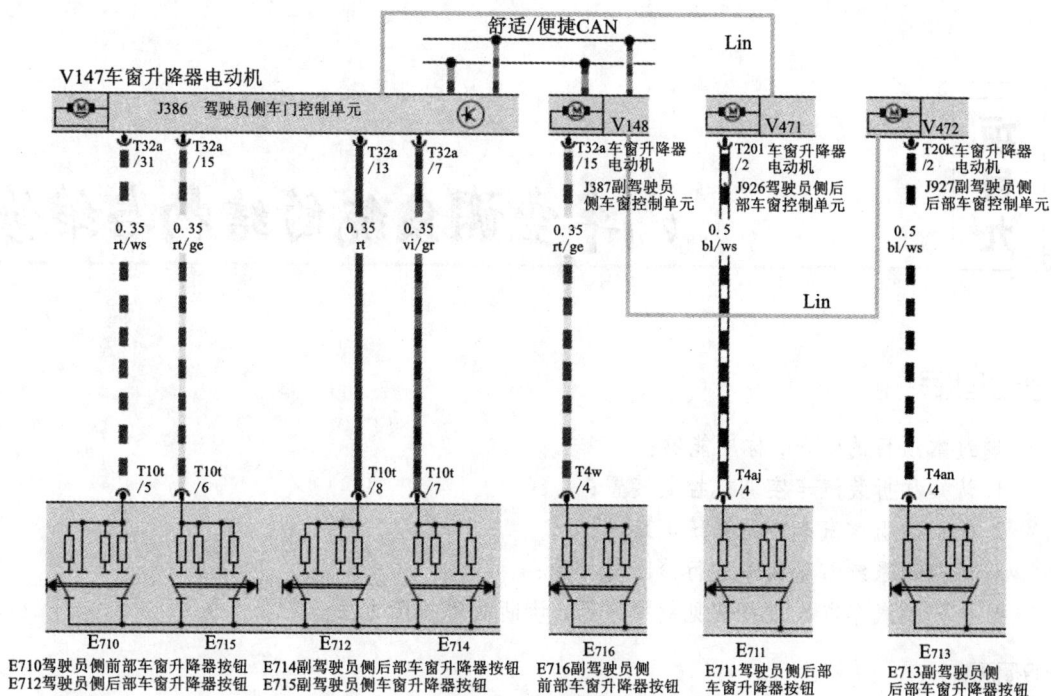

图8-30 大众迈腾电动车窗控制电路

元单元→V148 车窗升降器电动机。

驾驶员侧主开关→J386 左前车窗控制单元单元→舒适/便捷 CAN→J387 右前车窗控制单元单元→Lin 总线→J927 右后车窗控制单元单元→V472 车窗升降器电动机。

乘客控制乘客侧车窗：

副驾驶员侧车窗开关→J387 右前车窗控制单元单元→V148 车窗升降器电动机。

驾驶员后部侧车窗开关→J926 左后车窗控制单元单元→V471 车窗升降器电动机。

副驾驶员后部侧车窗开关→J927 右后车窗控制单元单元→V472 车窗升降器电动机。

项目小结

该项目主要是让学生掌握汽车电动车窗的工作原理；学会操作汽车电动车窗；会使用检测工具及仪器检测基本的元器件；能进行电动车窗的拆卸与安装；通过电路分析、检测仪能检测出电动车窗的电路故障。

习 题

8-1 简述汽车电动车窗的功能。

8-2 以丰田威驰轿车为例，简述电动车窗电路的工作原理。

8-3 以丰田卡罗拉轿车为例，简述电动车窗电路的工作原理。

8-4 以大众迈腾轿车为例，简述电动车窗电路的工作原理。

8-5 以丰田威驰轿车为例，简述电动车窗故障的诊断方法。

8-6 以丰田卡罗拉轿车为例，简述电动车窗故障的诊断方法。

项目九 汽车空调系统的结构与维修

能力目标

通过本项目的学习，你应能够：

1. 认知和拆装汽车空调机控制装置；
2. 能正确识读汽车空调系统电路图；
3. 对空调系统常见故障进行诊断与排除；
4. 会分析汽车电气线路常见故障原因，诊断故障排除方法。

案例引入

顾客陈述打开空调时所有出风口都没有出风，请帮助检修。

项目描述

丰田卡罗拉汽车空调系统电路图如图9-1所示，请分析相关电气元件和电路的原理：

1. 分析丰田卡罗拉汽车空调系统鼓风机控制电路；
2. 丰田卡罗拉空调系统的检测与维修。

项目内容

第一节 制冷系统的维护

一、基本知识

1. 汽车空调系统的功能

汽车空调系统是汽车厢内空气调节装置的简称，它用以调节车内的温度、湿度、气流速度、空气洁净度等，从而为乘员提供清新舒适的车内环境。汽车空调系统的具体功能包括以下几方面：

（1）调节车内温度。在冬季，汽车空调利用其采暖装置升高车内的温度，轿车和中小型汽车一般以发动机冷却循环水作为暖气的热源，而大型客车则采用独立式加热器作暖气的热源；在夏季，车内降温则由制冷装置完成。我国大多数汽车空调都具有这一功能。

（2）调节车内的湿度。普通汽车空调一般不具备这种功能，只有高级汽车采用的冷暖一体化空调器，才能对车内的湿度进行适量调节。它通过制冷装置冷却、去除空气中的水分，再由取暖装置升温以降低空气的相对湿度。车内的湿度一般应保持在30%~70%。

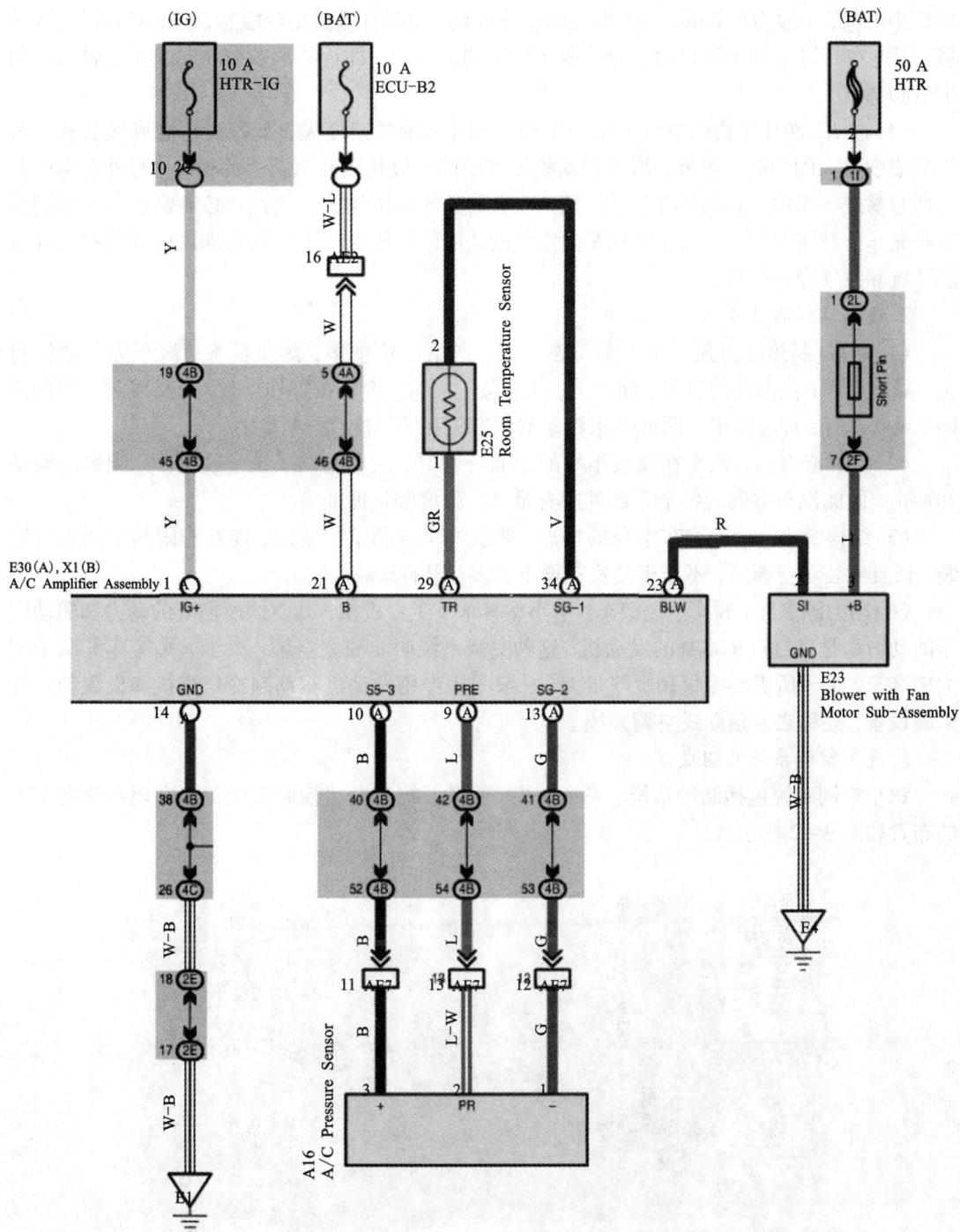

图 9 - 1　丰田卡罗拉汽车空调系统电路图

（3）调节车内的空气流速。空气的流速和方向对人体舒适性影响很大。夏季，气流速度稍大，有利于人体散热降温，但过大的风速直接吹到人体上，也会使人感到不舒服，因此气流速度一般为 $0.25\ \mathrm{m/s}$ 左右；冬季，风速过大会影响人体保温，因而冬季采暖时气流速度应尽量小一些，一般为 0.2 m/s。根据人体生理特点，头部对低温比较敏感，脚部对高温比较敏感，因此在布置空调出风口时，应采取上冷下暖的方式，即让冷风吹到乘员头部，暖风吹到乘员脚部。

(4)过滤、净化车内的空气。由于车内空间小，乘员密度大，车内极易造成缺氧和二氧化碳浓度过高的情况。另外，汽车发动机废气中的一氧化碳和道路上的粉尘、野外有毒的花粉都容易进入车内，造成车内空气污浊，影响乘员的身体健康。因此，必须要求汽车空调具有补充车外新鲜空气、过滤和净化车内空气的功能。一般在汽车空调的进风口都装有空气过滤装置和空气净化装置。

2.汽车空调的特点

(1)制冷/制热能力强。车内乘员密度大，产生的热量多，热负荷大；汽车为了减轻自重，隔热层薄；汽车的门窗多、面积大，热量流失严重；汽车在野外行驶，直接受到太阳的照晒、风吹雨打，环境恶劣。因此要求汽车空调有较强的制冷/制热能力。

(2)抗冲能力强。汽车在颠簸不平的路面行驶时，汽车空调系统承受剧烈、频繁的振动和冲击，因此汽车空调的各个零部件应有足够的强度和抗振能力。

(3)结构紧凑。由于汽车本身的特点，要求汽车空调结构紧凑，能在有限的空间进行安装，而且安装了空调后，不至于使汽车增重太多，影响其他性能。

(4)动力源多样。轿车、轻型车、中小型客车及工程机械，其空调所需要的动力和驱动汽车的动力都是来自汽车本身的发动机，这种空调系统叫非独立空调；对于大型客车和豪华型大中客车，由于所需制冷量和暖气量大，一般采用专用发动机驱动制冷压缩机和设置独立的采暖设备，故称之为独立式空调系统。

3.汽车空调系统的组成

汽车空调系统包括制冷系统、采暖系统、通风系统和电路控制系统等。空调系统在车上的布置如图 9-2 所示。

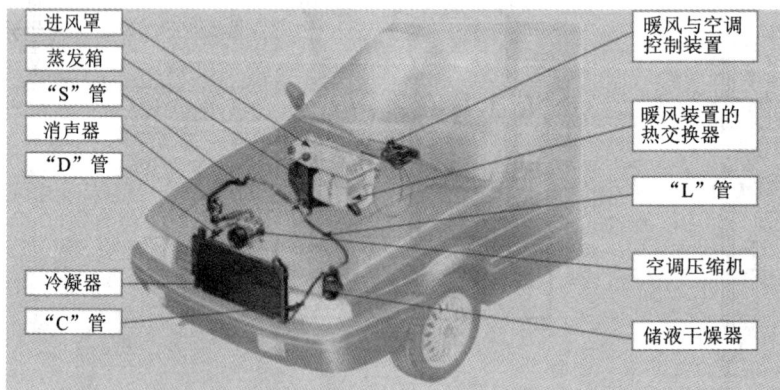

图 9-2　空调系统在车上的布置图

1)制冷系统

制冷系统的作用是利用冷媒在密封的系统内运行，通过热交换吸收驾驶室和车厢内的热量，降低车内温度。它一般由压缩机、冷凝器、储液干燥器、膨胀阀、蒸发器、冷凝器散热风扇、制冷管道和制冷剂等组成。

2）采暖系统

采暖系统是将发动机在正常工作时的冷却水引入暖水热交换器，再利用鼓风机使车内的空气循环流过暖水热交换器，以达到提高驾驶室和车厢内温度的目的。采暖系统一般由鼓风机、暖水热交换器、控制阀和水管等组成。

3）通风系统

通风系统的作用是换气，即将车外的新鲜空气引入车内，车内的污浊空气排出车外。通风方式有动压通风或强制通风两种。动压通风也称自然通风，它是利用汽车行驶时对车身外部所产生的风压为动力，在适当的地方开设进风口和排风口中，以实现车内的通风换气。强制通风是利用鼓风机强制将车外的空气送入车内进行通风换气。通常在备有冷暖设备的汽车上大多数采用通风、取暖和制冷的联合装置。现代汽车上一般都设有停止、自然通风、吸气、排气和循环五种功能。

4）电路控制系统

电路控制系统可以对制冷系统、采暖系统、通风系统的工作进行控制，同时对车内的温度、风量及其流向进行调节，保证空调系统能正常工作。电路控制系统主要由电源开关、A/C 开关、电磁离合器、鼓风机开关及调速电阻器、各种温度传感器、制冷剂高低压力开关、温度控制器、送风模式控制装置、各种继电器等组成。

4. 制冷系统的工作原理

1）制冷原理

汽车制冷是通过消耗一定的动力把制冷剂由气体转变成液体，然后再利用由液体转变成气体过程中吸收外部热量来达到汽车制冷的目的。空调制冷的工作原理如图 9-3 所示。

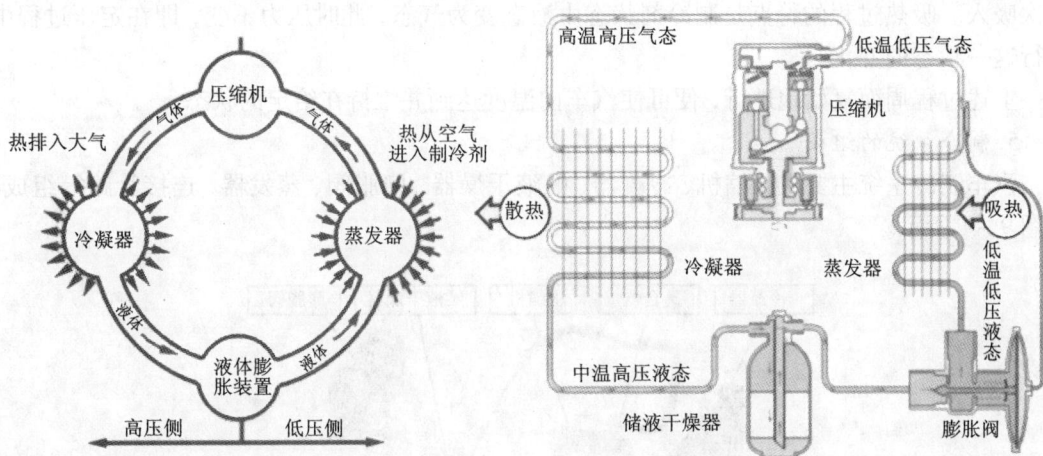

图 9-3 空调制冷循环工作原理示意图

2）制冷循环工作过程

（1）压缩过程。

压缩过程是压缩机吸入蒸发器出口处的低温低压的制冷剂气体，把它压缩成高温高压的气体，然后送入冷凝器。此过程的主要作用是压缩增压，以便气体易于液化。压缩过程中，制冷剂状态不发生变化，而温度、压力不断升高，形成过热气体。

（2）放热过程（冷凝过程）。

放热过程（冷凝过程）是高温高压的过热制冷剂气体进入冷凝器（散热器）与大气进行热交换。由于压力及温度的降低，制冷剂气体冷凝成液体，并放出大量的热，此过程的作用是排热、冷凝。冷凝过程的特点是制冷剂的状态发生变化，即在压力、温度不变的情况下，由气态逐渐向液态转变。冷凝后的制冷剂液体是高压高温液体。制冷剂液体温度越低，过冷度越大，在蒸发过程中其蒸发吸热的能力也就越大，制冷效果越好，即制冷量相应增加。

（3）干燥过程。

干燥过程是将中温、高压的液态制冷剂过滤，除去制冷剂中的杂质和水分，送入节流阀，并储存小部分的制冷剂的过程。

（4）节流过程（膨胀过程）。

节流过程（膨胀过程）是高温高压制冷剂液体经膨胀阀节流降温降压，以雾状（细小液滴）排出膨胀装置的过程。该过程的作用是使制冷剂降温降压，由高温高压液体迅速地变成低温低压液体，以利于吸热、控制制冷能力以及维持制冷系统正常运行。

（5）吸热过程（蒸发过程）。

吸热过程（蒸发过程）经膨胀阀降温降压后的雾状制冷剂液体进入蒸发器，因此时制冷剂沸点远低于蒸发器内温度，故制冷剂液体在蒸发器内蒸发、沸腾成气体。在蒸发过程中制冷剂大量吸收周围的热量，降低车内温度，而后低温低压的制冷剂气体流出蒸发器等待压缩机再次吸入。吸热过程的特点是制冷剂状态由液态变为气态，此时压力不变，即在定压过程中进行这一状态的变化。

上述过程周而复始地进行，便可使汽车内温度达到并维持在给定的状态。

5.制冷系统的组成

汽车制冷系统主要由压缩机、冷凝器、贮液干燥器、膨胀阀、蒸发器、连接管路等组成，如图9-4所示。

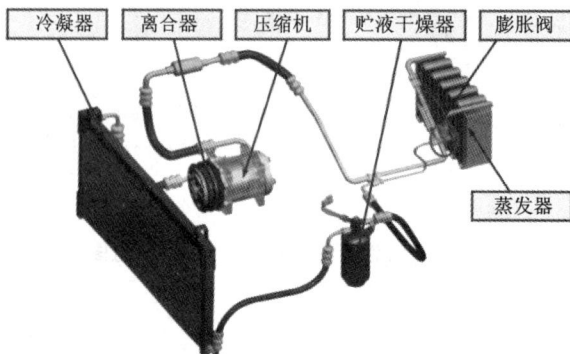

图9-4 空调制冷系统组成结构图

1）压缩机

制冷压缩机是汽车空调制冷系统的心脏，其作用是维持制冷剂在制冷系统中的循环，吸入来自蒸发器的低温、低压制冷剂蒸气，压缩制冷剂蒸气使其压力和温度升高，并将制冷剂蒸气送往冷凝器。其原理与普通空气压缩机相似，只是密封程度要求更高。

目前应用于汽车制冷系统的压缩机，主要采用容积型制冷压缩机。

（1）汽车用空调压缩机的性能要求。

①要有良好的低速性能，即要求在怠速运转时有较大的制冷能力和较高的效率。

②高速运转时要求输入功率低，即降低油耗，提高汽车动力性。

③体积小、重量轻，便于安装和维修。

④安全稳定、可靠性好，能够在恶劣的条件下有良好的抗震性和密封性。

⑤对汽车不利影响小，要求压缩机运行平稳，噪音低、振动小，开、停压缩机时对发动机转速的影响不应太大，启动扭矩要小。

（2）压缩机的种类。

压缩机的种类主要有曲轴连杆式压缩机、斜盘式压缩机、摆盘式压缩机、旋叶式压缩机、滚动活塞式压缩机、涡旋式压缩机等。

①曲轴连杆式压缩机。

曲轴连杆式压缩机结构如图9-5所示。主要由曲轴连杆机构，进、排气阀，润滑机构和曲轴密封机构组成。

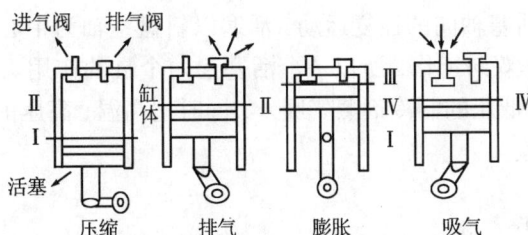

图9-5 曲轴连杆式压缩机结构

曲轴连杆机构由活塞、活塞销、曲轴、连杆、轴承等组成。

进、排气阀由吸气阀片、排气阀片、阀门板、挡板等组成。

润滑机构的润滑剂是冷冻油，起飞溅润滑和强制润滑的作用。

轴承密封机构由弹性挡圈、密封圈、O形环、轴封组成。

曲轴连杆式压缩机的工作过程如下：

压缩过程：制冷气体在气缸内从进气时的低压升高到排气压力的过程。

排气过程：制冷气体从气缸向排气管输出的过程。

膨胀过程：活塞从上止点向下移动到进气阀打开的过程。

进气过程：制冷剂从进气气阀进入气缸，直到活塞下行至下止点为止的过程。

②斜盘式压缩机。

斜盘式压缩机结构如图9-6所示，主要由缸体、活塞、主轴斜盘、前后缸盖、前后阀板、阀片、密封圈等组成。

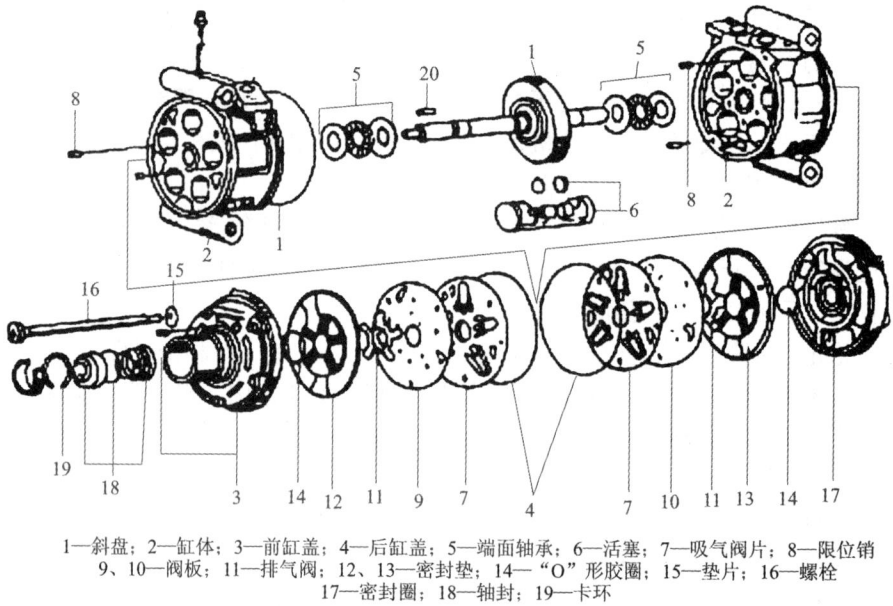

1—斜盘；2—缸体；3—前缸盖；4—后缸盖；5—端面轴承；6—活塞；7—吸气阀片；8—限位销
9、10—阀板；11—排气阀；12、13—密封垫；14—"O"形胶圈；15—垫片；16—螺栓
17—密封圈；18—轴封；19—卡环

图9-6　斜盘式压缩机的结构

　　斜盘式压缩机的工作原理如图9-7所示。当主轴转动时，通过斜盘和滑履的带动，把主轴的回转运动变为双向活塞轴向的往复运动，活塞以斜盘主轴为中心，在同一圆周上均匀分布几个活塞，每个活塞作双向工作，所以一个活塞起两个缸的作用。在活塞运动过程中，通过吸、排气阀组把低温、低压的制冷剂蒸气吸入，同时把高温、高压的制冷剂排出，使其进入冷凝器进行热交换的过程。

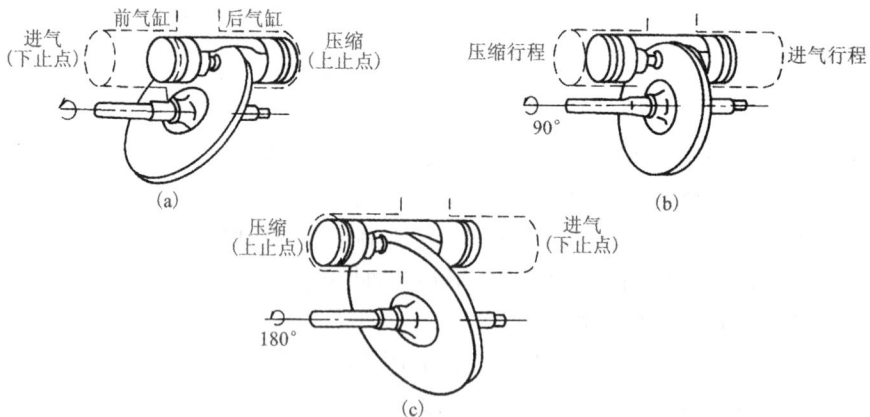

图9-7　斜盘式压缩机工作原理

　　③刮片式压缩机。

　　刮片式压缩机又称旋片式压缩机，有正圆形和椭圆形两种，刮片数有2、3、4、5几种，

如图 9 - 8 所示。

圆形缸叶片有 2～4 片，椭圆形缸叶片有 4～5 片。旋叶式压缩机其单位压缩机质量具有最大的冷却能力。它没有活塞，仅有一个阀，称为排气阀。排气阀实际上起一个止回阀的作用，防止在循环停止或压缩机不运行时，制冷剂蒸气通过排气口进入压缩机。

在圆形气缸的旋叶式压缩机中，叶轮是偏心安装的，叶轮外圆紧贴气缸内表面的吸、排气孔之间。在圆形气缸中，转子的主轴和椭圆中心重合，转子上的叶片和它们之间的接触线将气缸分成几个空间，当主轴带动转子旋转一周时，这些空间的容积发生"扩大—缩小—几乎为零"的循环变化，制冷剂蒸气在这些空间内也发生吸气—压缩—排气的循环。压缩后的气体通过簧片阀排出。

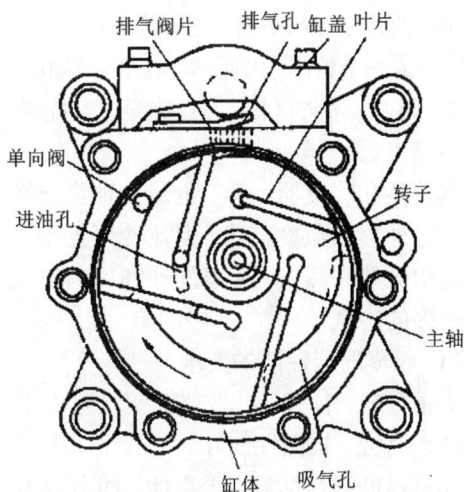

图 9 - 8　刮片式压缩机的结构

旋叶式压缩机没有吸气阀，因为滑片能完成吸入和压缩制冷剂的任务。对于圆形气缸而言，2 叶片将空间分成 2 个空间，主轴旋转一周，即有 2 次排气过程；4 叶片则有 4 次。叶片越多，压缩机的排气脉冲越小。对于椭圆形气缸，4 叶片将气缸分成 4 个空间，主轴旋转一周，有 4 次排气过程。

2）冷凝器

汽车空调冷凝器的作用是把压缩机排出的高温、高压制冷剂气体，通过冷凝器将热量散发到车外空气中，从而使高温、高压的制冷剂气体冷凝成较高温度的高压液体。

（1）对空调冷凝器的性能要求。

①要有较高的散热效率。

②结构、重量、尺寸、空间合理。

③抗振性能好。

④冷凝空气阻力小。

⑤耐腐蚀性能好。

（2）冷凝器的分类。

汽车空调冷凝器有管片式、管带式和平行流式三种结构形式。冷凝器的类型如图 9 - 9 所示。

①管片式。

管片式是汽车空调中早期采用的一种冷凝器，制造工艺简单，由铜质或铝质圆管套上散热片组成。片与管组装后，经胀管法处理，使散热片胀紧在散热管上。这种冷凝器散热效果较差。一般用在大中型客车的制冷装置上。

②管带式。

管带式是由多孔扁管弯成蛇管形，并在其中安置散热带后焊接而成。管带式冷凝器的散热效果比管片式冷凝器好一些（一般高 15% 左右），但工艺复杂、焊接难度大，且材料要求高。一般用在小型汽车的制冷装置上。

③平行流式。

平行流式是在扁平的多通管道表面直接锐出鳍片状散热片，然后装配成冷凝器。由于散热鳍片与管子为一个整体，因而不存在接触热阻，故散热性能好；另外，管、片之间无须复杂的焊接工艺，加工性好，节省材料，而且抗振性也特别好。平行流式是目前较先进的汽车空调冷凝器。

3）蒸发器

蒸发器和冷凝器一样，也是一种热交换器，也称冷却器，是制冷循环中获得冷气的直接器件。它外形近似冷凝器，但比冷凝器窄、小、厚。它的作用是让低温、低压液态制冷剂在其管道中吸热并蒸发，使蒸发器和周围空气的温度降低，从而在鼓风机的风力通过它时，能输出更多的冷气。

（1）对蒸发器性能的要求。

①重量轻、体积小、散热面空气阻力小，具有高的散热效率。

②耐腐蚀，抗振性能好。

③材料低温性能好，无毒性，冲击后不产生火花，且价格便宜。

（2）蒸发器的分类。

蒸发器有管片式、管带式和层叠式三种基本结构，蒸发器的类型如图 9－10 所示。

管片式的与冷凝器基本相同；管带式的与冷凝器主要有两点不同，一是扁管宽度一般可比冷凝器更宽些，二是扁管是竖向弯曲，目的是为了便于蒸发器表面的冷凝水排走。

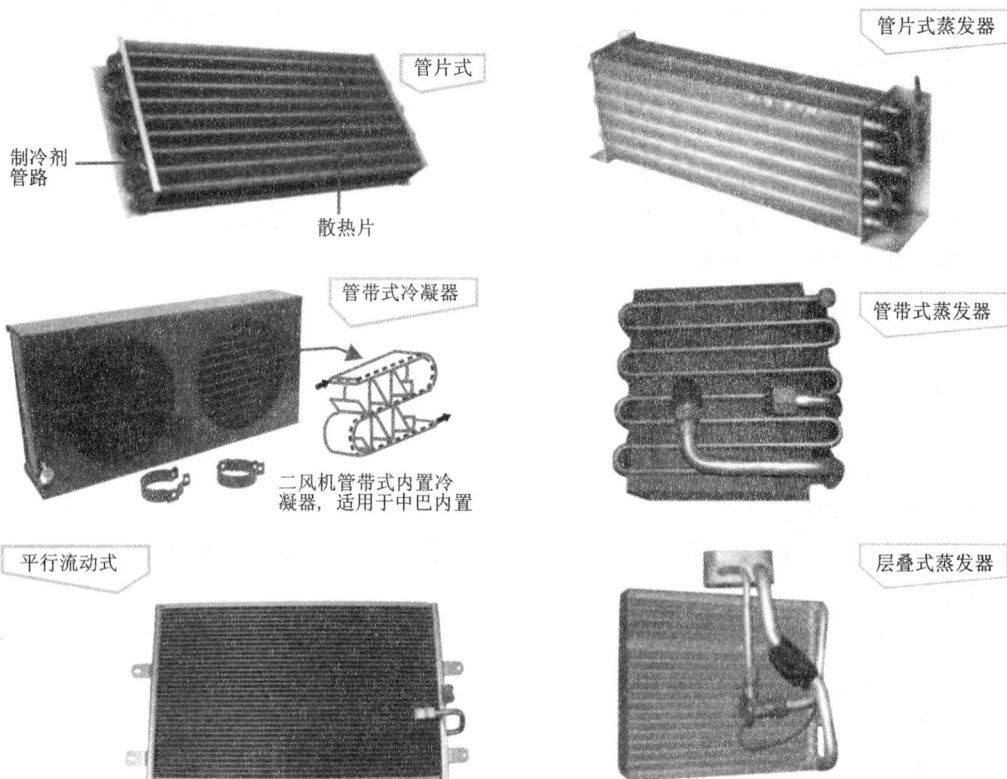

图 9－9　冷凝器的类型

图 9－10　蒸发器的类型

（3）蒸发器表面的亲水和防蚀处理。

蒸发器表面的温度较低，容易"结霜"或片间形成"水桥"，天长日久铝材受到腐蚀，生成白色粉状物，由此增加了空气的流通阻力，减少了通风量，影响了蒸发器的热交换能力，使本来不够的汽车空调冷量变得更加不足。处理方法有以下三种：

①无机物质，如水软铝面、水玻璃、二氧化硅等。

②有机树脂，如亲水性树脂和表面活性剂。

③二氧化硅、有机树脂、表面活性剂合用。

4）储液干燥器

储液干燥器就是在制冷系统中，临时地存储一下制冷剂，根据制冷负荷的需要，随时供给蒸发器，并对系统中的水分和杂质进行干燥和过滤，即存储制冷剂、过滤杂质、吸收湿气。其结构如图9-11所示。

储液干燥器主要由外壳、视液镜、安全熔塞和管接头等组成。制冷剂在储液器中的流动情况如图9-11中箭头所示。在储液器上部出口端装有一个玻璃视液镜，用于观察制冷剂在工作时的流动状态，由此可判断制冷剂量是否合适。对直立式储液器而言，安装时，一定要垂直，倾斜度不得超过15°。在安装新的储液干燥器之前，不得过早将其进出管口的包装打开，以免湿空气侵入储液器和系统内部，使之失去除湿的作用。安装前一定要先搞清楚储液器的进、出口端，在储液器的进出口端一般都打有记号，如进口端用英文字母 IN 表示，出口端用 OUT 表示，或直接打上箭头以表示进、出口端。

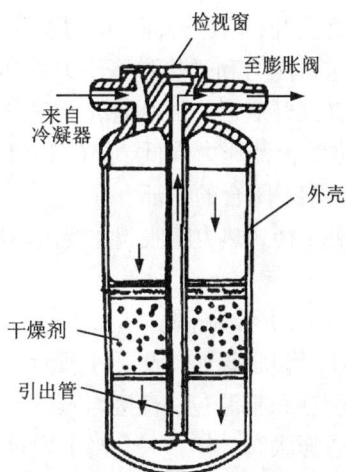

图9-11 储液干燥器结构图

5）膨胀阀

膨胀阀也称节流阀，它是一种感压和感温阀，是汽车空调制冷系统中的一个主要部件。目前膨胀阀主要有热力膨胀阀、H 形膨胀阀、膨胀节流管（孔管）三种结构形式。

（1）热力膨胀阀。

①热力膨胀阀的作用。

热力膨胀阀是一种节流装置，它是制冷系统中自动调节制冷剂的流量的元件，它的工作特性好坏直接影响整个制冷系统能否正常工作。一般有如下三种作用：

a.节流降压：它将从干燥瓶来的中温、高压的液态制冷剂降压为容易蒸发的低温、低压、雾状制冷剂，进入蒸发器，即分开了制冷剂的高压侧和低压侧。

b.调节制冷剂流量：由于制冷剂负荷的改变以及压缩机转速的改变，要求流量作相应调节，以保持车内温度稳定，膨胀阀能自动调节进入蒸发器的流量，以满足制冷剂循环要求。

c.防止液击和异常过热：由于感温元件能控制制冷剂流量的大小，保证蒸发器尾部有一定量的过热度，从而保证蒸发器容积的有效作用，避免液态制冷剂进入压缩机而造成液击现象，同时将过热度控制在一定范围内。

②热力膨胀阀的结构及工作原理。

热力膨胀阀有内平衡式和外平衡式两种。内平衡式热力膨胀阀的膜片下面的制冷剂压力是从阀体内部通道传递来的膨胀阀孔的出口压力，而外平衡式热力膨胀阀的膜片下面的制冷剂压力是通过外接管，从蒸发器出口处引来的压力。

内平衡式热力膨胀阀主要由阀门、膜盒、膜片、调节弹簧、毛细管(连接感温包)等组成，如图 9－12 所示。

固定在回气管路上的感温包内装有惰性液体或制冷剂，当蒸发器出口温度较高时，感温包内液体温度随之上升，内压升高，作用在膜片上的压力大于蒸发器进口压力和过热弹簧压力总和时，针阀离开阀座，阀门开启，制冷剂流入蒸发器。

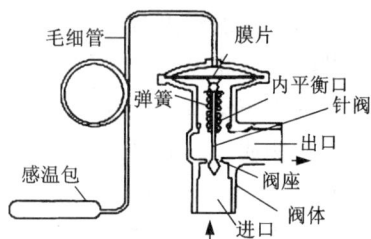

图 9－12　内平衡式热力膨胀阀

针阀开启后，制冷剂进入蒸发器，蒸发器内压力随之上升，回气温度降低，膜片下侧压力增加，上侧压力降低，阀门关闭。由于膜片上、下侧压力经常处于不平衡状态，所以不断地作开启、闭合的循环。

外平衡式热力膨胀阀主要由热敏管、压力弹簧、膜片室、阀门、毛细管等组成，如图 9－13 所示。

(2)H 形膨胀阀。

H 形膨胀阀如图 9－14 所示，因其内部通道类似 H 形而得名。它取消了外平衡膨胀阀的外平衡管和感温包，直接与蒸发器进出口相连。它有四个接口通往空调系统，其中两个接口和普通膨胀阀一样，一个接干燥过滤器出口，一个接蒸发器入口。另外两个接口，一个接蒸发器出口，一个接压缩机进口。感温元件处在进入压缩机的制冷剂气流中。H 形膨胀阀具有结构紧凑、使用可靠、维修简单等优点，符合汽车空调的要求。

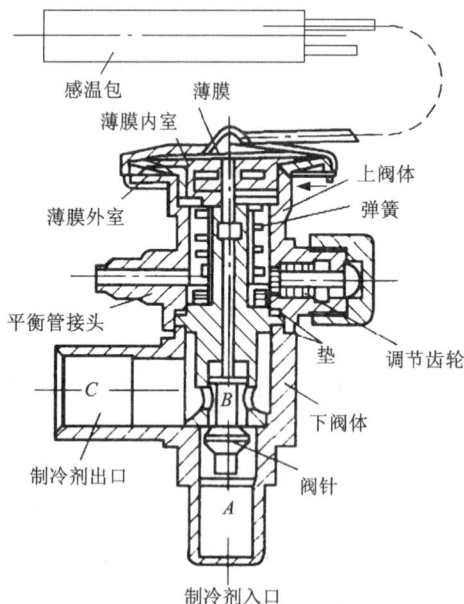

图 9－13　外平衡式热力膨胀阀

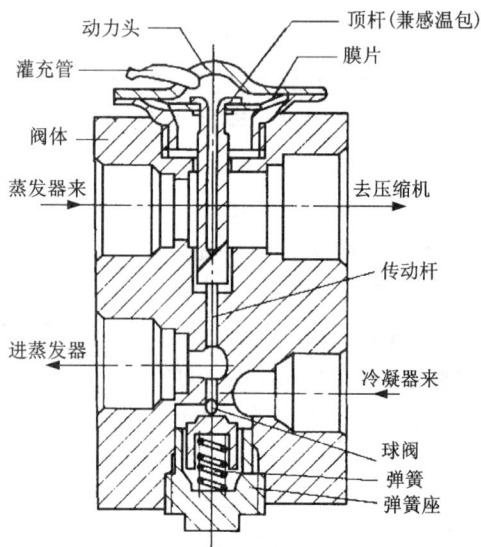

图 9－14　H 形膨胀阀结构

　　H形膨胀阀安装在蒸发器的进出管之间，感应温度不受环境影响，也无须通过毛细管而造成时间滞后，调节灵敏度较高。由于其无感温包、毛细管和外平衡管，不会因汽车颠簸使充注系统断裂外漏以及感温包包扎松动而影响膨胀阀的正常工作。

　　（3）节流膨胀管。

　　节流膨胀管是用于许多轿车制冷系统的一种固定孔口的节流装置。有人称它为孔管、固定孔管。节流膨胀管直接安装在冷凝器出口和蒸发器进口之间，用于将液态制冷剂节流降压。由于不能调节流量，液体制冷剂很可能流出蒸发器而进入压缩机，造成压缩机液击。所以装有节流膨胀管的系统，必须同时在蒸发器出口和压缩机进口之间，安装一个集液器，实行气液分离，避免压缩机发生液击。

　　节流膨胀管的结构如图9-15所示。它是一根细铜管，装在一根塑料套管内。在塑料套管外环形槽内，装有密封圈。有的还有两个外环形槽，每槽各装一个密封圈。把塑料套管连同节流膨胀管都插入蒸发器进口管中，密封圈用于密封塑料套管外径和蒸发器进口管内径间的配合间隙。节流膨胀管两端都装有滤网，以防止系统

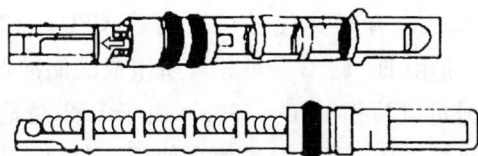

图9-15　节流膨胀管

堵塞。安装使用后，系统内的污染物集聚在密封圈后面，使堵塞情况更加恶化。就是这种系统内的污染物，堵塞了孔管及其滤网。节流膨胀管不能维修，坏了只能更换新的。

　　由于节流膨胀管没有运动部件，所以它结构简单、可靠性高，同时节省能耗，很多高级轿车都采用这种方式。缺点是制冷剂流量不能根据工况变化进行调节。

　　6）连接软管和管路接头

　　（1）连接软管。

　　由于汽车空调的各总成部件一般分散安装在汽车的各个部位，如压缩机与发动机连成一体，冷凝器与干燥器安装在车架前端上，而蒸发器又安装在车内。当汽车在颠簸的道路上高速行驶时，各部件均产生振动，因而制冷系统这些部件之间不能用刚性金属管连接，只能用柔性橡胶软管连接，要求软管必须具有吸收振动能力、不能泄漏制冷剂、能承受一定的压力、耐爆裂强度高。

　　（2）管路接头。

　　汽车空调系统的管路接头可分为以下几种方式：

　　①胶圈接头方式。

　　这种接头方式现代汽车使用较多。胶圈用耐油橡胶做成，优点是密封性高，防振性强，不需要过分拧紧连接螺母，就可以保证密封性，检修时也方便。

　　②喇叭口接头方式。

　　这种接头方式的质量主要靠零件加工精致和光洁度来控制，连接时螺纹接头要旋紧，使喇叭口与凸缘配合紧密，才能达到密封的要求。

　　③管箍接头方式。

这种接头多用于组装车，它是将金属管插入胶管内，再把管箍套于金属管插入处的胶管外围旋紧，达到密封的目的。

④弹簧锁紧接头方式。

这种接头多用于美国车，它是用外罩、卡紧弹簧、内外接头、密封圈，再套用专用工具将其锁紧，达到密封的目的。

6. 制冷剂

1）制冷剂的命名法

制冷剂也称冷媒，是空调系统的一个重要组成。目前汽车常用的制冷剂有 R12、R134a 两种，其中字母"R"是制冷剂的简称。由于 R12 是由 Cl，F，C 三种元素构成，有时其代号可以写作 CFC－12。由于 R134a 是由 H，F，C 三种元素所组成的制冷剂，有时其代号可以写作 HFC－134a。由于 R12 对地球臭氧层有破坏作用，现已基本禁止使用；R134a 是环保制冷剂，它替代 R12 目前已经得到广泛应用。制冷剂外观如图 9－16 所示。

图 9－16　制冷剂

2）对制冷剂的要求

（1）在适当蒸发温度时，蒸发压力不低于大气；

（2）在适当冷凝压力时，温度不能过高；

（3）无色、无味、无毒、无刺激性，对人体健康无损害；

（4）不易燃烧，不易爆炸；

（5）无腐蚀性；

（6）价格合理，容易获得；

（7）性能系数较高；

（8）与冷冻油接触时，化学、物理安定性良好；

（9）有较低的凝固点，能在低温下工作；

（10）泄漏时容易侦测。

3）制冷剂 R12 的特性

（1）无色、无味、无毒、不易燃烧、不易爆炸，化学性质稳定；

（2）不溶于水，对金属无腐蚀作用；

（3）能溶解多种有机物，一般橡胶密封圈不能使用；

（4）具有较好的热力性能，冷凝压力比较低；

（5）互溶性较好，它能与矿物油以任意比例互相溶解；

（6）对大气臭氧层有破坏作用，使全球变暖产生温室效应。

4）制冷剂 R134a 的特性

（1）无色、无味、无毒、不易燃烧、不易爆炸，化学性质稳定；

（2）不破坏臭氧层，在大气层停留寿命短，温室效应影响小；

（3）黏度较低，流动阻力较小；

（4）分子直径比 R12 略小，易外泄，能被分子筛吸收；

（5）与矿物油不相溶，与氟橡胶不相溶；

（6）吸水性和水溶性比 R12 高；

（7）汽化潜热高，定压比热大，具有较好的制冷能力。

5）制冷剂的使用注意事项

（1）操作制冷剂时，不要与皮肤接触，应戴护目镜，以免冻伤皮肤和眼球；

（2）避免振动和放置高温处，以免发生爆炸；

（3）原离火苗，避免 R12 分解产生有毒光气；

（4）R134a 与 R12 不能混用，因其不相溶，会导致压缩机损坏；

（5）使用 R134a 制冷剂的系统，应避免使用铜材料，否则会产生镀铜现象；

（6）制冷剂应放置在低于 40℃ 以下的地方保存。

7. 冷冻机油

冷冻机油也称为压缩机油，它是一种在高、低温工况下均能正常工作的特殊润滑油。在制冷系统中，用于保证压缩机正常工作、不易磨损，随系统循环流动并和制冷剂相溶。目前汽车空调系统中使用的冷冻机油有 R12 用矿物油、R134a 用合成油（PAG、POE）。冷冻机油如图 9-17 所示。

冷冻机油

一次性罐装有压冷冻机油

图 9-17　冷冻机油

1）冷冻机油的作用

（1）润滑作用：减少压缩机运动部件的摩擦和磨损，延长机组的使用寿命。

（2）冷却作用：它能及时带走运动表面摩擦产生的热量，防止压缩机温度升过高或压缩机被烧坏。

（3）密封作用：密封件表面涂上冷冻油后能提高接点的密封性，防止制冷剂泄漏。

（4）降低压缩机的噪声：它能在压缩机摩擦表面形成一种油膜，保护运动部件，防止因金属摩擦而发出声响。

2）对冷冻机油的性能要求

（1）凝点低，具有良好的低温流动性和互溶性。在制冷系统中，冷冻机油随制冷剂一起在系统中流动，在任何温度下都不能沉积，而且要互溶，避免通过节流孔管时造成溅爆而产生噪声。

（2）黏度受温度的影响要小，在不同温度下具有良好的润滑性能。

（3）化学性质要稳定，与制冷剂和其他材料不起化学反应。

（4）吸水性要小，如油中水分含量过高，通过节流阀时会因低温而结冰，造成系统因结冰而堵塞。

（5）毒性腐蚀要小，最好是无毒、不易燃烧，对金属橡胶无腐蚀。

3）冷冻机油使用注意事项

（1）冷冻机油应保存在干燥、密封的容器里，放在阴暗处，以免空气中的水分和其他杂质进入油中。

（2）不同牌号的冷冻油不能混装、混用。

（3）变质的冷冻油不能使用。

（4）制冷系统中不能加注过量的冷冻油，以免影响制冷效果。

二、基本技能

1. 汽车空调常用故障诊断方法

汽车空调常用的故障诊断方法是看、听、摸、测。

1）看

（1）首先查看仪表板上的压力、水温、油压及各性能指示灯是否显示正常。

（2）观察冷凝器、蒸发器及管路连接处是否有油污，如有则说明有制冷剂和冷冻润滑油泄漏。

（3）系统部件和管路接头处是否有结霜、结冰现象。

（4）从贮液干燥器视液窗观察制冷剂量。如果检视到连续不断的气泡出现，说明制冷剂严重不足；如果每隔 1～2 s 就会有气泡出现，表示制冷剂不足，如果检视窗几乎透明，发动机转速变化时可能会出现气泡，说明制冷剂适量。

2）听

耳听压缩机、送风机、排风机是否有异常声音。作为维修人员，还应当仔细了解、听取驾驶人员对故障现象的描述。

3）摸

开启制冷系统 15～20 min 后，用手触摸系统部件，感受其温度。

（1）压缩机进、排气管应有明显温差。前者发凉，后者发烫。

（2）冷凝器进、出口管应有温差，出口管温度应低于进口处温度。

（3）贮液干燥器进、出口温度的比较：进口温度与出口温度相等时，表示冷气系统正常；进口温度低于出口温度时，表示制冷剂不足；进口温度高于出口温度时，表示制冷剂过多。

（4）膨胀阀进、出口温差明显。膨胀阀出口到压缩机之间的软管应该凉而不结霜，正常情况下应为结霜后即化，用肉眼看到的只是化霜后结成的水珠。

注意：在用手触摸高压区部位时要防止烫伤。如果压缩机高、低压侧之间没有明显温差，则说明制冷系统不工作或制冷剂泄漏。

4）测

（1）检漏仪。用检漏仪检查各接头是否有泄漏。

（2）歧管压力表。用歧管压力表检查制冷系统的压力。运转压缩机，发动机转速 2000 r/min，观察歧管压力表。在一定的大气湿度内，轿车制冷系统工作时正常状况的高、低范围是：高压端压力应为 1.421～1.470 MPa；低压端压力应为 0.147～0.196 MPa，若不在此范围内，则说明系统有故障。

（3）万用表。用万用表检查空调电路故障。

（4）温度计。用温度计测空调系统相关点的温度。

①蒸发器：不结霜的前提下，蒸发器表面温度越低越好。

②冷凝器：正常工作时，冷凝器入口温度为 70～90℃，冷凝器出口温度为 50～65℃。

③储液干燥器：正常情况下应为 50℃。如果上下温度不一致，说明储液干燥过滤器堵塞。

2. 汽车空调系统的使用维护基本操作

1）制冷剂排放

由于修理或其他原因常需将制冷系统内的制冷剂排放掉。排放有两种方法，一是利用歧管压力表将制冷剂排放到大气中，但这种方式会污染环境；二是利用回收装置回收制冷剂，但要有专用回收装置。排放时，周围环境一定要通风良好，不能接近明火，否则会产生有毒的气体。

现在介绍一下利用歧管压力表排放制冷剂的具体操作步骤。

（1）关闭歧管压力表上的手动高、低压阀，并将其高、低压软管分别接在压缩机高、低压检修阀上，将中间软管的自由端放在工作擦布上。

（2）慢慢打开手动高压阀，让制冷剂从中间软管排出，阀门不能开得太大，否则压缩机内的冷冻润滑油会随制冷剂流出。

（3）当压力表读数降到 0.35 MPa 以下时，再慢慢打开手动低压阀，使制冷剂从高低压两侧同时排出。

（4）观察压力表读数，随着压力下降，逐渐开大手动高、低压阀，直至高低压表的读数指到零为止。

2）制冷系统抽真空

抽真空的目的是为了排除制冷系统内的空气和水汽，是空调维修中一项重要的工序。因为在维修空调系统、更换制冷零件时，必然要有空气和水汽进入制冷系统，而空气和水汽又会严重影响制冷系统的工作，必须抽真空后再加制冷剂。

制冷系统抽真空可按图 9-18 所示接好仪器。具体方法如下：

（1）把歧管压力表的高、低压软管分别与制冷管路上的高、低压检测接口相连，中间软管与真空泵相连。

（2）打开歧管压力表的手动高、低压阀，启动真空泵，观察低压表，把系统抽真空至 0.1 MPa。

（3）关闭歧管压力表的手动高、低压阀，观察歧管压力表，看真空度是否下降，如果真空度下降，说明系统泄漏，应该查找漏点、维修。如果系统不漏，应该再打开手动高、低压阀，继续抽真空 15～20 min。

（4）关闭歧管压力表的手动高、低压阀。

（5）关闭真空泵。先关手动高、低压阀，后关真空泵可以防止空气和水汽进入系统。

3）检查制冷系统泄漏

汽车空调的工作条件恶劣，需要经受较强的振动，容易造成零件、管路的损坏和接头的松动，从而使制冷剂泄漏。

常用的检漏方法有以下几种。

(1)外观检漏。

泄漏部位往往会泄漏冷冻机油,如果发现某处有油污,可用干净白抹布擦净,如果仍然有油污渗出,说明此处泄漏。

(2)用电子检漏仪检漏。

将挠性测量头连接到电子检漏仪主机上,如图9-19所示,按下电子检漏仪电源开关。这时电子检漏仪会发出均匀的"嘀、嘀"声。用挠性测量头对准各检漏部位,并在被检测处停留7 s以上。若被检测部位有泄漏,则电子检漏仪发出"嘀、嘀"的频率会加快。采用电子检漏仪进行检漏时,被检测空调系统周围的空气中不能含有其他系统释放出的制冷剂的残余气体,否则难以进行。

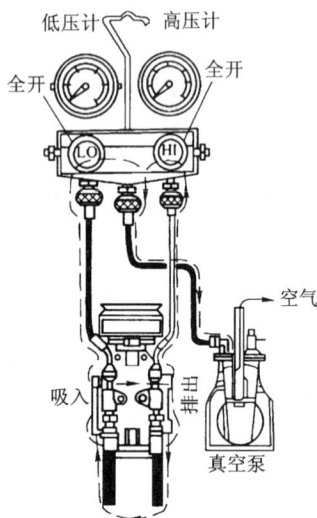

图9-18 制冷系统抽真空

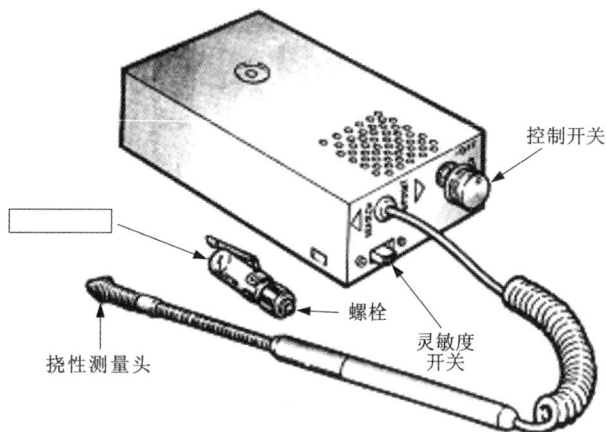

图9-19 检漏仪

(3)真空检查泄漏。

用真空泵把系统抽至真空度0.1 MPa,24 h后真空度没有明显减小就可以认为没有泄漏。

(4)压力检漏。

向制冷系统充入氮气,然后用肥皂水检漏。如果有泄漏,泄漏处会出现肥皂泡。

采用压力检漏时不能使用压缩空气,因为压缩空气里面有水分,水分滞留在制冷管路里会造成膨胀阀冰堵。工业氮气没有腐蚀性、没有水分,价格便宜,但瓶装高压氮气一定要用减压表。

3.加注制冷剂

在确定系统无泄漏、抽完真空之后,就可以加注制冷剂。加注制冷剂之前,首先应该弄清楚制冷剂的加入量,加注量过多过少都会影响空调制冷效果。

加注制冷剂的方法有两种,一种是从高压侧加注,加注的是液态制冷剂,加注速度快,适合于第一次加注,即检查泄漏、抽完真空后的加注。加注时要注意不要启动压缩机,制冷剂罐要倒立。另一种是从低压倒加注,加注的是气态制冷剂,加注速度慢,适合于补充加注。加注时需启动压缩机,制冷剂罐要正立。

1)从高压侧加注制冷剂

从高压侧加注制冷剂的方法如图9-20所示。

(1)发动机处于熄火状态,检查泄漏、抽完真空后,关闭手动高、低压阀。

(2)把中间软管与制冷剂罐注入阀的接头接好,打开制冷剂罐注入阀,拧开歧管压力表中间软管一端的螺母,让气体溢出几秒钟,把空气赶走,然后再拧紧螺母。

(3)拧开高压侧手动阀,把制冷剂罐倒立,液态制冷剂从高压侧进入制冷回路。

(4)加入规定量的制冷剂后,关闭制冷剂罐注入阀,关闭歧管压力表的手动高压阀,取下歧管压力表。

注意:加注时不能启动发动机,更不能打开手动低压阀,防止产生压缩机液击现象。

2)从低压侧加注

从低压侧加注制冷剂的方法如图9-21所示。

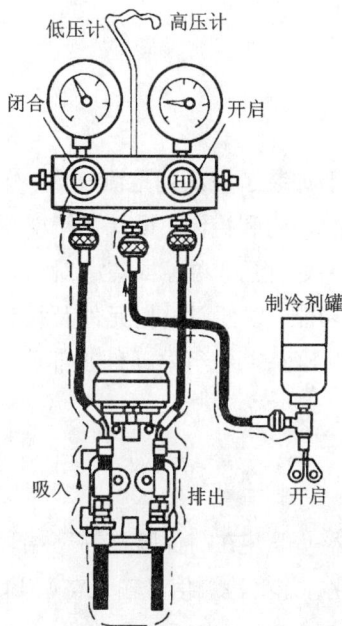

图9-20 从高压侧加注制冷剂

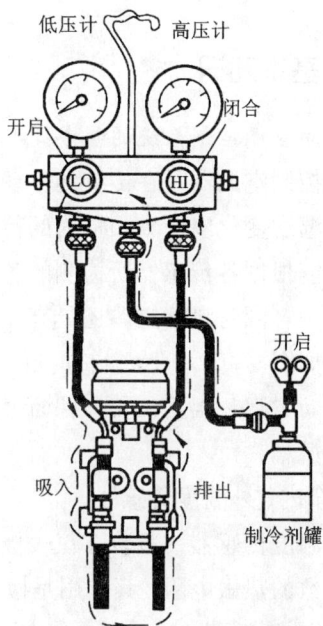

图9-21 从低压侧加注制冷剂

(1)检查泄漏、抽完真空后,关闭手动高、低压阀。

(2)把中间软管与制冷剂罐注入阀的接头接好,打开制冷剂罐注入阀,拧开歧管压力表中间软管一端的螺母,让气体溢出几秒钟,把空气顶出,然后再拧紧螺母。

(3)拧开低压侧手动阀,正立制冷剂罐,让气态制冷剂进入制冷系统,当系统压力达到0.4 MPa时,关闭手动低压阀。

（4）启动发动机，打开空调，暖风电机开关、调温开关打到最大挡。

（5）打开手动低压阀，让气态制冷剂继续流入制冷回路，一直加到规定量。

（6）观察储液干燥过滤器的观察窗，确认没有气泡，然后把发动机转速提高到 2000 r/min，检查歧管压力表的高、低压表是否达到正常值。

（7）关闭制冷剂罐注入阀，关闭歧管压力表的手动高压阀，关闭发动机，取下歧管压力表。

4. 加注冷冻油

选择适量和与制冷系统相匹配的冷冻油加注。

5. 检验

启动发动机使其转速达到 1500 r/min，并将控制旋钮置于最大位置，且使鼓风机为最高转速，然后打开汽车全部风窗和车门进行检查：

（1）高压表读数应在 1 373 ~ 1 575 kPa，低压表应在 230 ~ 320 kPa。

（2）在出风口插入一只温度计，在空调的进风口放置一干湿球湿度计。

第二节　自动空调的维护

一、基本知识

1. 自动空调控制系统的组成

自动控制空调器是在传统的手动控制空调器的基础上加装了一系列检测车内、车外和导风管空气温度变化以及太阳辐射的传感器，改良执行器的结构和控制，设计了智能型的空调控制器。能根据各传感器所检测的各温度系数经内部电路处理后，单独或集中对执行器的动作进行控制。同时自动空调还具有完善的自我检测诊断功能，以便对电控元件及线路故障进行检测。如图 9 - 22 所示，自动控制电路由传感器、空调 ECU 和执行器元件三部分组成。

2. 自动空调控制系统及部件的功能

1）传感器

（1）车内、外温度传感器。

车内温度传感器一般装在仪表板下；车外温度传感器一般装在前保险杠右下端。它们是负温度系数的热敏电阻，其作用是检测车内、外温度变化，并将检测信号输入空调 ECU。

（2）光照传感器。

光照传感器采用光敏二极管，装在前挡风玻璃下，该传感器利用光电效应原理把日光照射量转换为电信号输入空调 ECU。

（3）蒸发器温度传感器。

蒸发器温度传感器安装在蒸发器表面，用以检测表面的温度变化，以控制车内温度。温度控制器把温度传感器检测的信号与温度调节电位器的信号在空调 ECU 内加以比较，确定对电磁离合器供电或断电。

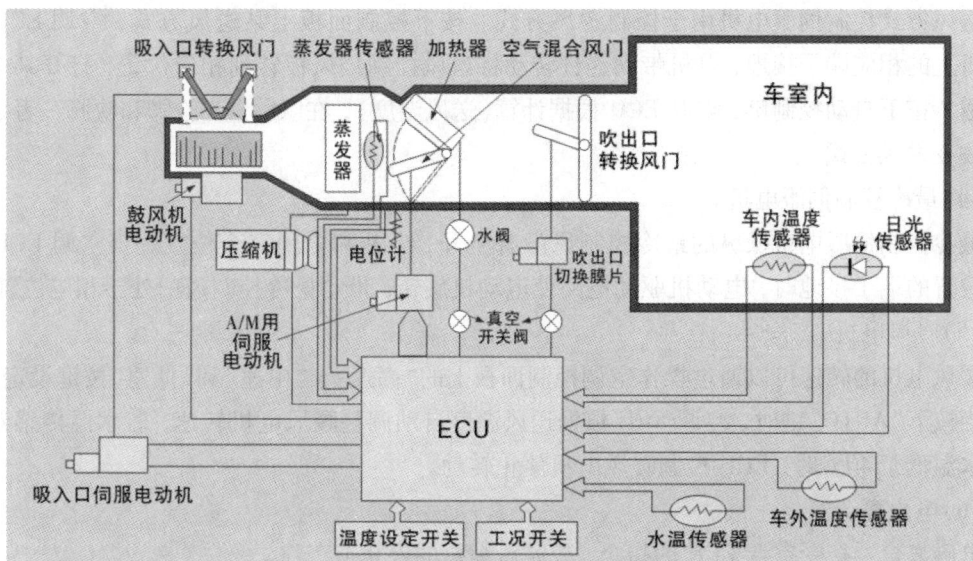

图 9－22　自动空调控制结构图

（4）水温传感器。

水温传感器安装在发动机冷却循环的水路上，检测冷却液温度。产生的水温信号输送给空调 ECU，用于低温时的冷却风扇转速控制。有些自动空调器没有水温传感器。

（5）压缩机锁止传感器。

压缩机锁止传感器是一种磁电式传感器，安装在空调装置的压缩机内，检测压缩机转速。压缩机每转一圈，该传感器线圈产生 4 个脉冲信号输送给空调 ECU。

2）执行元件

执行元件包括风门伺服电动机、暖风电机及压缩机电磁离合器等。

（1）进风伺服电动机。

进风伺服电动机控制空调的进风方式，电动机的转子经连杆与进风风门相连，该伺服电动机内装有一个电位计，向空调 ECU 反馈进风伺服电动机的位置情况。

当驾驶员使用进风方式控制键选择"车外新鲜空气导入"或"车内空气循环"模式时，空调 ECU 即控制进风伺服电动机带动连杆顺时针或逆时针旋转，从而带动进风风门闭合或开启，达到改变进风方式的目的。

当按下"AUTO"键时，空调 ECU 首先计算出所需要的送风温度，并根据计算结果自动改变进风伺服电动机的转动方向，从而实现进风方式的自动调节，风力最大。

（2）空气混合伺服电动机。

当进行温度调节时，空调 ECU 控制空气混合伺服电动机连杆顺时针或逆时针转动，改变空气混合风门的开启角度，从而改变冷、暖空气的混合比例，调节送风温度。电动机内电位计的作用是向空调 ECU 输送空气混合风门的位置信号。

（3）送风方式控制伺服电机。

送风方式控制伺服电机用于控制送风方式。按下控制面板上某送风方式，空调 ECU 即使电机上的相应端子接地，电机带动连杆转动将送风控制挡风板转到相应位置，打开某个送风通道。按下自动控制键，空调 ECU 根据计算（送风温度），在吹脸、吹脸脚和吹脚三者之间自动改变送风方式。

（4）最冷控制伺服电机。

最冷控制伺服电机操纵的最冷控制风门有全开、半开和全闭三个位置。当空调 ECU 使某个位置的端子接地时，电动机驱动电路使电动机旋转，带动最冷控制风门处于相应位置。

（5）暖风电机。

暖风电机的转速可以通过操作空调控制面板上的"高速"、"中速"和"低速"按键设定。

当按下"AUTO"键时，空调 ECU 根据送风温度自动调整暖风电机转速，若水温传感器检测到水温低于40℃时，ECU 控制暖风电机停止转动。

（6）电磁离合器。

电磁离合器接受空调 ECU 的指令，控制压缩机的停止或工作。

3）空调 ECU

空调 ECU 与操作面板成一体，它对输入的各种传感器信号和功能选择键的输入指令进行计算、分析比较后，发出指令控制各个执行元件动作，使车内温度、空气流动状况等始终保持在驾驶员设定的水平上，极大地简化了操作，该系统主要用在高级汽车空调上。

空调 ECU 控制的汽车空调系统具有以下几种功能：

（1）空调控制：包括温度自动控制、风量控制、运转方式给定的自动控制、换气量控制等，满足车内空调对舒适性的要求。

（2）节能控制：包括压缩机运转控制、换气量的最适量控制以及随温度变化的换气切换、自动转入经济运行、根据车内外温度自动切断压缩机电源等。

（3）故障、安全报警：包括制冷剂不足报警、制冷压力高出或低出报警、离合器打滑报警、各种控制器件的故障判断报警等。

（4）故障诊断存储：汽车空调系统发生故障，微电脑会将故障部位用代码的形式存储起来，以协助故意诊断。

（5）显示：包括显示给定的温度、控制温度、控制方式、运转方式的状态等。

3. 自动空调控制系统工作过程与原理

自动空调一般根据车内外环境完成以下控制：

（1）通过调节空气混合风挡的角度来控制空气输出口温度；

（2）通过调节鼓风机电机的速度控制空气流动；

（3）通过选择冷或热气口、内部或外部气口控制空气进出；通过控制电磁离合器的开关，实现对压缩机的控制。

自动空调控制原理结构如图 9-23 所示。

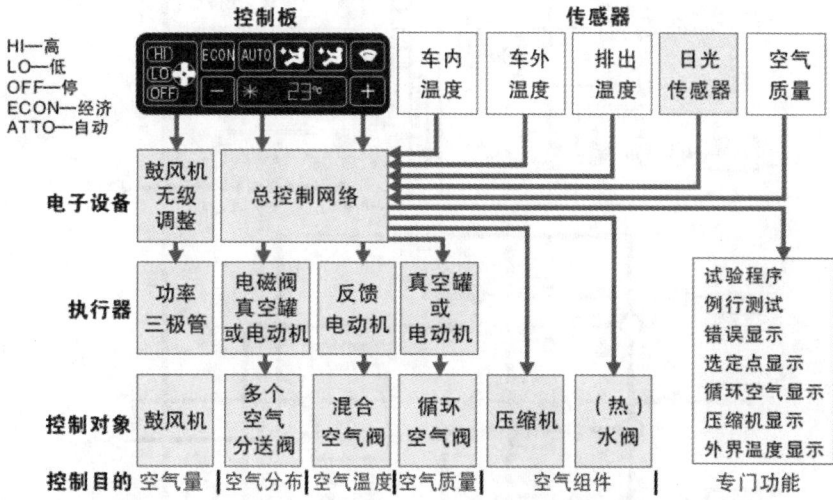

图 9 - 23　自动空调控制原理结构图

（1）加速自动控制装置：作用是在汽车加速或超车时，切断电磁离合器线圈电路，使压缩机停转，以利汽车加速。

（2）怠速自动调整装置：作用是当发动机怠速运转又需要制冷系统工作时，自动加大油门开度以增大发动机输出功率。如图 9 - 24 所示。

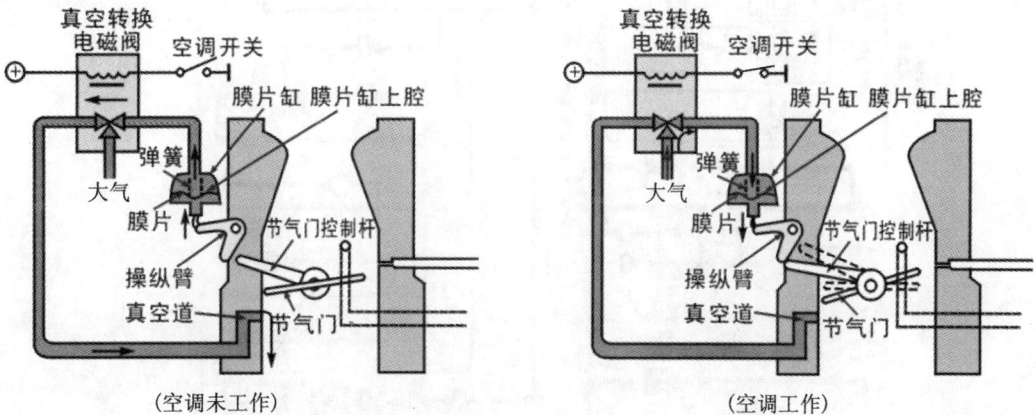

图 9 - 24　怠速自动调整装置工作过程

下面以丰田卡罗拉为例，讲解自动空调控制原理。

卡罗拉自动空调电路如图 9 - 25 所示。空调放大器通过温度传感器检测车内、车外的温度并与乘员选择的温度相比较后，向执行机构发出电信号，控制各种电动机及电磁阀动作。

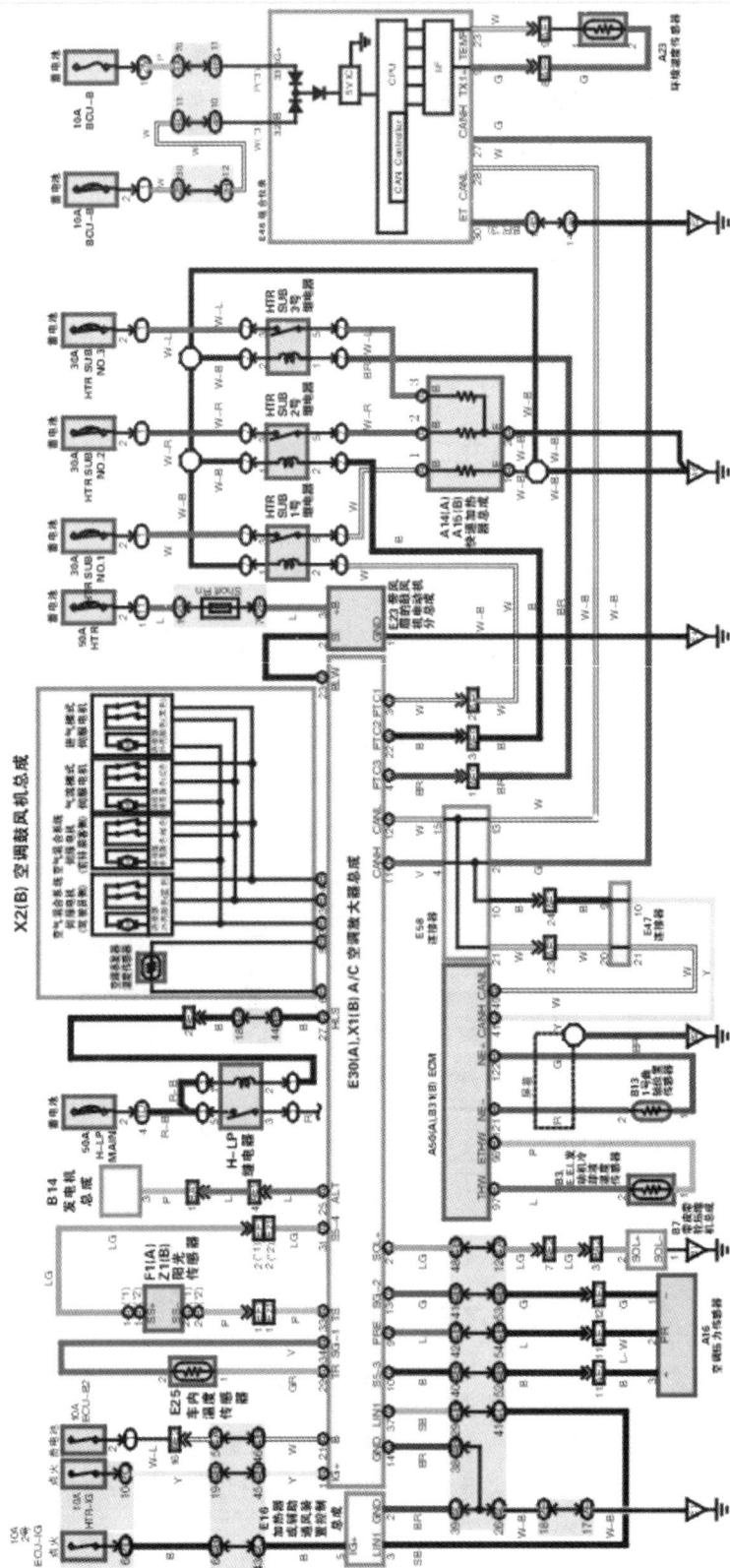

图9-25　自动空调系统电路

1）输入信号电路

（1）环境温度传感器。

环境温度传感器检测车外温度并将相应的信号发送至空调控制总成，电路如图 9 - 26 所示。组合仪表 E46 通过 9 脚、23 脚输入环境温度传感器信号，并从 27、28 脚通过 CAN 总线送至空调控制。

（2）车内温度传感器

空调放大器的 A29、A34 脚外接车内温度传感器，该传感器检测作为温度控制依据的车厢温度，并发送信号至空调放大器，电路如图 9 - 27 所示。

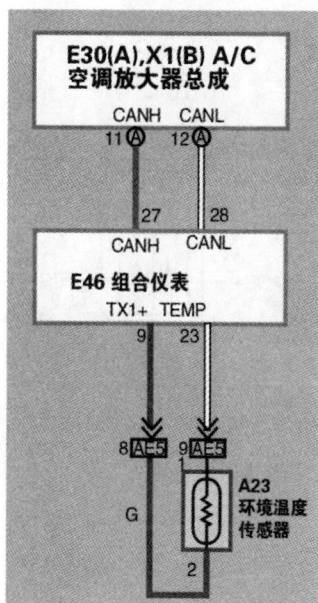

图 9 - 26 环境温度传感器

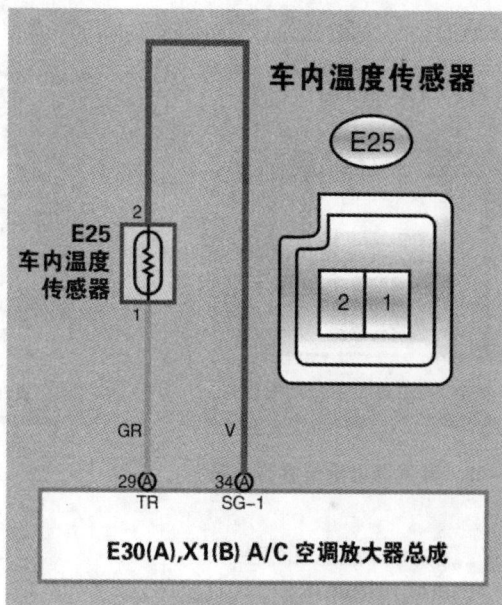

图 9 - 27 车内温度传感器电路

（3）蒸发器温度传感器。

空调放大器的 B5、B6 脚外接空调蒸发器温度传感器，电路如图 9 - 28 所示。

（4）阳光传感器。

空调放大器的 A31、A33 脚外接阳光传感器。阳光传感器测量阳光的强弱，来修正混合门的位置与鼓风机的转速，电路如图 9 - 29 所示。

对于阳光传感器的检测可采用测量电阻的方法：用布遮住阳光传感器，电阻为∞；在灯光或阳光下测量，电阻不为∞。

（5）空调压力传感器。

空调放大器的 A9、A10、A13 脚外接空调压力传感器，空调压力传感器检测制冷剂压力，并将其以电压变化的形式输出到空调放大器，空调放大器根据该信号，以控制压缩机，电路如图 9 - 30 所示。

（6）其他输入信号。

空调放大器的 A37 脚外接加热可辅助通风装置控制总成 E16，驾驶员通过调节面板上的按钮来进行各种设定。

空调放大器的 A25 脚外接发电机 E14 的 3 脚，发动机启动时，发电机转动并产生脉冲电压信号，该信号由空调放大器使用。

空调放大器的 A27 脚接收前大灯照明信号（电路如图 9 – 31 所示），并使用此信号来判断电气负载情况。电气负载信号是加热器线路控制的一个因素。

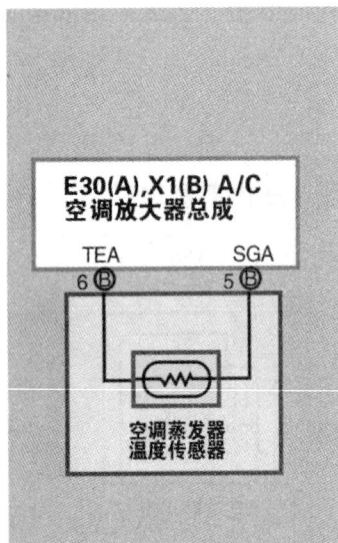

图 9 – 28　蒸发器温度传感器电路

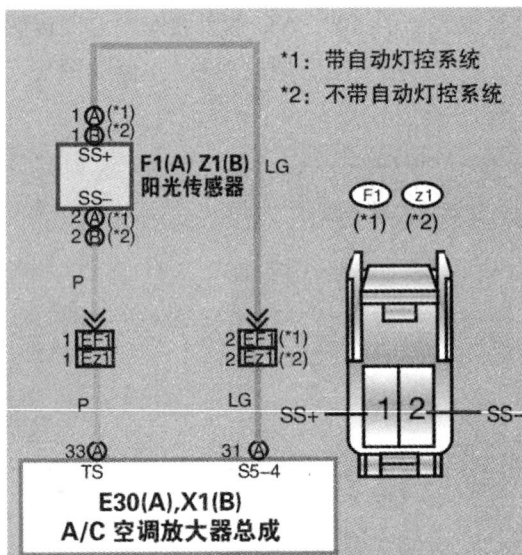

图 9 – 29　阳光传感器电路

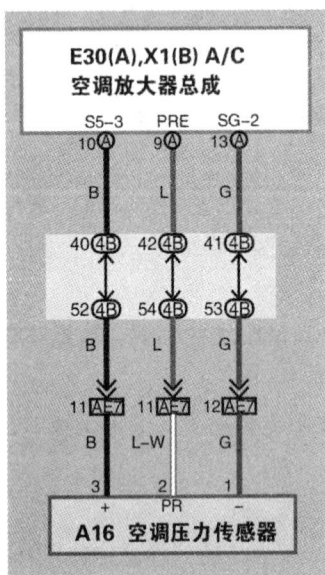

图 9 – 30　空调压力传感器电路

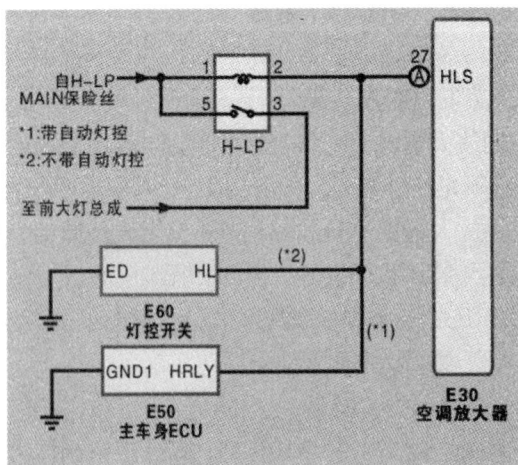

图 9 – 31　前大灯信号电路

2）执行器电路

（1）空调鼓风机电路。

空调鼓风机电路如图 9-32 所示。蓄电池电压→50 A 加热器熔丝→鼓风机电机的 3 脚；鼓风机电机的 2 脚为控制脚，接空调放大器的 A23 脚，当空调放大器输出控制信号时，鼓风机电机运转。

（2）空调鼓风机总成。

电路如图 9-33 所示。空调放大器从的 B2、B3、B4 脚输出控制信号，分别控制空调鼓风机总成内部的进气伺服电机，实现内外循环风的控制；控制空调鼓风机总成内部的气流模式电机，带动风向调节操纵机构中的拨盘、拨杆，不同的拨杆控制

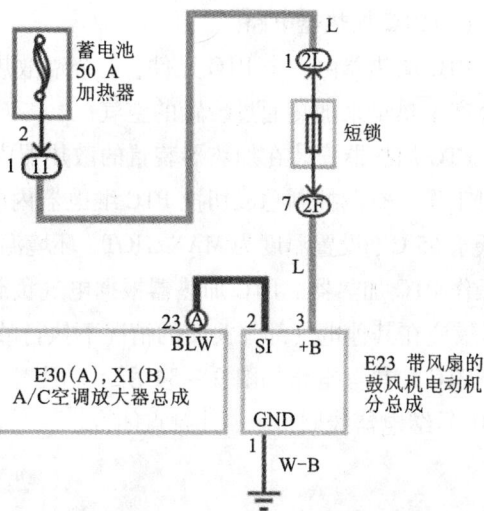

图 9-32 空调鼓风机电路

不同风门的开、闭，从而实现空气控制；控制空调鼓风机总成内部的空气混合伺服电机，从而带动混合风门移动，实现不同比例的空气混合。

空调放大器与各伺服电动机之间是通过 BUS IC 线束进行通信的，空调放大器通过空调线束向各伺服电动机供电和发送工作指令；各伺服电动机将风门位置信息发送到空调放大器。

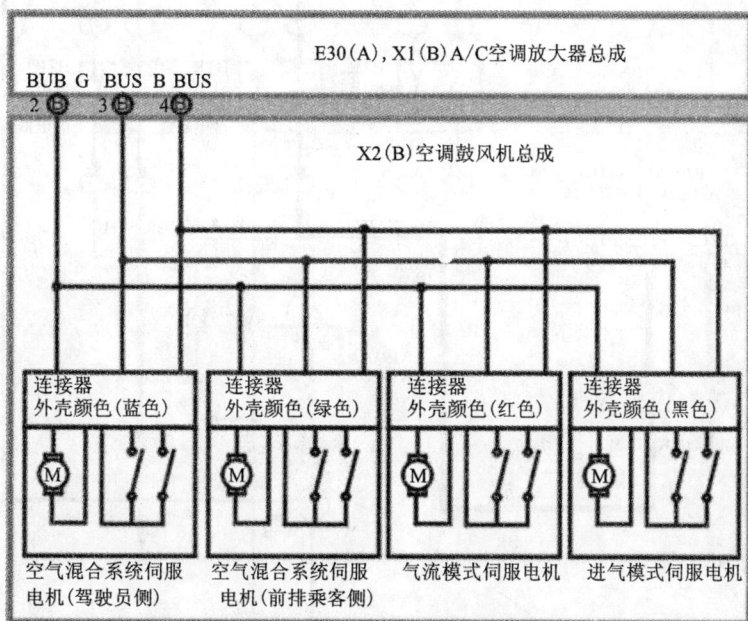

图 9-33 空调鼓风机总成

（3）压缩机电磁阀电路。

空调机放大器的 A2 脚外接空调压缩机 B7。空调压缩机接收来自空调放大器的制冷剂压

缩请求信号，基于该信号，压缩机改变输出量。

（4）PTC 加热器电路。

PTC 加热器由一个 PTC 元件、一个铝散热片和铜片组成。当电流施加在 PTC 元件上时，它会产生热量来加热通过装置的空气。

PTC 加热器安装在加热器装置的散热器内，它在冷却水的温度很低且正常加热器效率不足时工作。空调控制总成切换 PTC 继电器内电路的通断，并且在工作条件满足（冷却水的温度低于 65℃、设置温度为 MAX.HOT、环境温度低于 10℃ 且鼓风机开关没有置于 OFF 位置）时操作 PTC 加热器。PTC 加热器根据电气负载或交流发电机的输出量控制 PTC 加热器线路。因此，应在其他电气部件关闭的情况下执行故障排除。

PTC 加热器电路如图 9 – 34 所示。当空调放大器总成的 A3 脚输出控制信号时，HTR SUB1 号继电器线圈得电，其触点闭合。

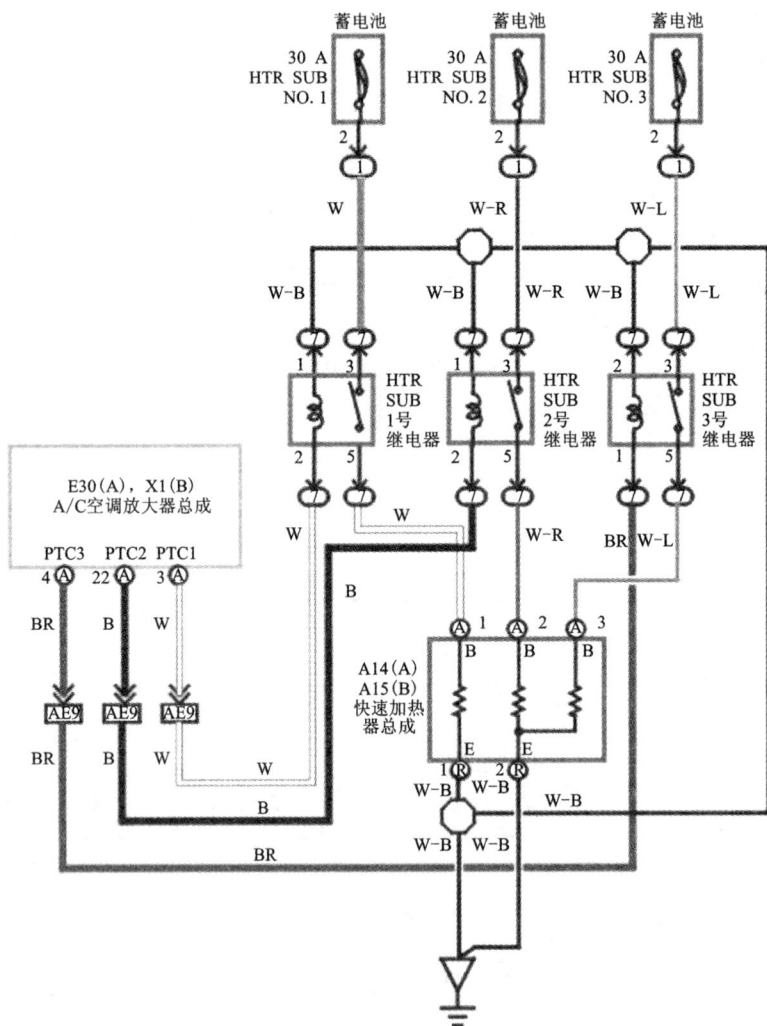

图 9 – 34　PTC 加热器电路

蓄电池电压→30 A HTR SUB1 号熔丝→HTR SUB1 号继电器触点→快速加热器总成 A14 的 A1 脚→快速加热器总成 A14 的 B1 脚→A6 搭铁，此时，A14 部分电路加热。

同理，当空调放大器总成的 A22 脚输出控制信号时，快速加热器总成 A14 的 A2 脚得电；当空调放大器总成的 A4 脚输出控制信号时，快速加热器总成 A14 的 A3 脚得电。

二、基本技能

冷气不足的检修步骤如下所示。

1）故障诊断表

对于冷气不足故障，首先应检查制冷量，如果制冷量不正常，按表 9-1 序号顺序查找故障原因，从而排除故障。

表 9-1　冷气不足故障诊断表

序号	故障原因	排除方法
1	风机马达转得慢	紧固接头或更换马达
2	离合器打滑：磨损过量	更换磨损严重的离合器零件
3	离合器打滑：电压低	找出原因，并予以改正
4	离合器循环过于频繁	调整或更换恒温开关、低压控制器
5	恒温开关故障	更换恒温开关
6	低压控制器故障	更换低压控制器
7	经过蒸发器的气流不畅	清理蒸发器，修理混气门
8	经过冷凝器的气流不畅	清理冷凝器表面
9	储液干燥器滤网部分堵塞	更换储液干燥器
10	膨胀阀滤网部分堵塞	清理滤网，更换干燥器
11	膨胀阀遥控温包松动	清理接触处，加固遥控温包
12	膨胀阀遥控温包未经保温	用软木和胶条保温
13	系统内有湿气	排放系统，抽真空，加注制冷剂
14	系统内有空气	排放系统，抽真空，加注制冷剂
15	系统内制冷剂过多	排除多余制冷剂
16	系统内冷冻机油过多	排除多余机油或更换机油
17	系统内制冷剂不足	修理泄漏，抽真空，加注制冷剂
18	热力膨胀阀故障	更换热力膨胀阀

2）使用压力表组检修故障

（1）高压侧与低压侧压力表组指示值比正常值低，通过观察孔可见气泡。

如图 9-35 所示为制冷剂填充不足时压力组表数值。

①症状：没有制冷或制冷不足。

②制冷系统中见到的现象：低压与高压两侧压力低；观察孔可见气泡。

③诊断：制冷剂不足。

④原因：制冷系统漏气；制冷剂没有定期补足。

⑤措施：用测漏仪找出漏点，并进行修理；补足制冷剂。

低压侧
78.4 kPa
(0.8 kg/m²)

高压侧
784~882 kPa
(8~9 kg/m²)

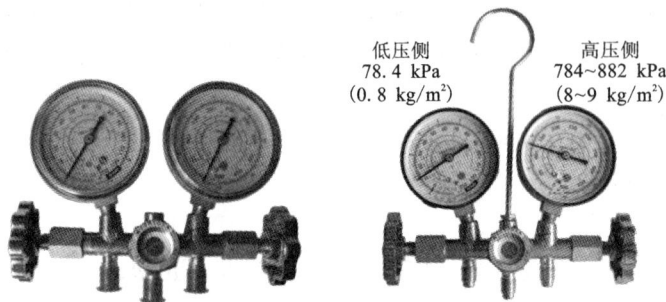

图9-35　制冷剂填充不足时的压力表组数值指示

（2）低压侧压力表组指示负压，高压侧指示比正常值低。

如图9-36所示为制冷剂不循环时压力表组的指示。

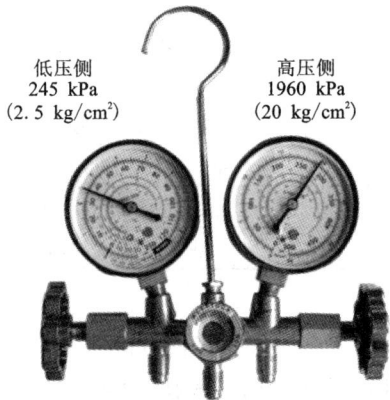

①症状：不制冷。

②制冷系统中见到的现象：低压侧呈负压，高压侧呈低压或高压；集储器/干燥器前后管路存在温差，集储器/干燥器后管路出现冻结；膨胀阀出口管不冷。

③诊断：制冷剂不循环。

④原因：灰尘或污物阻塞膨胀阀或低压管路；灰尘或污物阻塞储液干燥器或高压管路；由于膨胀阀感温包漏气，针阀完全关闭。

⑤措施：清除灰尘或污物，清除不掉时，更换有关部件和集储器/干燥器；如感温包漏气，更换膨胀阀。

（3）在低压与高压两侧，压力表组均指示比标准值高，冷凝器排出侧不热。

如图9-37所示为制冷剂填充过量时压力表组指示。

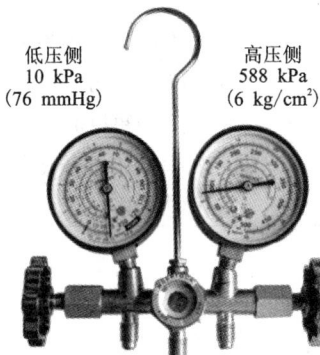

低压侧
10 kPa
(76 mmHg)

高压侧
588 kPa
(6 kg/cm²)

低压侧
245 kPa
(2.5 kg/cm²)

高压侧
1960 kPa
(20 kg/cm²)

图9-36　制冷剂不循环时压力表组的指示　　　图9-37　制冷剂填充过量时压力表组指示

①症状：空调器制冷效果差。

②制冷系统中见到的现象：低压侧与高压侧都指示比正常值高，通常高压侧压力高时冷凝器温度也高，但冷凝器排出侧不热；即使在用水浇冷凝器时，通过观察孔也看不到气泡。

③诊断：制冷剂过量。

④原因：制冷剂充填过量。

⑤措施：排出多余制冷剂，使留下的制冷剂达到标准量。

（4）在低压与高压两侧，压力表组均指示比正常值高，但在压缩机停止以后，高压侧压力急骤降至 196 kPa（2 kg/cm²）。

如图 9-38 所示为系统中混入空气时的压力表组指示。

注意：压力表组的指示值是在系统维修后，未抽好真空就填充制冷剂的情况下测量的。

①症状：制冷效果差。

②制冷系统中见到的现象：低压与高压两侧都指示比标准值压力高；在空调器停止并放置至少 10 h 后，低压侧与高压侧之间平衡的压力呈高值；停止压缩机后，高压侧压力立即很快降至约 196 kPa（2 kg/cm²），表针一直在振动；压缩机运行的同时由于高压损失，此时压力降至约 98 kPa，如图 9-39 所示。

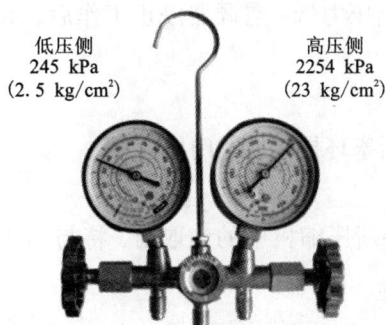

图 9-38 循环中混入空气时的压力表组指示

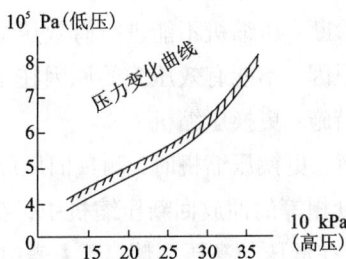

图 9-39 高压与低压之间的压力变化曲线图

③诊断：制冷系统中混入有空气。

④原因：填充时抽真空不够；抽真空后充气过程中有空气进入制冷系统。

⑤措施：继续进行抽真空；如在抽真空中仍然出现上述症状，更换集储器/干燥器及压缩机油，并清洗制冷系统。

（5）在低压侧与高压侧，压力表组均都指示比正常值高，低压侧管路形成霜冻或深度冷凝。

如图 9-40 所示为膨胀阀失效时压力表组的指示。

①症状：制冷效果差。

②制冷系统中见到的现象：低压与高压两侧均指示比正常值高；低压侧管路出现霜冻或深度冷凝。

③诊断：低压管路中液态制冷剂过量。

④原因：膨胀阀故障或失效（针阀开启过宽）；膨胀阀压力泡与蒸发器连接断开。

⑤措施：检查和重新接好压力感温塞；若压力感温塞连接无断开故障，更换膨胀阀。

（6）低压侧制冷剂压力高，高压侧制冷剂压力低。

如图9-41所示为压缩机出故障时的压力表组指示。

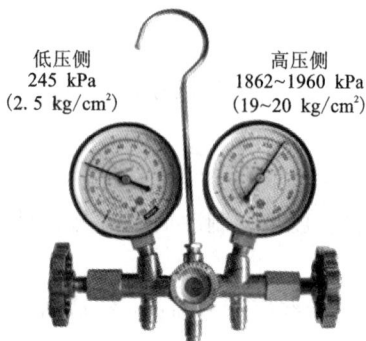

图9-40　膨胀阀失效时的压力表组指示

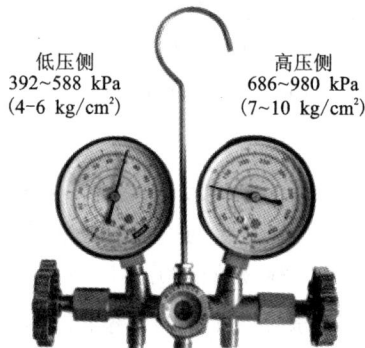

图9-41　压缩机出故障时的压力表组指示

①症状：无制冷。

②制冷循环中见到的现象：低压侧压力高，高压侧压力低；空调器停止工作后，低压侧与高压侧的压力立即趋于平衡。

③诊断：压缩机不能进行有效压缩。

④原因：不能有效压缩的原因在于压缩机活塞或活塞环损坏或阀门损坏。

⑤措施：更换压缩机。

注意：更换压缩机时，测量旧压缩机中的油量，将新压缩机中的油取出，将与旧压缩机中油机量相等的油放回新压缩机中，然后安装新压缩机。

（7）在低压与高压两侧，压力表组指示值波动。

如图9-42所示为制冷系统中有湿气时压力表组的指示。

①症状：空调器有时制冷，有时不制冷。

②制冷系统中见到的现象：低压侧有时呈负压指示，低压及高压两侧压力周期波动。

③诊断：集储器/干燥器超饱和。

④原因：由于干燥器超饱和，制冷剂中的湿气不能去除，使膨胀阀中的针阀冻结，从而引起堵塞，当制冷剂不再循环时，冰被周围热量解冻及再冻结成冰，这一过程反复循环。

⑤措施：更换集储器/干燥器及压缩机；油通过抽真空去除系统中的湿气。

（8）在低压与高压两侧，压力表组指示值均低。

如图9-43所示为制冷系统不良时压力表组的指示。

①症状：冷气不足。

②制冷系统中见到的现象：低压与高压两侧压力均低，从集储器/干燥器至制冷组件的管子有霜。

③诊断：集储器/干燥器堵塞。

④原因：集储器/干燥器中脏物阻碍制冷剂流动。

⑤措施：更换集储器/干燥器。

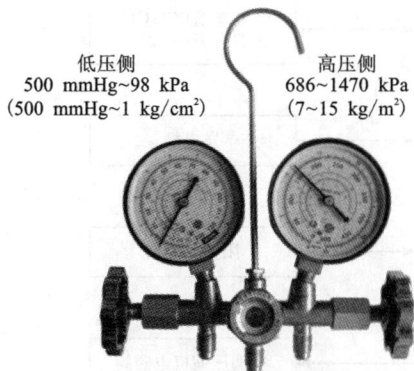

图9-42 制冷系统中有湿气时的压力表组指示

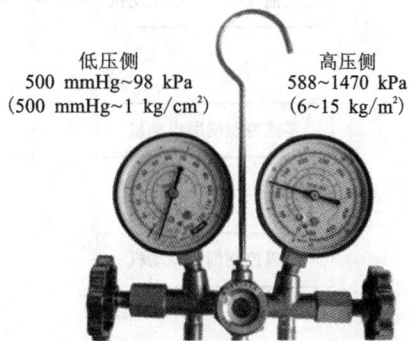

图9-43 制冷系统不良时的压力表组指示

项目实施

一、丰田卡罗拉空调系统鼓风机控制电路

车外温度、日照温度、控制开关、车内温度的信号输入给空调放大器，空调放大器计算出出风口温度、光照修正量、目标空气流量和出风模式，同时控制伺服电机和鼓风机电机，提高空调的舒适度，见图9-44丰田卡罗拉汽车空调系统图。

丰田卡罗拉空调系统鼓风机控制电路如下：

电源：蓄电池正极→HTR保险丝→短路器→鼓风机控制装置的3号端子。

搭铁：鼓风机控制装置的1号端子→搭铁。

控制：空调放大器的A23号端子→鼓风机控制装置的2号端子。

二、丰田卡罗拉空调系统的检测与维修

表9-2所示为卡罗拉轿车鼓风机的常见故障。

表9-2 鼓风机故障诊断表

鼓风机不工作，无出风	鼓风机电机电路、鼓风机控制装置电源、LIN通信故障、空调放大器、鼓风机控制装置
鼓风机控制失效，有出风	鼓风机电机电路、LIN通信故障、空调放大器、鼓风机控制装置

空调系统自动的调节出风口风力大小及温度，鼓风机的风速通过空调放大器与鼓风机控制装置一根导线来控制。

（1）主动测试：使用诊断仪，无须拆下鼓风机控制部件进行工作测试，通过数据与鼓风机工作状态可以排除。

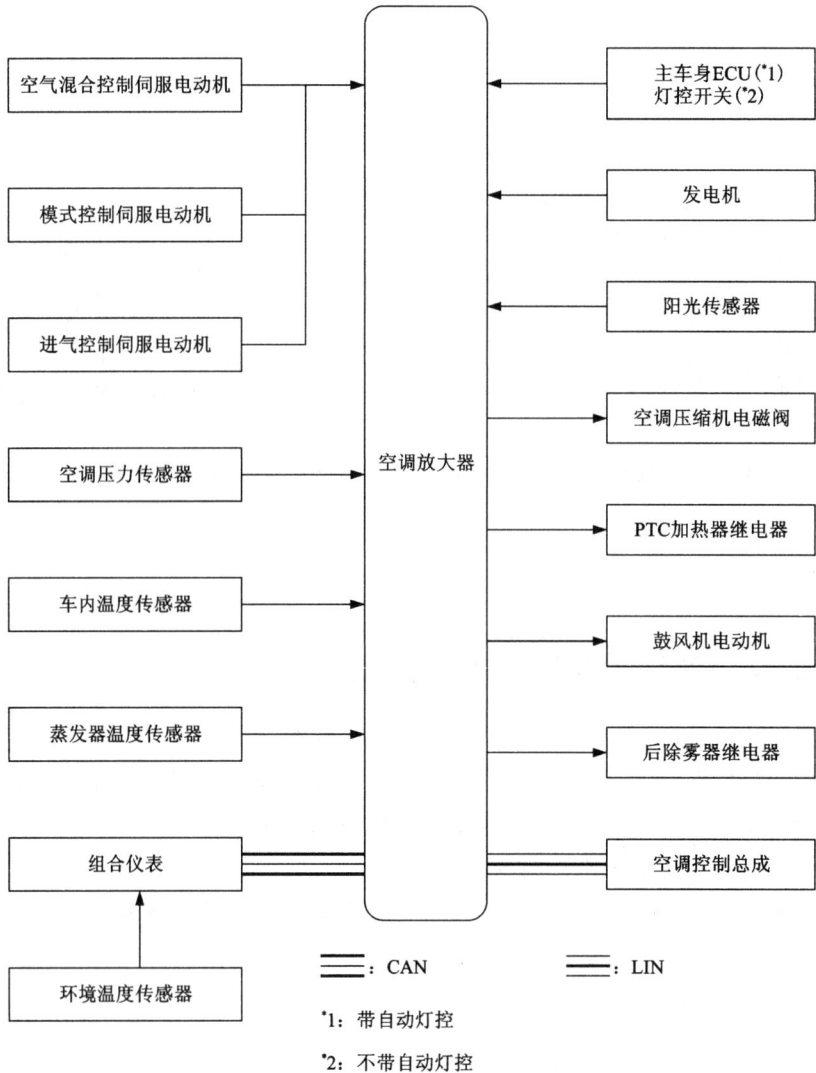

图 9 - 44　丰田卡罗拉汽车空调系统图

（2）风速由 1 挡逐级升高到 3 挡，空调放大器的 A23 号端子鼓风机控制装置的 2 号端子线束上的电压也会由 5 mV 递增 26 mV。测量波形将发现，波形随着鼓风机速度等级变化，如图 9 - 45 所示。手动调节风速变化测量电压的变化判断空调放大器与鼓风机控制装置间故障。

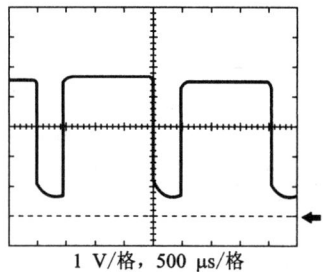

1 V/格，500 μs/格

图 9 - 45　鼓风机转速控制信号波形

供电、搭铁的检测：供电端上游有个短路器，温度过高或电流过大会断开鼓风机控制装置的供电，在线测量电压应为蓄电池电压，搭铁端子与车身之间电阻应小于 1 Ω。

以上数据如测量正常，更换鼓风机控制装置。

项目拓展

大众迈腾轿车空调系统控制电路分析

大众迈腾轿车空调系统控制电路如图9–46所示。

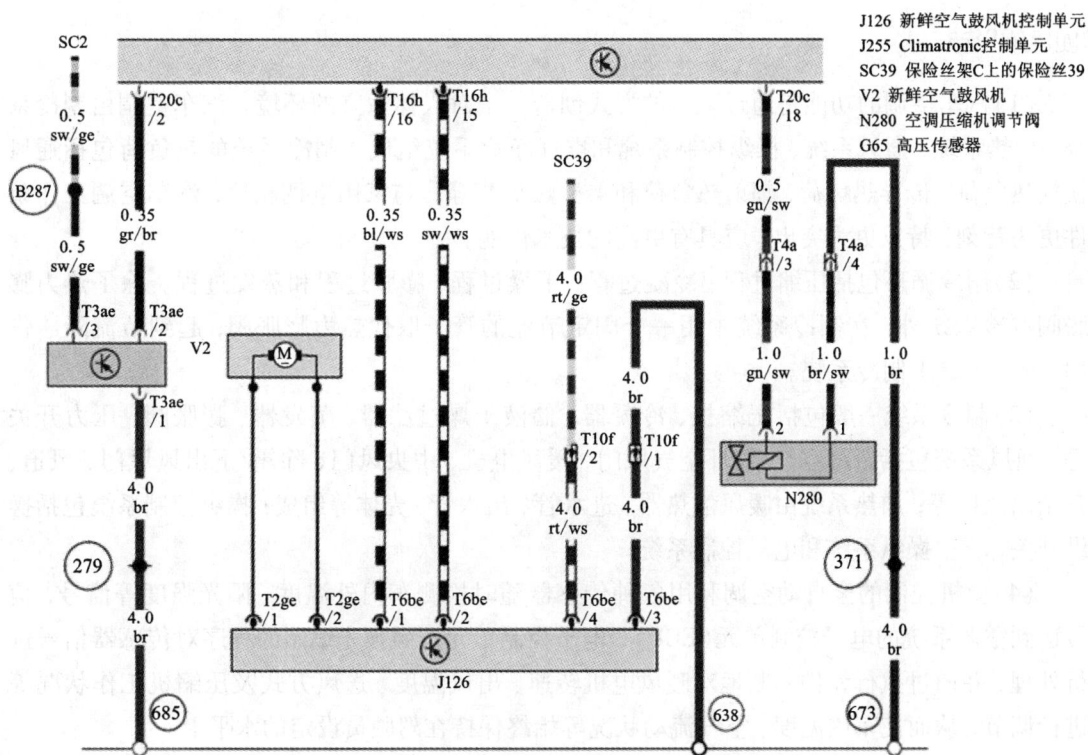

图9–46 大众迈腾轿车空调系统控制电路

大众迈腾轿车空调系统鼓风机控制电路分析如下：

（1）该控制方式由J255自动空调系统控制单元（Climatronic）和J126新鲜空气鼓风机控制单元两部分组成。自动模式和手动调节风速不同挡位在J255自动空调系统控制单元上操作。自动模式时空调系统控制单元会根据车内温度、车外温度等信号进行控制风速，手动模式由选择的挡位风速控制风速。J255自动空调系统控制单元通过T16h/15、T16h/16号端子发送给J126新鲜空气鼓风机控制单元T6be/1、T6be/2号端子控制信号（J255通过一个脉宽调制信号来控制鼓风机；J126收到信号后将一个自诊断信号反馈给J255；反馈信号只有一个脉冲表明系统没有故障、有三个脉冲时，鼓风机温度高）。

（2）J126新鲜空气鼓风机控制单元通过电压值的大小控制和调节V2鼓风机。

大众迈腾轿车空调系统压缩机控制电路分析：

J255自动空调系统控制单元的T20c/18号端子→N280空调压缩机调节阀的2号端子→

N280 空调压缩机调节阀的 1 号端子→搭铁。

大众迈腾轿车高压传感器→G65 电路分析：

供电：仪表台左侧保险丝盒 SC2→高压传感器→G65 的 T3ae/3 号端子。

搭铁：G65 高压传感器的 T3ae/1 号端子→搭铁。

信号传输：G65 高压传感器的 T3ae/2 号端子→J255 自动空调系统控制单元的 T20c/2 号端子。

项目小结

(1)汽车空调的功能是通过人为的方式创造一个对人体适宜的环境。汽车空调由制冷系统、加热系统、通风系统、操纵控制系统和空气净化系统组成。制冷系统的热负荷包括通风换气热负荷、传导热负荷、辐射热负荷和乘员热负荷等。与家用空调相比,汽车空调工作条件更为苛刻,特点更为突出,应具有更高的技术性能。

(2)制冷循环包括压缩过程、冷凝过程、干燥过程、膨胀过程和蒸发过程。除了热力膨胀阀制冷系统外,在制冷系统中用一个固定节流的管子取代热力膨胀阀,起到节流降压作用,称为 CCOT 制冷系统。

(3)制冷系统一般包括压缩机、冷凝器、储液干燥过滤器、蒸发器、膨胀阀、压力开关等;通风系统包括新鲜空气/循环空气风门、暖风电机、中央风门、除霜/下出风风门、风道、各个出风口等;加热系统由暖风散热器、进水管、出水管、壳体等组成;操纵控制系统包括操纵开关、真空操纵系统和电气控制系统。

(4)微机控制的全自动空调利用各种传感器随时检测车内外温度、阳光强度等信号,信号送到空调系统的电子控制单元(ECU),电子控制单元按照预先编制的程序对传感器信号进行处理,并通过执行元件不断地对暖风电机转速、出风温度、送风方式及压缩机工作状况等进行调节,从而使车内温度、空气流动状况等始终保持在驾驶员设定的水平上。

(5)在使用与维护汽车空调时,应该了解一些注意事项和基本常识,会进行制冷剂加注操作技能,能应用常用的诊断方法分析故障和排除故障。

习 题

9-1 汽车空调系统由哪几部分组成？各有什么功能？

9-2 简述汽车空调制冷循环的工作过程。

9-3 彭胀阀有什么作用？它是如何工作的？

9-4 空调 ECU 控制的汽车空调系统具有哪些功能？

9-5 卡罗拉自动空调传感器包括哪些部件？

9-6 卡罗拉自动空调执行器包括哪些部件？

9-7 分析大众迈腾轿车空调系统。

参考文献

[1]林妙山. 汽车电气设备[M].北京：化学工业出版社, 2009.

[2]谢在玉. 汽车电气设备实验与实习[M].北京：北京大学出版社, 2008.

[3]安宗权、曾宪均. 汽车电气系统检修[M].北京：人民邮电出版社, 2009.

[4]吴文琳. 怎样读新型汽车电路图[M].北京：中国电力出版社, 2007.

[5]郑志中. 汽车车身电控检修[M].北京：中国劳动社会保障出版社, 2007.

[6]张宗荣. 汽车电气系统检修[M].北京：人民交通出版社, 2009.

[7]纪光兰. 汽车电器设备构造与维修[M].北京：机械工业出版社, 2010.

[8]布仁杨，丽娟. 汽车电气设备构造与检修[M].北京：吉林大学出版社, 2017.

[9]赵奇. 汽车电气构造与维修[M].北京：中国劳动社会保障出版社, 2008.

[10]杨智勇. 汽车电器[M].北京：人民邮电出版社, 2011.

[11]李春明主编.汽车电器与电路[M].北京：高等教育出版社, 2003.

[12]马云贵，黄鹏.汽车电路与电器[M].长沙：中南大学出版社, 2011.

[13]杨志红，廖兵.汽车电器[M].北京：机械工业出版社, 2015.

[14]胡光辉.汽车电器设备构造与检修[M].北京：机械工业出版社, 2010.

[15]马云贵，赵进福.汽车电源与启动系统检修[M].北京：人民交通出版社, 2010.

[16]李海斌，黄鹏.汽车电路与电气系统的检测与维修[M].武汉：华中科技大学出版社, 2017.

[17]楚晓靖，黄鹏.汽车电气系统检修[M].成都：电子科技大学出版社, 2017.

图书在版编目（CIP）数据

汽车电路与电气系统检修／黄鹏，周习祥主编. —长沙：中南
大学出版社，2017.8

ISBN 978 - 7 - 5487 - 2984 - 6

Ⅰ.①汽… Ⅱ.①黄… ②周… Ⅲ.①汽车－电气设备－检修
Ⅳ.①U472.41

中国版本图书馆 CIP 数据核字（2017）第 221306 号

汽车电路与电气系统检修

黄　鹏　周习祥　主编

□**责任编辑**　韩　雪
□**责任印制**　易建国
□**出版发行**　中南大学出版社
　　　　　　社址：长沙市麓山南路　　　　邮编：410083
　　　　　　发行科电话：0731 - 88876770　　传真：0731 - 88710482
□**印　　装**　长沙市宏发印刷有限公司

□**开　　本**　787×1092　1/16　　□**印张** 15.75　　□**字数** 397 千字
□**版　　次**　2017 年 8 月第 1 版　□2019 年 8 月第 2 次印刷
□**书　　号**　ISBN 978 - 7 - 5487 - 2984 - 6
□**定　　价**　42.00 元

图书出现印装问题，请与经销商调换